中间包冶金学

包燕平 王敏 著

北 京

冶金工业出版社

2019

内 容 提 要

中间包是钢铁生产流程中重要的反应容器，中间包冶金是钢铁生产过程中重要的冶金单元操作。本书对中间包冶金的新方法、新手段和新内容进行了比较系统的阐述，并且结合中间包冶金的相关案例进行了分析。

本书可供钢铁冶金领域科研、生产、设计、教学、管理人员阅读参考。

图书在版编目(CIP)数据

中间包冶金学/包燕平，王敏著．—北京：冶金工业
出版社，2019.8
ISBN 978-7-5024-8203-9

Ⅰ.①中…　Ⅱ.①包…　②王…　Ⅲ.①浇铸包—冶金学
Ⅳ.①TF3

中国版本图书馆 CIP 数据核字(2019)第 168915 号

出 版 人　谭学余
地　　址　北京市东城区嵩祝院北巷 39 号　邮编　100009　电话　(010)64027926
网　　址　www.cnmip.com.cn　电子信箱　yjcbs@cnmip.com.cn
责任编辑　刘小峰　曾　媛　美术编辑　郑小利　版式设计　孙跃红
责任校对　李　娜　责任印制　李玉山
ISBN 978-7-5024-8203-9
冶金工业出版社出版发行；各地新华书店经销；三河市双峰印刷装订有限公司印刷
2019 年 8 月第 1 版，2019 年 8 月第 1 次印刷
169mm×239mm；15.5 印张；8 彩页；320 千字；234 页
99.00 元
冶金工业出版社　投稿电话　(010)64027932　投稿信箱　tougao@cnmip.com.cn
冶金工业出版社营销中心　电话　(010)64044283　传真　(010)64027893
冶金工业出版社天猫旗舰店　yjgycbs.tmall.com
(本书如有印装质量问题，本社营销中心负责退换)

序

在冶金生产流程中，中间包作业是高频间歇式的炼钢工序和连续式的连续铸钢工序的过渡环节。在连续铸钢技术的发展初期，人们只注意到中间包所起的钢液分流和减压作用，而忽视了其应有的冶金作用。随着连铸技术的发展，中间包的冶金作用逐渐被深入认识并广为关注。由于中间包熔池中流动现象的复杂性，对中间包冶金问题的研究逐渐成为钢铁制造中活跃的课题。20世纪后期，包燕平在北京科技大学攻读硕士学位期间，开始进行中间包冶金方面的研究，在国内最早全面完整地测量了中间包内液体流动速度分布；又和王建军合作，总结了当时国内外关于中间包冶金领域的研究成果和文献资料，撰写了第一部中文专著《中间包冶金学》，纳入《冶金反应工程学丛书》出版。之后，包燕平在从事大学教学和研究的事业中，进一步组织和指导研究团队，继续深入进行中间包冶金的研究，在多方面有所前进，特别是在夹杂物的分析方法和改善钢液洁净度的措施、中间包加热技术和控制钢液过热度、生产高温铸坯等方面，又取得更为广泛和深入的研究成果。在此基础上，他和王敏的新著《中间包冶金学》，全面总结了这些成果，比之前著作的内容更为广泛深入和更加贴近生产应用。

计算流体力学（CFD）是研究反应器内流场和传输问题的有效方法，20世纪后期在我国冶金领域逐渐推广应用。由于当时在冶金中应用CFD技术刚刚起步，所以之前的《中间包冶金学》一书用了较大篇幅介绍计算流体力学的数值模拟和电脑程序的编写方法。经过了十多年的发展，计算流体力学学者和电脑软件开发商开发出多种CFD通用软件，多数冶金学者已经逐渐熟悉应用这些软件而不必自行重复研究。因此，新著《中间包冶金学》一书中，把作者应用CFD软件研究和解决中间包优化和设计问题的结果作为案例，对复杂的内容用简洁文字介绍，以便于读者阅读和了解。今后，随着虚拟现实（VR）和人工智能（AI）的发展，对冶金流程各环节的内在物理特征需深入了解，这也是更进一步研究中间包冶金的原因所在。

谨以此赘言祝贺《中间包冶金学》出版。

2019 年 7 月

前　言

　　中间包是钢铁生产流程中最后一个耐火材料容器，在钢包和连铸结晶器之间起到缓冲、稳流、连浇和分流作用。随着钢质量的不断提高，尤其是洁净钢生产技术的不断进步，对中间包的要求也不断提高，中间包不仅仅是储存和分配钢水的简单容器，而且是洁净钢生产流程中重要的反应容器，中间包的冶金功能不断强化，中间包冶金已经成为广大冶金科研工作者非常关注的研究领域。

　　为了满足社会对钢铁产品性能的需求，钢铁生产技术近年来有了巨大的进步，人们对中间包冶金的认识也不断深入，中间包冶金已经是高品质钢生产的重要一环。在现代化钢铁生产过程中，我们认为中间包冶金应该起到以下作用：(1) 在洁净钢生产过程中，中间包是控制钢洁净度的重要反应器，中间包不但不污染钢液，而且有钢液净化器的作用。(2) 在浇注过程中，中间包是连铸机的起点，中间包应该起到温度控制器的作用，良好的保温和适当的加热技术，可以保证钢液的低过热度浇注，是得到合理连铸坯凝固组织的保证。(3) 在钢质量控制方面，中间包是钢质量控制的稳定器，炼钢工序和连铸工序是钢铁生产从间歇式到连续式的转变，所谓的非稳态浇注——从每包钢液的开浇、停浇，到多流连铸机各流间的不均匀性，均需要中间包起到稳定流动、稳定温度的作用，因此中间包是连铸坯质量的稳定调节器。(4) 随着智能化钢铁生产技术的不断发展，中间包作为钢铁生产全流程中的最后一个耐火材料反应器，同时又是连铸机的起点，智能化无疑将是今后中间包冶金的发展方向。

　　本人在1992年同王建军教授、曲英教授共同编写了《中间包冶金学》一书，该书的出版为国内冶金界引入了中间包冶金的理念，介绍了中间包冶金的研究方法和进展。同时该书的出版对引起业界对中间包冶金的关注，起到了一定的作用。但是随着科技的发展和冶金技术的进步，中间包冶金无论是研究方法、技术手段和研究内容都有了显著变化。本书结合课题组多年来在中间包冶金方面所进行的研究工作，对中间包冶金的新方法、新手段和新内容进行了比较系统的阐述，并且针对中间包冶金的相关案例进行了分析。希望通过本书的出版，对中间包冶金的研究工作起到进一步的推动作用。

本书内容以课题组近年来的科研成果为主，参考了当今中间包冶金方面的先进技术和成果，对他们的贡献表示衷心的感谢！希望本书能对大专院校、科研院所、钢铁企业的技术人员有所启发，共同为我国炼钢技术进步做出贡献。

本书在写作过程中，得到了课题组的教师、博士、硕士研究生的全力帮助，王敏副教授、赵立华副教授以及华承健、李新、郭建龙、肖微、姚骋、顾超等博（硕）士研究生参与了本书的写作，华承健参与了全书的衔接整理工作。在此对大家的辛勤工作表示衷心的感谢！没有他们的工作和帮助就没有本书的出版。

我的导师曲英教授审阅了全书，提出了很多宝贵意见，并为本书撰写序言，在此表示衷心的感谢！徐保美高级工程师为本书中的试验工作提供了指导，先后在本课题组工作的刘建华教授、崔衡副教授、吴华杰副教授等均为本书的出版做出了贡献，在此一并表示感谢。

本书的出版得到国家自然科学基金（50274007）"弥散气泡法去除钢液中微小夹杂物的研究"项目的资助、北京科技大学钢铁冶金新技术国家重点实验室研究资金的资助，在此表示感谢。

由于水平所限，书中不足之处，敬请读者指正。

包燕平

2019 年 5 月 10 日于北京

目　　录

1 绪 论

1.1 钢铁制造流程的演进及现代炼钢车间生产流程

钢铁作为人类社会最重要的基础原材料之一，在世界各国的经济发展中发挥了巨大的作用。自18世纪50年代，随着贝塞麦转炉和平炉的出现，大规模的钢铁制造业兴起，使人类社会的文明进步明显加快。尤其是20世纪以来，钢铁工业的蓬勃发展，成为全球经济和社会文明进步的重要物质基础。在可以预见的时间范围内，钢铁仍然是世界上非常重要的材料，钢铁材料的综合优异性能在主要基础工业和基础设施中仍是不可替代的。钢铁以其成本的竞争力和原料的高储备量、易开采、易加工以及良好的再生利用性，仍将作为全球性的主要基础原材料。

图1-1所示为20世纪到21世纪以来世界粗钢年产量总的变化趋势。从20世纪70年代中期以来，世界总年产钢量在7亿吨上下浮动，增长甚慢，表明市场需求达到饱和。进入20世纪80年代后期，世界钢铁产量进入快速发展期，其间发展中国家如中国、韩国、巴西、印度等年产钢量持续增长，尤其是中国的钢产量爆发式增长。图1-2所示为1970年以来中国年产钢量和连铸坯年产量的增长情况。20世纪70年代至20世纪末，中国钢产量持续快速增长。1988年以来，中国的钢铁工业选择以连铸为中心的发展战略，以发展连铸作为钢厂技术的战略重点[1]，此后的20年间，中国钢厂的连铸比快速增长，近10年中国连铸比保持在98%左右。

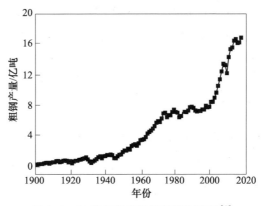

图1-1 20世纪以来世界粗钢年产量[2]

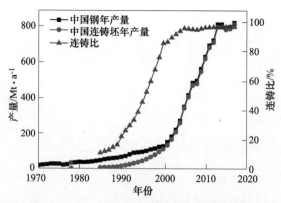

图 1-2 1970 年以来中国钢产量与连铸比[2]

在钢铁工业的发展进程中，其赖以存在的基本原理并没有出现根本性的变化，但钢铁生产工艺流程中各工序的技术形式以及工程的组成内涵发生了巨大的变化，从而使钢厂结构模式及制造流程发生了深刻变化。20 世纪 50 年代，氧气转炉的出现使炼钢工业面貌迅速改观。70 年代石油危机以后，由于能源价格上涨，连铸技术迅猛发展，全连铸制造流程兴起，初轧机、平炉等逐步被淘汰，连铸坯热送和直接轧制的实现、近终形连铸的开发，促使钢厂的生产向专业化、系统化发展。此外，由于废钢资源的积累，以及电炉炼钢技术的不断发展，电炉冶炼和连铸生产周期有可能相互匹配，形成以废钢为主要原料的现代炼钢生产流程。现代炼钢生产应该从整个生产流程的角度来考虑，钢厂的技术改造就是对生产流程的改造。也就是说，在各工序功能分解、优化的基础上，进行相邻工序功能的衔接、匹配以及若干区段内流程的重组，形成具有本厂特色的生产流程。

进入 21 世纪以后，如何深入认识和充分开发钢铁制造流程的功能，是一个时代性的命题。中国工程院殷瑞钰院士[3,4]开创性地提出了冶金流程工程学的概论并且形成学科体系。如果仅从冶金、材料学科角度看，钢铁制造流程的功能只是钢铁冶炼与钢材生产而已。但是，如果从工程、产业、社会等角度看，也就是进一步扩展到从资源、能源、环境、生态、循环经济等方面的视角看，则钢铁制造流程的功能绝不仅局限在钢铁产品的制造功能上。因此，人们应该以更宽阔的视野、更积极的心态来思考钢铁制造流程的功能拓展和钢铁企业的生态化转型问题。

现代化的炼钢生产流程主要由铁水预处理、转炉（或者电炉）、炉外精炼、连续铸钢等工序组成，图 1-3 是以铁矿石为主要原料的流程的示意图。

钢铁生产流程中各工序的主要作用如下。

铁水预处理：

（1）冶金负荷和质量调节器。通过铁水脱硫或脱硫、脱硅、脱磷处理，影

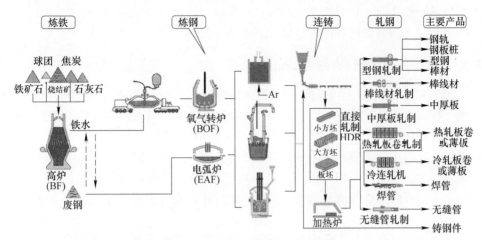

图1-3 典型钢铁生产流程示意图[5]

响高炉和转炉冶炼过程的冶金负荷并将直接对钢铁产品的质量产生重要影响。

（2）能量调节器。通过适度的脱硅来调节铁水的化学能。

（3）高炉—转炉过程连续作业的缓冲器。

转炉：

（1）快速、高效脱碳器。

（2）快速升温器。

（3）能量转换和发生器。

（4）高效脱磷器。

电炉：

（1）废钢快速熔化器。

（2）适度脱磷、脱碳器。

（3）能量转换和控制器。

炉外精炼：

（1）钢水精炼器。

（2）合金成分微调器。

（3）炼钢炉和连铸机之间的缓冲协调器。

（4）生产效率、效益的倍增器。

连续铸钢：

（1）高效凝固器。

（2）优化成型器。

（3）冶金反应器。

（4）节能器。

从生产流程线的角度来看，炼钢是一个连续的生产过程，其中一些反应器的操作却是间歇性的。只有整个生产线流程顺畅，各个环节衔接良好，充分发挥各自的功能，才能得到良好的经济效益和产品质量。

1.2 钢的连续浇铸和中间包的作用

20 世纪 50 年代，作为钢铁工业革命标志的连铸技术发展起来，其特点是速度快、投资集中、技术日趋完善。1970 年全世界连铸比仅为 5.6%，而到 1990 年全世界连铸比已达到 62.4%，一些工业发达国家的连铸比超过了 95%。1994 年全世界连铸比为 72.4%，连铸坯产量已达 5 亿吨以上。近年来世界上许多炼钢厂相继以全连铸生产取代了模铸生产，到 1994 年实现全连铸的国家已达 24 个。目前全连铸炼钢厂已经成为炼钢生产流程的标准配置，世界上主要的钢铁生产国家的炼钢厂均已实现了全连铸生产。

连铸技术在我国起步并不晚，早在 1958 年就建成了第一台连铸机组，但此后相当长的一段时间处于停滞状态，到 20 世纪 80 年代初，已和发达国家有了相当的差距，1978 年我国的连铸坯产量仅为 112.7 万吨，连铸比仅为 3.55%。20 世纪 80 年代中后期，在"以连铸为中心，炼钢为基础，设备为保证"的方针指导下，我国的连铸技术有了迅猛的发展。1990 年，连铸坯产量达到 1480.73 万吨，连铸比为 22.3%；1994 年，连铸坯产量升至 3885.03 万吨，连铸比提高至 40.3%；到 1997 年底，连铸坯产量达 6606 万吨，连铸比为 65%；到 2006 年基本实现了全连铸生产。图 1-2 中给出了中国的连铸坯年产量增长情况。从 1990 年起，连铸坯增产成为中国钢产量增长的主要推动力，可以认为，若非连铸生产的快速增长，不可能实现中国钢铁生产的高效、连续、快速增长。

同传统的模铸相比，连铸具有提高金属收得率和降低能量消耗的优越性，而减少金属资源和能源的消耗是符合可持续发展要求的。全连铸的实现使炼钢生产工序简化、流程缩短、生产效率显著提高。因此，大力发展连铸技术，是改进炼钢厂工艺流程结构的突破口。

由图 1-4 可以看出，中间包是炼钢生产流程的中间环节，而且是由间歇操作转向连续操作的衔接点。中间包作为冶金反应器是提高钢产量和质量的重要一环，无论对于连铸操作的顺利进行，还是对于保证钢水品质符合需要，中间包的作用是不可忽视的。

图 1-5 所示为中间包冶金作用示意图。通常认为中间包起以下作用：

（1）分流作用。对于多流连铸机，由多水口中间包对钢水进行分流。

（2）连浇作用。在多炉连浇时，中间包存储的钢水在换包时起到衔接的作用。

（3）减压作用。钢包内液面高度有 5~6m，冲击力很大，在浇注过程中变化幅度也很大。中间包液面高度比钢包低，变化幅度也小得多，因此可用来稳定钢液浇注过程，减小钢流对结晶器凝固坯壳的冲刷。

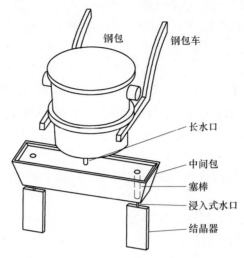

图 1-4 钢包—中间包—连铸机示意图

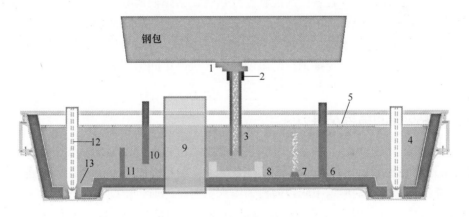

图 1-5 中间包冶金作用示意图

1—滑动式钢包出口；2—长水口吹气装置[6]；3—长水口；4—塞棒；5—中间包覆盖剂；
6—挡墙；7—吹气口（气幕挡墙）；8—冲击区（湍流抑制器）；9—感应加热装置[7]；
10—上挡墙；11—下挡墙；12—塞棒吹气装置；13—中间包底部水口

（4）保护作用。通过中间包液面的覆盖剂、长水口以及其他保护装置，减少中间包中的钢液受外界的污染。

随着炼钢技术的不断发展，对钢的洁净度的要求不断提高。而中间包作为钢水凝固之前所经过的最后一个耐火材料容器，对钢的质量有着重要的影响。应该尽可能使钢中非金属夹杂物的颗粒在钢处于液体状态时排除掉，并尽可能防止钢水吸收空气以及耐火材料的氧，避免二次氧化，才能满足洁净钢的品质要求。中间包在洁净钢生产过程中应该起到如下作用：

（1）去除夹杂物。通过改善钢液流动条件，改进钢液流动方向，减小"死区"，延长钢液的停留时间；同时使钢中夹杂物充分碰撞、聚集、长大，利于夹杂物的上浮分离[6,8,9]。

（2）连铸坯凝固组织控制。低过热度浇注可以减小铸坯柱状晶区比例，增大等轴晶的比例，减小中心偏析。但是在浇注、钢包更换过程中，中间包内钢水温度波动较大，因此可以采用中间包加热的方式稳定和降低钢液过热度[7]。

（3）各流温度均匀性。中间包可以通过结构优化等措施，控制各流温度均匀性和低过热度浇注。

（4）铸余控制。结构优化后的中间包可以降低中间包残钢量[10,11]，提高合格连铸坯产量。

（5）中间包耐火材料对钢液洁净度的影响，中间包熔损的耐火材料进入钢液中，是钢中夹杂物的重要来源，因此要通过合理配方和使用性能的改进，减少对钢液洁净度的影响。

另外，要想保持炼钢生产线能够连续运转，必须使所有的钢水能顺利通过中间包。在整个生产线中，中间包寿命是关键一环。当转炉溅渣护炉技术推广应用后，转炉寿命大幅度增加，这时只要中间包不损毁，整个生产线就能维持运转。所以，中间包的运转成为炼钢厂的限制环节，提高中间包耐火材料寿命，以及在线更换易损毁的元件，也是对中间包的要求之一。

1.3 中间包的结构及其分类

中间包一般由包体、包盖、水口和控流装置组成。包体的外壳一般用12～20mm厚的钢板焊成，要求具有足够的刚性，长期在高温环境下浇注、搬运、清渣和翻包时结构不变形。中间包内衬为耐火材料。同时，中间包内设有湍流抑制器及挡墙结构等，用于隔离钢包注流对中间包钢液的扰动，使中间包流动更合理，有利于夹杂物的分离和上浮。随着连铸技术的发展，对中间包内衬、滑动水口和浸入式水口的耐火材料的质量要求越来越高，以避免被侵蚀后进入钢液。中间包包盖主要用于保温，减少钢水的散热损失。一般小容量为整体型，大容量可由几部分组合而成。包盖用钢板焊成，内衬耐火材料，包盖上设有钢流注孔、塞棒孔和加热孔。

中间包容量是中间包的一个重要参数，一般取钢包容量的20%～40%，小容量钢包取大值，大容量钢包取小值。表1-1为国内部分厂家中间包容量。为了保证多炉连浇时的铸坯质量，中间包内储存的钢水应大于换钢包所需时间内的钢水用量。钢水在中间包内的停留时间和中间包容量及注速有关。为了使钢水在中间包内有必要的停留时间，应根据铸速来核算中间包的容量。随着高速连铸的发展，注速显著增大，中间包容量也应该相应加大；否则钢水在中间包内停留时间缩短，对排出钢中非金属夹杂物不利。

表 1-1　国内部分厂家中间包容量

厂家	连铸机种类	中间包容量/t	钢包容量/t	中间包容量占钢包容量比例/%
马鞍山钢铁	板坯连铸机	60	300	20
武汉钢铁	板坯连铸机	60	300	20
宝山钢铁	板坯连铸机	60	300	20
沙钢集团	板坯连铸机	45	190	23.68
济南钢铁	板坯连铸机	12	50	24
邯郸钢铁	板坯连铸机	30	110	27.3
包头钢铁	板坯连铸机	75	260	28.8
国丰钢铁	板坯连铸机	32	100	32
唐山钢铁	板坯连铸机	40	120	33.3
太原钢铁	板坯连铸机	18	40	45
西宁特钢	方坯连铸机	18	60	30
南京钢铁	方坯连铸机	13	30	43.3
重庆钢铁	方坯连铸机	24	60	40
石家庄钢铁	方坯连铸机	20	50	40
安阳钢铁	方坯连铸机	15	35	42.9
中天特钢	方坯连铸机	70	130	53.8
东北特钢	方坯连铸机	23	40	57.5
新冶钢	方坯连铸机	66	120	55
日照钢铁	方坯连铸机	30	50	60

　　中间包的形状类型很多，有矩形、三角形、椭圆形、V 形、T 形、H 形等，如图 1-6 所示。可根据车间情况及连铸机尺寸等选用，以矩形中间包应用较多。如果对其结构分类，大体上可分为板坯连铸用和小方坯连铸用两类。板坯连铸用中间包用于大型板坯连铸机上，因为钢的板带类产品对其清洁度要求最为严格，所以国内外关于矩形板坯连铸中间包的研究最多。小方坯连铸中间包为适应多流浇注的需要，沿中间包长度方向布置多个水口，如 4 个、6 个、8 个等，这样各水口离注入中间包钢流的水平距离（内侧和外侧）差别很大，以至于内外侧注流钢水温度有显著差别，影响连铸机操作。对这种内外侧水口流出的钢水停留时间不均衡的问题，虽然也有不少研究，但不容易从根本上解决这一问题。本书各章将对各种类型中间包的研究方法和结果做进一步的讨论。由于中间包内型形状多样，无法像高炉、转炉那样按照内型比例进行设计，非常有必要在确定设计方案之前作一些物理模型或数学模型研究，根据模拟研究结果确定设计图。当设计

确定后再用数学物理模拟研究改进，虽然也能够取得一些效果，但受到规定条件的限制，虽然认识到某些方面需要改进，但已不可能改动已有的中间包，在连铸操作上成为遗憾。

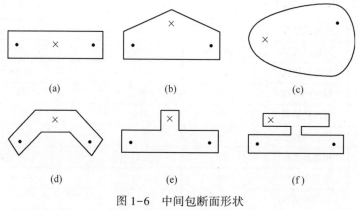

图 1-6 中间包断面形状

（a）矩形；（b）三角形；（c）椭圆形；（d）V 形；（e）T 形；（f）H 形

1.4 中间包冶金学研究内容和方法

中间包冶金是一项特殊的炉外精炼技术。在连续铸钢的发展初期，中间包只是作为钢水的储存和分配器来使用。只要中间包水口不冻结，能够顺利浇注，就已经满足要求。当对钢水的成分和洁净度有要求时，总是在上游的熔炼和精炼中寻求解决办法；而在连铸工艺方面发生困难，就到下游的连铸机找原因。在当时人们的心目中，中间包是一种简单的装备，没有什么特别的重要性。20 世纪 70 年代虽然也进行了中间包水口吹氩，但只是为了减轻水口堵塞，使浇注操作能够顺利进行。

随着连铸的发展，关于钢水质量对连铸工艺的重要意义渐渐为人们所认识。为了保证连铸顺行，为了保证多炉连浇，钢水必须有足够的洁净度，钢水成分范围要尽可能精确控制，钢水温度和过热度要在足够长的时间保持稳定。因此，钢包冶金的作用和地位受到了更大的注意。然而在钢包冶金中提高了钢水洁净度以后，钢水被再次污染的危险性也就更大。随着钢水和环境（大气、耐火材料等）间杂质浓度差别（或化学位差别）的增大，重新污染的可能性和速率都将增大。在钢包精炼时，钢水温度经过均匀化处理，而当钢水流过中间包时其温度又会再次改变为不稳定状态。如此看来，钢水通过中间包的过程中，发生某些物理和化学的变化是不可避免的，问题在于是否作为冶金手段加以利用。因此，在钢包冶金以后，中间包冶金也就被人们提上日程。

多伦多大学 A. McLean 教授[12,13]在 20 世纪 80 年代初期提出了"中间包冶金"，近四十年来，国内外关于中间包冶金的学术论文，开始只有不多几篇，到后来成为热门论题，并形成在生产中实际应用的技术措施，如中间包结构设计、抑制二次氧化、耐火材料和覆盖渣控制、更换钢包操作时温度和成分控制、吹氩清洗、过滤、加热钢水、热中间包重复应用等。这说明冶金界已经接受了中间包冶金的概念，并且成为实际操作中的工程技术。

北京科技大学的曲英教授[14-17]是"中间包冶金"的倡导者和推动者，较早研究了中间包内钢水流动的特征，应用激光多普勒测速、高速摄影分析等方法测定了中间包水模型内的速度场，提出控流元件在改进中间包流场方面的作用；以后又对浇注前后期汇流旋涡的形成和流动状态下夹杂物的碰撞及去除现象做了理论研究。董履仁教授[18]对中间包中钢液过滤技术进行了系统深入的研究。蔡开科教授等[19,20]结合连铸工艺的需要，研究了中间包钢水温度控制、夹杂物去除和中间包结构及钢水流动的关系等问题，并在生产条件下进行了试验。此外，就中间包改进的某些方面进行专题研究的工作还有很多。例如，对小方坯连铸机多流中间包内外侧钢流停留时间差别大而引起温度差的问题，就有不少研究工作和试验。

计算流体力学对各种流场的研究是非常有效的方法。中间包的特点是在钢水流动中进行各种冶金过程，所以用计算流体力学方法求解中间包的流场是中间包冶金学的重要内容。由于中间包形状复杂，除早期曾用二维流场计算求解[15]外，基本上都应用三维流场计算。贺友多教授[21-23]较早开展了三维流场计算的研究工作，并利用其计算程序计算了多种中间包内钢水流动特征及影响因素。萧泽强[24-26]和王建军教授等[27,28]运用了他们对吹氩钢包内流动的长时期研究的成果，计算了多种中间包内的流场，较早注意到非等温状态中间包流场的研究，指出了自然对流的影响不可忽视，并用水模型进行了实验验证。计算流体力学方法和商业软件现已成为冶金工程师分析解决实际问题的有力手段，随着计算机硬件和软件的迅速进步，计算流体力学将会在冶金科学技术中得到更广泛的应用。

中间包冶金有独特的理论特点和研究方法。作为一种连续操作的反应器，和转炉、电炉及钢包等间歇操作反应器的概念是不同的。在中间包冶金中，反应工程学的原理得到更多、更深入的运用。但中间包并非单相的理想流动，而是钢和渣两相的复杂流动，而且有数量巨大的弥散相颗粒的碰撞和运动。中间包内钢水的温度场既不是等温的，也不是绝热的，而是在非等温条件下传热和流动相互促进互为因果。所以，对中间包冶金过程的研究，也进一步丰富了冶金反应工程学的内容。

随着对中间包冶金的认识不断深入，中间包冶金已经是高品质钢生产的重要一环。在现代化钢铁生产过程中，我们认为中间包冶金应该起到以下作用：（1）在洁净钢生产过程中，中间包是控制钢洁净度的重要冶金反应器，中间包不但不污染钢液，而且应该起到钢液净化器的作用[29-39]。（2）在浇注过程中，中间包是连铸机的起点，中间包应该起到温度控制器的作用，良好的保温和适当的加热技术，可以保证钢液的低过热度浇注，是得到合理连铸坯凝固组织的保证[7]。(3) 在钢质量控制方面，中间包是钢质量控制的稳定器，炼钢工序和连铸工序是钢铁生产从间歇式到准连续式的转变，所谓的非稳态浇注——从每包钢液的开浇、停浇，到多流连铸机各流间的不均匀性，均需要中间包起到稳定流动、稳定温度的作用[9,40,41]，因此中间包是连铸坯质量的稳定调节器。(4) 随着智能化钢铁生产技术的不断发展，中间包作为钢铁生产全流程中的最后一个耐火材料反应器，同时又是连铸机的起点，智能化无疑将是今后中间包冶金的发展方向。

本书作者包燕平教授领导的课题组很早就开始了中间包冶金的研究工作，1986 年在国内率先开展了采用激光测速技术（LDV）[42,43]和高速摄影技术研究中间包流场的工作，发表的论文对正确认识中间包流场起到了推动作用，并且先后对 20 余家企业的连铸中间包内部结构进行了优化改造[44-49]。近年来，随着洁净钢生产技术的不断进步，对中间包冶金的要求不断提高，其课题组将在夹杂物表征方面的专利和成果[50-54]应用到中间包冶金中，对中间包中夹杂物的去除机理进行了比较深入的研究，并且利用小气泡清洗[33,55,56]和气幕挡墙[57-61]进行夹杂物去除的探索性研究。此外，为了进一步提高连铸坯的质量，控制连铸坯的凝固组织，课题组采用数值模拟和工业试验的方法，对中间包加热技术进行了研究[7]，得到了比较有价值的结论。

本书介绍了上述课题组的科研成果，还介绍了当今中间包冶金方面的先进技术和成果，希望能对大专院校、科研院所、钢铁企业的技术人员有所启发和帮助。

参 考 文 献

[1] 殷瑞钰. 中国连铸的快速发展 [J]. 钢铁, 2004, 39 (s1): 1-7.

[2] https://www.worldsteel.org/zh/steel-by-topic/statistics/steel-statistical-yearbook.html.

[3] 殷瑞钰. 冶金流程工程学 [M]. 北京: 冶金工业出版社, 2004.

[4] 殷瑞钰. 冶金流程系统集成理论与方法 [M]. 北京: 冶金工业出版社, 2013.

[5] 徐安军, 等. 冶金流程工程学 [M]. 北京: 冶金工业出版社, 2019.

[6] Bao Y, Liu J, Xu B. Behaviors of fine bubbles in the shroud nozzle of ladle and tundish [J]. Journal of University of Science & Technology Beijing, 2003, 10 (4): 20-23.

[7] 谢文新, 包燕平, 王敏, 等. 特殊钢连铸生产中 30t 中间包感应加热的应用 [J]. 特殊钢, 2014, 35 (6): 28-31.

[8] 刘建华, 张杰, 李康伟. 气泡去除夹杂物技术研究现状及发展趋势 [J]. 炼钢, 2017, 33 (2): 1-9.

[9] 崔衡, 包燕平, 冯美兰, 等. 气幕挡墙及挡坝结构对中间包流场的影响 [J]. 铸造技术, 2012, 33 (2): 189-191.

[10] 青靓, 李树森, 崔衡. 连铸中间包降低残钢量的水模型研究 [J]. 铸造技术, 2017, 38 (9): 146-148.

[11] 苑品, 包燕平, 崔衡, 等. 高品质 IF 钢连铸中间包降低残钢量的水模型研究 [J]. 北京科技大学学报, 2011 (A1): 1-5.

[12] McLean A. The turbulent tundish—contaminator or refiner [C]. Steelmaking Conf Proc., 1988: 3-23.

[13] Heaslip L J, McLean A, Sommerville I D. Chemical and Physical Interactions during Transfer Operations-Continuous Casting, Vol. 1 [C]. ISS-AIME, 1983: 93-98.

[14] 伊炳希, 黄晔, 曲英. 钢液出流过程中汇流旋涡的研究 [C]. 中国金属学会全国炉外处理学术会议, 1992.

[15] 包燕平, 张洪, 曲英. 连铸中间包钢液流动现象及挡墙设置的研究 [C]. 第六届全国炼钢学术会议论文集, 包头, 1990.

[16] Zhang Lifeng, Qu Ying, Cai Kaike. Mathematical model of collision of solid inclusions in liquid steel of tundish during continuous casting [C]. Multiphase Fluid, Non-Newtonian Fluid and Physico-Chemical Fluid Flows Proceedings (ISMNP' 97), Beijing, 1997: 3-40.

[17] 曲英. 流动现象和夹杂物的去除 [C]. 第六届钢质量及夹杂物学术研讨会论文集, 1993.

[18] 刘新华, 董履仁. 钢中大型金属夹杂物 [M]. 北京: 冶金工业出版社, 1991: 157.

[19] 曹伟, 蔡开科. 低碳铝镇静钢连铸坯清洁度的研究 [C]. 第九届全国炼钢学术会议论文集, 广州, 1996.

[20] 陈素琼, 蔡开科. 连铸中间包钢水温度的控制 [C]. 中国金属学会全国炉外处理学术会议, 1992.

[21] 刘中兴, 贺友多. 板坯连铸机中间包流场研究 [J]. 包头钢铁学院学报, 1993 (2): 102-108.

[22] 贺友多, Sahai Y. 不同因素对连铸机中间包流场的影响 [J]. 金属学报, 1989 (4): 137-141.

[23] 贺友多, Sahai Y. 连铸机中间包内的流体流动——一个数学模型 [J]. 金属学报, 1988, 24 (1): 933-938.

[24] 朱苗勇, 萧泽强. 冶金过程数值模拟分析技术的应用 [M]. 北京: 冶金工业出版社, 2006.

[25] 萧泽强. 钢包喷吹时气泡泵现象的全浮力模型 [J]. 东北工学院学报, 1981, 2 (2): 67-80.

[26] 萧泽强, 彭一川. 喷吹钢包中渣金卷混现象的数学模化及其应用 [J]. 钢铁, 1989 (10): 17-21.

[27] 王建军, 张玉柱. 板坯中间包钢水流动的热态水模 [J]. 金属学报, 1997, 33 (5): 509-514.

[28] 王建军, 彭世恒, 萧泽强. 多流中间包流动特征分析的全流量模型 [J]. 炼钢, 1998

(5)：27-29.

[29] Bao Y, Xu B, Liu G, et al. Design optimization of flow control device for multi-strand tundish [J]. International Journal of Minerals Metallurgy & Materials, 2003, 10 (2)：21-24.

[30] Wang M, Zhang C J, Li R. Uniformity evaluation and optimization of fluid flow characteristics in a seven-strand tundish [J]. International Journal of Minerals Metallurgy & Materials, 2016, 23 (2)：137-145.

[31] Li N, Bao Y P, Lin L, et al. Research on the effect of slag wire on fluid flow in tundish for slab continuous casting [J]. Iron Steel Vanadium Titanium, 2014.

[32] Ding N, Bao Y P, Sun Q S, et al. Optimization of flow control devices in a single-strand slab continuous casting tundish [J]. International Journal of Minerals Metallurgy & Materials, 2011, 18 (3)：292-296.

[33] Bao Y P, Liu J H, Xu B M. Behaviors of fine bubbles in the shroud nozzle of ladle and tundish [J]. Journal of University of Science & Technology Beijing, 2003, 10 (4)：20-23.

[34] Wei Z Y, Bao Y P, Liu J H, et al. Orthogonal analysis of water model study on the optimization of flow control devices in a six-strand tundish [J]. Journal of University of Science & Technology Beijing, 2007, 14 (2)：118-124.

[35] 李怡宏, 包燕平, 赵立华, 等. 双挡坝中间包内钢液的流动行为 [J]. 钢铁研究学报, 2014, 26 (12)：19-26.

[36] 李怡宏, 包燕平, 赵立华, 等. 多流中间包导流孔对钢液流动轨迹的影响 [J]. 钢铁, 2014, 49 (6)：37-42.

[37] 李怡宏, 赵立华, 包燕平, 等. 板坯中间包内钢液流动特性 [J]. 北京科技大学学报, 2014 (1)：21-28.

[38] 林路, 李翔, 包燕平. 单流中间包结构优化及工业试验 [J]. 炼钢, 2017, 33 (6)：30-36.

[39] 申小维, 包燕平, 李怡宏, 等. 板坯连铸双流 73t 中间包控流装置优化的水模型研究 [J]. 炼钢, 2013, 34 (6)：18-21.

[40] 吴启帆, 包燕平, 林路, 等. 单流不对称中间包上下挡墙配合控流优化设计 [J]. 铸造技术, 2015 (3)：688-691.

[41] 李静敏, 李怡宏, 王平安, 等. 4 流中间包钢液流动行为研究 [J]. 连铸, 2012 (1)：9-12.

[42] 包燕平, 张洪, 曲英, 等. 矩形连铸中间包钢液流动现象的测定 [J]. 化工冶金, 1990 (4)：364-368.

[43] 包燕平, 徐保美, 曲英, 等. 连铸中间包内钢液流动及其控制 [J]. 北京科技大学学报, 1991, 13 (4)：83-89.

[44] 田永华, 包燕平, 李怡宏, 等. 80t 两流板坯连铸中间包挡墙结构优化研究 [J]. 钢铁钒钛, 2013, 34 (2)：67-72.

[45] 谢文新, 包燕平, 张立强, 等. 七机七流中间包少流浇注的研究 [J]. 铸造技术, 2014, 35 (9)：2070-2072.

[46] 李怡宏, 包燕平, 赵立华, 等. 双挡坝中间包内钢液的流动行为 [J]. 钢铁研究学报,

2014, 26 (12): 19-26.

[47] 李宁, 包燕平, 林路, 等. 挡渣墙对板坯连铸中间包流场的影响研究 [J]. 钢铁钒钛, 2014, 35 (3): 83-87.

[48] 谢文新, 包燕平, 王敏, 等. 改善多流中间包均匀性研究 [J]. 北京科技大学学报, 2014, 36 (S1): 213-217.

[49] 苑品, 包燕平, 崔衡, 等. 板坯连铸中间包挡坝结构优化的数学与物理模拟 [J]. 特殊钢, 2012, 33 (2): 14-17.

[50] 王敏, 包燕平, 王毓男, 等. 一种全尺寸提取和观察钢中非金属夹杂物三维形貌的方法 [P]. CN102538703A, 2017.

[51] 王敏, 包燕平, 赵立华, 等. 一种分离钢夹杂物中非金属夹杂物和碳化物的方法 [P]. CN107328619A, 2017.

[52] 包燕平, 王敏, 张超杰, 等. 一种定量分析铸坯中大型夹杂物分布的方法 [P]. CN102495133A, 2012.

[53] 王敏, 包燕平, 王睿, 等. 一种用于检测钢中大颗粒氧化物夹杂含量的方法 [P]. CN106841208A, 2017.

[54] 王敏, 包燕平, 吴维双, 等. 一种用于观察钢中非金属夹杂物真实形貌的方法 [P]. CN101812720A, 2010.

[55] 刘建华, 张杰, 李康伟. 气泡去除夹杂物技术研究现状及发展趋势 [J]. 炼钢, 2017 (2): 1-9.

[56] 唐复平, 刘建华, 包燕平, 等. 钢包保护套管中弥散微小气泡的生成机理 [J]. 北京科技大学学报, 2004, 26 (1): 22-25.

[57] 包燕平, 唐复平, 崔衡, 等. 一种连铸中间包气幕挡墙去除非金属夹杂物的方法 [P]. CN101121199, 2008.

[58] 包燕平, 刘建华, 徐保美. 一种在中间包钢液中产生弥散微小气泡的方法 [P]. CN1456405, 2003.

[59] 崔衡, 唐德池, 包燕平. 中间包底吹氩水模型试验及冶金效果 [J]. 钢铁钒钛, 2010, 31 (1): 36-39.

[60] 崔衡, 包燕平, 刘建华. 中间包气幕挡墙水模与工业试验研究 [J]. 炼钢, 2010, 26 (2): 45-48.

[61] 丁丽华, 包燕平, 崔衡, 等. 中间包气幕挡墙水模优化试验及 PIV 流场测试研究 [C]. 2007 中国钢铁年会, 成都, 2007.

2 中间包冶金的实验研究方法

中间包冶金过程是在高温钢液的连续流动中进行的，包含高温、连续流动和多相物理化学反应的过程，现有条件下很难达到对该过程进行系统的直接测量研究。因此，关于中间包钢液流动主要应用物理模拟[1-13]和数值模拟[14-17]，并且结合部分现场测量的方法。

中间包冶金过程是在各种不同大小、形状及其不同内部结构的中间包反应器中发生的，因此要应用冶金反应工程学理论和方法来解决实际问题。近年来，随着试验方法和研究手段的不断进步，中间包冶金学的研究方法也有了显著变化。

本章主要介绍中间包冶金的实验和研究方法，包括物理模拟理论、物理模拟实验方法以及冶金反应工程学的相关研究方法等。有关中间包冶金中的数值模拟方法以及夹杂物分析检测方法，在后面几章论述。

2.1 物理模拟方法

中间包内基本的物理现象是钢液的流动，各种冶金过程都是在流动的钢液中进行的。所以研究中间包内的流动现象是中间包冶金的基础。直接测量高温下的钢液的流速，不仅在测量技术方面有难度，而且研究费用也很高。根据萧泽强等[18]对吹氩钢包内钢液流速的实际测量数据和关于1∶1水模型原理的阐述[19]，用水模型来研究钢包、中间包、结晶器等内部的钢液流动不仅是可行的，而且能够正确反映实际钢液流动的数值和规律。在开发新工艺以及改进现有工艺时，水模型研究是一种成本低、见效快的可靠工具。

物理模拟有两种类型：第一类是精确的物理模型或称完全模拟，它严格按照相似原理构造模型，实验结果也可以直接进行比例放大。在水利、热工等问题中，经常应用这类模型，例如对加热炉的传热可以做到精确模拟。第二类是半精确模型或称部分模拟，研究过程中的关键物理现象，中间包中钢液流动现象的研究一般均采用部分模拟。

在冶金中应用物理模拟的第一个目的是寻求有利的操作参数。例如，为了增加中间包冶金的效果，需将中间包内钢液中夹杂物的上浮同钢液的流动状态相联系。钢液中夹杂物的去除效果，在很大程度上取决于钢液的流动状态，应用水模型实验研究表明，中间包内挡墙的设置对钢液的流动有很大影响。借助于流场测量、示踪剂响应实验以及夹杂物模拟实验相结合的方法，可以找到最佳的挡墙设置。

应用物理模拟的第二种目的是找出过程的某些主要参数的函数关系，而这些关系也可应用于实际冶金过程。例如，球冠形气泡在液体金属中上浮速度的规律及其公式，就是室温下在水溶液中测定的，该公式可以直接应用于高温下的金属熔体。

在冶金过程的物理模拟中，流动现象的模拟最为广泛，这是因为流动对传质、传热、返混和混合等有重要影响。而在中间包冶金中，采用吹气搅拌、挡墙设置、过滤器安放等措施，都可以改变和控制钢液的流动，因此更需要定量地掌握中间包中流动的特征。

2.1.1 相似准数

应用相似原理建立模型进行实验时，设定和处理实验数据时要应用到各种无因次准数。通过引入准数，就可按照 π 定理，用始终低于过程变量数目的几个准数来描述过程，而且这种对过程简化而又完整的描述与测量单位无关，这就为物理模拟实验研究与研究结果的应用提供了极大的方便。

相似概念首先来源于几何学，当 n 个三角形相似时，其对应边 a_1, a_2, a_3, $\cdots$, a_n; b_1, b_2, b_3, $\cdots$, b_n; c_1, c_2, c_3, $\cdots$, c_n 之间存在以下关系：

$$\frac{a_1}{a_2} = \frac{b_1}{b_2} = \frac{c_1}{c_2}, \ \frac{a_2}{a_3} = \frac{b_2}{b_3} = \frac{c_2}{c_3}, \ \frac{a_n}{a_1} = \frac{b_n}{b_1} = \frac{c_n}{c_1} \tag{2-1}$$

$$\frac{a_1}{b_1} = \frac{a_2}{b_2} = \frac{a_3}{b_3} = \cdots = \frac{a_n}{b_n} \tag{2-2}$$

式（2-1）所示模型和原型之间的比例关系，可称为增减比，或称为相似倍数。一般说，模型和原型应保持几何相似，也就是模型和原型各个对应尺寸保持在同一相似倍数。所以：

$$\frac{L'}{L} = \lambda, \ \frac{A'}{A} = \lambda^2, \ \frac{V'}{V} = \lambda^3 \tag{2-3}$$

模型和原型中各个对应的物理量各有其增减比，而且依据该物理量的因次，可以把它转换为有关基本量的增减比或为相似倍数式。

相似准数实质上是各个系统某些有关量的内在比。由式（2-2）可知，当两个系统相似时，对应的内在比相等，内在比既可由几何尺寸构成，又可由相应的物理量构成。由物理量构成的内在比是表征系统的物理特征的无因次准数。

例如在传热问题中，模型和原型均服从傅里叶（Fourier）传热定律。其相似条件计算如下：

原型
$$\frac{\partial T}{\partial t} = \frac{\alpha \partial^2 T}{\partial x^2} \tag{2-4}$$

模型

$$\frac{\partial T'}{\partial t'} = \frac{\alpha \partial^2 T'}{\partial x'^2} \qquad (2-5)$$

两系统的增减比为:

$$\frac{\alpha'}{\alpha} = \lambda_\alpha, \ \frac{T'}{T} = \lambda_T, \ \frac{x'}{x} = \lambda_L, \ \frac{t'}{t} = \lambda_t \qquad (2-6)$$

模型与原型相似时:

$$\frac{\lambda_T \partial T}{\lambda_t \partial t} = \lambda_\alpha \alpha \left(\frac{\lambda_T}{\lambda_L^2}\right) \left(\frac{\partial^2 T}{\partial x^2}\right) \qquad (2-7)$$

所以:

$$\frac{\lambda_T}{\lambda_t} = \frac{\lambda_\alpha \lambda_T}{\lambda_L^2} \qquad (2-8)$$

即:

$$\frac{\lambda_\alpha \lambda_t}{\lambda_L^2} = 1 \qquad (2-9)$$

或写成:

$$\frac{\alpha t}{x^2} = \frac{\alpha' t'}{x'^2}, \ \frac{\alpha t}{x^2} = Fr \qquad (2-10)$$

亦即两系统的数相等时，模型和原型具有相似的温度场。

因此，两系统物理相似的标准是表征某一物理特征的内在比相等。例如，雷诺数是系统的惯性力和黏性力的比，它表征系统的黏滞流动；弗劳德数是系统的惯性力和重力或浮力的比，它表征系统由重力引起的流动；韦伯数是系统的惯性力和表面张力的比，表征表面张力影响显著时的流动。

在中间包冶金中，钢液的流动是最基本的物理现象。流动的规律服从 Navier-Stokes 方程:

$$\frac{\rho D u}{Dt} = -\nabla P + \mu \nabla^2 u + \rho g \qquad (2-11)$$

为了使模型中的流动和原型相似，需要求得反映流动相似的无因次（量纲为1）准数。首先把方程中的变量改写成无因次变量。上式中 ρ、μ 可取作常数，式中各变量与其特征值相比可化为无因次变量:

$$x^* = \frac{x}{L}, \ y^* = \frac{y}{L}, \ z^* = \frac{z}{L}, \ u^* = \frac{u}{U}$$

$$t^* = \frac{tU}{L}, \ P^* = \frac{P - P_0}{\rho U^2} \qquad (2-12)$$

式中   变量带 * 者——无因次量;

　　　　L——特征长度;

U——特征速度；

P_0——基准压力。

特征值和基准值是常数，根据所讨论问题的性质来选定。将无因次变量代入式（2-11），得：

$$\rho \frac{Du \times U}{Dt \times \dfrac{L}{U}} = - \nabla P \times \rho U^2 + \mu \nabla^2 u^* U + \rho g \tag{2-13}$$

特征值为常数，可移到微分号之外。而 ∇ 算子中含有 ∂x，∂y，∂z，其中所涉及的特征长度 L 也要移到微分号以外，从而变成无因次化的算子，符号记作 ∇^*。于是可得：

$$\frac{Du^*}{Dt^*} = \frac{L}{\rho U^2} \left(\frac{-\rho U^2}{L} \nabla^* P^* + \frac{\mu U}{L^2} \nabla^{*2} u + \rho g \right) \tag{2-14}$$

化简得：

$$\frac{Du^*}{Dt^*} = - \nabla^* P^* + \left(\frac{\mu}{\rho UL} \right) \nabla^{*2} u + \left(\frac{gL}{U^2} \right) g/g \tag{2-15}$$

写成准数形式为：

$$\frac{Du^*}{Dt^*} = - \nabla^* P^* + \frac{1}{Re} \nabla^{*2} u^* + \frac{1}{Fr} g/g \tag{2-16}$$

由式（2-16）可知，当两个系统的 Re 和 Fr 相等，且系统的几何形状相似，初始和边界条件相同时，解微分方程（2-16）所得 $u(x^*, y^*, z^*, t^*)$、$P^*(x^*, y^*, z^*, t^*)$ 是相同的，即具有相同的速度场和压力场。也就是说，决定流动现象相似的准数是 Re 和 Fr。

当所研究的现象还不能用方程式来描述，但又确切了解与之有关的各个变量时，也可用因次分析法求得反映该现象相似的准数。因次分析法在很多书中都有介绍。

在中间包冶金过程的物理模拟问题中，常用水来模拟钢液，当考虑等温流动时，水模型中的流动和中间包中钢液流动相似的条件为 Re 和 Fr 保持不变，即

$$Fr_\text{水} = Fr_\text{钢液}，\quad Re_\text{水} = Re_\text{钢液} \tag{2-17}$$

如果取反应器尺寸作为特征长度，金属液面的流速为特征速度。当 Fr 相等时，有：

$$\frac{u_\text{水}^2}{gL_\text{水}} = \frac{u_\text{钢液}^2}{gL_\text{钢液}} \tag{2-18}$$

即：

$$\frac{u_\text{水}}{u_\text{钢液}} = \left(\frac{L_\text{水}}{L_\text{钢液}} \right)^{1/2} \tag{2-19}$$

当 Re 相等时，有：

$$\frac{\rho_{水}u_{水}L_{水}}{\mu_{水}} = \frac{\rho_{钢液}u_{钢液}L_{钢液}}{\mu_{钢液}} \quad (2-20)$$

根据钢液和水的物理性质：

$$\frac{\rho_{水}}{\mu_{水}} \approx \frac{\rho_{钢液}}{\mu_{钢液}} \quad (2-21)$$

所以：

$$\frac{u_{水}}{u_{钢液}} = \frac{L_{钢液}}{L_{水}} \quad (2-22)$$

当采用同原型尺寸为1:1的模型时，即 $L_{水}=L_{钢液}$，由式（2-19）和式（2-22）得 $u_{水}=u_{钢液}$。可以看出1:1模型能够达到 Fr 和 Re 全都相等，所以相似是理想的。这就是冶金系统的物理模型趋向于采用1:1模型的原因。

应该讲，从微分方程导出相似准数，比因次分析法要有利，它可以避免把重要的变量忽略掉；此外，物理意义也比较明确。但如果微分方程中未包括对过程有影响的某个变量时，也可对该变量做因次分析，以补充从微分方程所得出的结果。

2.1.2 中间包内钢液流动的物理模拟

中间包内钢液的流动，是钢液在重力作用下从钢包水口流入中间包，然后从中间包水口流出。在这种情况下，一般可视为黏性不可压缩稳态流动，同时可以忽略化学反应的影响。因此，系统只要满足几何相似、运动相似和动力学相似即可。而运动是动力所驱动的，所以中间包钢液流动的物理模拟，需要满足模型和原型几何相似和动力学相似。

中间包内钢液的流动可以看作是钢包注流和钢水静压力引起的强制流动，影响其流动状态的作用力主要有惯性力、重力、黏性力和表面张力的作用，包含这些力的相似准数及其在中间包物理模拟的应用见表2-1。

表2-1 中间包物理模拟相关准数

名称	符号	式子	内在比	用途
雷诺数 （Reynolds number）	Re	$\rho uL/\mu$	惯性力/黏滞阻力	流动特性
弗劳德数 （Froude number）	Fr	u^2/Lg	惯性力/重力	单向等温流动
修正弗劳德数	Fr'	$\rho_g u^2/(\rho_1-\rho_g)gL$	惯性力/浮力	气液相等温流动
韦伯数 （Weber number）	We	$\rho u^2 L/\sigma$	惯性力/表面张力	弥散系统

名称	符号	式子	内在比	用途
厄特沃什数 (Eötvös number)	Eo	$g\Delta\rho d_b^2/\sigma$	重力/表面张力，We/Fr	弥散系统
莫顿数 (Morton number)	Mo	$g\mu^4\Delta\rho/\rho^2\sigma^3$	黏滞力/表面张力， We^3/Re^4Fr	弥散系统
施密特数 (Schmidt number)	Sc	$\mu/\rho D$	动黏度系数/扩散系数	物性准数
格拉晓夫数 (Grashof number)	Gr	$gL^3\beta\Delta T/\nu^2$	浮力/黏滞阻力	自然对流
中间包特征数	Zb	$\beta gL\Delta T/u^2$	浮力/惯性力，Gr/Re^2	中间包内自然对流， 又记为 Tu

在单一模型中，要保持模型与原型中所有准数相同是不可能的，因此在进行中间包钢液流动的物理模拟时，应根据不同的实际情况以及研究的主要目的，选择起主要作用的准数相等进行模拟。目前常用的中间包物理模拟有以下几种。

2.1.2.1　同时考虑 Re 和 Fr 相等

中间包内钢液的流动主要受黏滞力、重力和惯性力的作用，为保证原型与模型的运动相似，一般采用 Re 和 Fr 同时相等。即：

$$(Re)_{\text{原型}} = (Re)_{\text{模型}} \tag{2-23}$$
$$(Fr)_{\text{原型}} = (Fr)_{\text{模型}} \tag{2-24}$$

为保证上述两准数相等，模型与原型的长度比例因子为1，即模型尺寸与实物尺寸相同。1：1模型的采用，保证了模型与原型的 Fr 及 Re 相等，从而保证了模拟的相似性。但是模型尺寸过大，也使成本提高及造成实验困难。

选用1：1水模型，除可以直接用测量的水系统的流速表示钢液流速外，还可以使水模型与实际的钢液系统的流动在下述方面有相似性：

（1）上浮气泡对钢液流动的作用；

（2）注流形状和水口结构对注流表面面积的影响；

（3）结晶器液面的波动；

（4）停留时间分布的测定。

因此把钢包—中间包—结晶器作为一个整体研究其流动特征和相互关系时，最适的办法是选用1：1模型。A. McLean 用废弃的中间包把一面改装为玻璃壁，研究观察其中的流动，这也就是1：1的模型。现在通常用有机玻璃制成模型来研究。但大的有机玻璃模型费用高，而且纵面长度很大，易发生挠曲，会对光学测量产生一定的干扰。

2.1.2.2　只考虑 Fr 相等，Re 处于同一自模化区

根据流体力学原理，当流体流动的 Re 大于第二临界值时，流体的湍动程度及流速的分布几乎不再受 Re 的影响，此时流体的流动状态不再变化，且彼此相似，与 Re 不再有关，也就是说流体流动进入第二自模化区域。当原型的 Re 处于第二自模化区以内时，则模型的 Re 不一定与原型的 Re 相等，只要也处于同一自模化区域就可以了。一般 Re 的第二自模化区的临界值为 $1 \times 10^4 \sim 1 \times 10^5$。因此，当中间包内钢液流动与模型中流体流动处于同一自模化区时，只考虑 Fr 相等，也能够满足相似条件。

$$(Fr)_{模型} = (Fr)_{原型} \tag{2-25}$$

即：

$$\frac{gL_{m}}{u_{m}^{2}} = \frac{gL_{r}}{u_{r}^{2}} \tag{2-26}$$

则：

$$\frac{u_{m}}{u_{r}} = \frac{L_{m}^{1/2}}{L_{r}^{1/2}} = \lambda^{1/2} \tag{2-27}$$

$$\frac{Q_{m}}{Q_{r}} = \frac{u_{m}L_{m}^{2}}{u_{r}L_{r}^{2}} = \lambda^{5/2} \tag{2-28}$$

式中　λ——比例因子。

原则上讲，只要模型尺寸按比例缩小，其流动时 Re 与原型处于同一自模化区，就能够保证模型与原型相似。这就为缩小模型的比例提供了理论依据，目前中间包的水模型实验大多采用这一类型的模拟。但是从我们多年对中间包水模型的研究过程中发现，模型尺寸的缩小也要有一定的限制：（1）要保证模型中主要的参数有比较明显的变化，例如挡墙高度的变化等；（2）要保证试验测量的参数有一定的精度，可以反映试验条件的变化；（3）考虑反应器壁面影响的相似性。

2.1.2.3　同时考虑 Fr 和 We 相等

在中间包冶金中，去除钢液中的非金属夹杂物是其主要任务之一。当考虑到中间包覆盖剂的卷入问题时，也需要考虑液体表面张力的作用。因此，这类模型的建立需保证模型与原型的 Fr 和 We 相等。

$$(Fr)_{模型} = (Fr)_{原型} \tag{2-29}$$

$$(We)_{模型} = (We)_{原型} \tag{2-30}$$

即：

$$\frac{gL_m}{u_m^2} = \frac{gL_r}{u_r^2}, \quad \frac{u_m}{u_r} = \lambda^{1/2} \tag{2-31}$$

$$\frac{\rho_m u_m^2 L_m}{\sigma_m} = \frac{\rho_r u_r^2 L_r}{\sigma_r} \tag{2-32}$$

$$\left(\frac{u_m}{u_r}\right)^2 \left(\frac{L_m}{L_r}\right) \left(\frac{\rho_m \sigma_r}{\rho_r \sigma_m}\right) = 1 \tag{2-33}$$

则:

$$\lambda^2 = \frac{\rho_r \sigma_m}{\rho_m \sigma_r} = 7100 \times 76/1000 \times 1500 = 0.36 \tag{2-34}$$

比例因子 $\lambda = 0.6$,即只有模型尺寸是实物尺寸的 0.6 倍,才能保证 Fr 与 We 同时相等。因此,当研究中间包内液体表面张力的作用时,在保证几何相似的前提下,模型与原型的几何比应为 0.6。

2.1.2.4 非等温流动的模拟

在钢液连铸过程中,具有一定温度的钢液由钢包注入中间包,再由中间包注入结晶器,这一过程往往需要十几分钟到几十分钟。由于中间包在各个方向上散热的不均匀,或采用了外来热源,使中间包熔池内的不同部位出现温度差,尤其是对于多流方坯中间包,各流之间的钢液温度往往是不均匀的。此外,在更换钢包时,钢包内钢液的温度不可能与中间包内钢液的温度完全相同,一般情况下钢包内的钢液温度要高于中间包内,因此实际中间包内的钢液流动处于一种非等温状态。所以,研究中间包内钢液非等温流动对实际钢液流动影响的大小,以及如何建立考虑非等温流动的物理模型就显得非常重要。

A 中间包内钢液非等温状况对实际钢液流动影响

对于中间包内自然对流的存在和作用,可以做如下理论分析[20]。任何流体的流动状态,取决于作用在流体上的力。在中间包中,引起钢液自然对流的力是浮力,引起强制流动特征的力为惯性力。因此,研究中间包内浮力引起的自然流动对原有流动的影响,可以用浮力(自然对流)和惯性力(强制对流)之比来分析,取:

$$Zb = \frac{F_b}{F_m} \tag{2-35}$$

式中 F_b ——钢液所受的浮力;

F_m ——钢液所受的惯性力;

Zb ——中间包内钢液非等温流动准数。

钢液所受的浮力 F_b 为:

$$F_b = \Delta\rho g l^3 \tag{2-36}$$

式中 $\Delta\rho$——钢液密度差；

g——重力加速度；

l^3——体积。

又，钢液所受的惯性力 F_m 为：

$$F_m = \rho u^2 l^2 \tag{2-37}$$

式中 ρ——钢液密度；

u——中间包内钢液的速度；

l——中间包特征尺寸。

故：

$$Zb = \frac{\Delta\rho g l^3}{\rho u^2 l^2} \tag{2-38}$$

式（2-38）分子和分母同乘以 $\dfrac{\rho}{\mu^2}$，得：

$$Zb = \frac{\dfrac{\Delta\rho g l^3 \rho}{\mu^2}}{(Re)^2} \tag{2-39}$$

由流体热膨胀系数 β 的定义可知：

$$\beta = -\frac{1}{\rho}\frac{d\rho}{dT} = -\frac{1}{\rho}\frac{\Delta\rho}{\Delta T} \tag{2-40}$$

则：

$$\Delta\rho = \rho\beta\Delta T \tag{2-41}$$

将式（2-41）代入式（2-39）的分子部分可得：

$$\frac{\Delta\rho g l^3 \rho}{\mu^2} = \frac{g l^3 \beta\Delta T}{\left(\dfrac{\mu}{\rho}\right)^2} = Gr \tag{2-42}$$

故式（2-39）可写成：

$$Zb = \frac{Gr}{Re^2} = \frac{\beta g l \Delta T}{u^2} \tag{2-43}$$

式中 Gr——格拉晓夫数，其物理意义为流体的浮力和黏性力的比值；

Re——雷诺数，其物理意义为流体的惯性力和黏性力的比值。

由上述分析可知，Zb 也是一个无因次准数，是中间包内钢液中自然对流发展程度的判据。

关于中间包内钢液的自然对流问题，我国学者和国外学者在同一个时期各自独立进行了研究，得到了类似的结论。国外学者[21]命名 Tu（英文 Tundish 的字头）为中间包钢液非等温流动准数，而我国学者[22]命名该准数为 Zh（汉语拼音 Zhongjianbao 的字头），本书中采用该准数的符号为 Zb。

中间包内钢液的有关参数为：中间包实际液面高度 $l=0.6\mathrm{m}$，钢液膨胀系数 $\beta=3.9\times10^{-4}℃^{-1[21]}$；$g=9.81\mathrm{m/s^2}$。将其代入式（2-43），得：

$$Zb = \frac{\beta g l \Delta T}{u^2} = 0.0023 \frac{\Delta T}{u^2} \tag{2-44}$$

由此可见，判断中间包内温度变化对自然对流影响的大小，受中间包内钢液的流动速度和钢液温差的双重影响。当钢液流速大时，自然对流的影响减弱，甚至可以忽略不计；而当钢液流速较小、钢液温差较大时，则必须考虑自然对流的影响。

对于同一中间包内的不同流动区域，自然对流所起的作用也不相同。在钢包注入流区域，由于钢液流速很大，自然对流的影响相对较小；而在流速较小的区域，自然对流的影响明显增大。

B 考虑自然对流影响的物理模型

由于中间包中的钢液流动主要受黏滞力、重力和惯性力的作用，当考虑自然对流的影响时，为保证原型与模型的运动相似，要求 Zb 和 Fr 同时相等。即：

$$(Fr)_{原型} = (Fr)_{模型} \tag{2-45}$$

即：

$$\frac{L_\mathrm{m}}{L_\mathrm{r}} = \lambda，\quad \frac{u_\mathrm{m}}{u_\mathrm{r}} = \lambda^{1/2}，\quad \frac{Q_\mathrm{m}}{Q_\mathrm{r}} = \lambda^{5/2} \tag{2-46}$$

因此，为保证 Fr 相等，模型与原型的长度比例因子为 λ，模型水流量与钢液流量的比为 $\lambda^{5/2}$。为保证模型与原型的 Zb 相等，则：

$$(Zb)_{原型} = (Zb)_{模型} \tag{2-47}$$

$$\left(\frac{\beta g l \Delta T}{u^2}\right)_{原型} = \left(\frac{\beta g l \Delta T}{u^2}\right)_{模型} \tag{2-48}$$

即：

$$\frac{\Delta T_\mathrm{m}}{\Delta T_\mathrm{r}} = \frac{\beta_\mathrm{r} l_\mathrm{r} u_\mathrm{m}^2}{\beta_\mathrm{m} l_\mathrm{m} u_\mathrm{r}^2} \tag{2-49}$$

在模型与原型 Fr 相等的条件下，由式（2-46），有：

$$\frac{\Delta T_\mathrm{m}}{\Delta T_\mathrm{r}} = \frac{\beta_\mathrm{r}}{\beta_\mathrm{m}} \tag{2-50}$$

也就是说，水模型出入口的温差和中间包钢液流入流出的实际温差之比和两者的热物理性质有关。水的物理性质测定较准确，而钢液的物理性质测定困难，其数值分歧较大。盛东源[20]选用 $\beta_{钢液}=3.90\times10^{-4}℃^{-1}$，$\beta_{水}=3.48\times10^{-4}℃^{-1}$，求出 $\Delta T_\mathrm{m}/\Delta T_\mathrm{r}=1.12$。Lowry 和 Sahai[21]选用 $\beta_{钢液}=3.90\times10^{-4}℃^{-1}$，$\beta_{水}=2.93\times10^{-4}℃^{-1}$，求出 $\Delta T_\mathrm{m}/\Delta T_\mathrm{r}=1.33$。王建军[23]则选用 $\beta_{钢液}=1.16\times10^{-4}℃^{-1}$，$\beta_{水}=3.67\times10^{-4}℃^{-1}$，算得 $\Delta T_\mathrm{m}/\Delta T_\mathrm{r}=0.32$。王建军的选值与 Joo 和 Guthrie[24]的选值相

同。各家数值分歧甚大，因此，当考虑自然对流对钢水流动的影响时，取水模型中水的出入口温差为钢水温差的多少倍，才能保证模型与原型的 Zb、Fr 准数相等，没有一致的结论。甚至水的温差应该比钢液温差大些还是小些，也没有统一。但从水模型实验经验知道，即使出入口水温差不大，模型中的自然对流也不能忽略。

王建军所用的钢液膨胀系数来自 Kirshenbaum 测定的液态铁密度（g/cm^3）[25]：

$$\rho_{铁} = 8.523 - 8.358 \times 10^{-4}T \pm 0.009 \qquad (2\text{-}51)$$

应用式（2-40）可以算出 $\beta_{铁}$。用数值模拟求解中间包自然对流问题，也要知道不同温度的 ρ 值。日本钢铁协会铁钢基础共同研究会[26]汇总了 1970 年前各种铁液密度测定数据，如图 2-1 所示。可见无论 ρ 值或 β 值，均还有相当大的分歧。

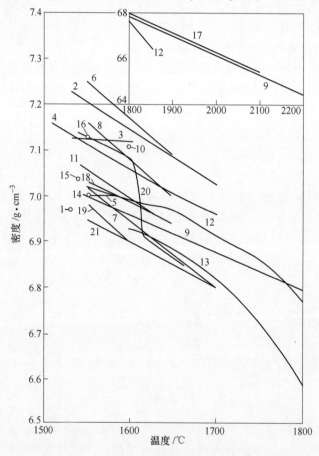

图 2-1　铁液的密度

1—Desch；2—Benedicks；3—Widawskii；4—Becker；5—Stott；6—Kingery；7—Lucas；8—Koniger；
9—Kirshenbaum；10—Vatolin；11—Frohberg；12, 13—Vertman；14—Dragomir；15—El-Chasan；
16—Dzhemulev；17—斋藤，佐久间；18—斋藤，天辰，渡边；19—前川，铃木；
20—森田，荻野，垣内，足立；21—足立，森田，北浦，出向井而且钢液成分对其密度也有影响，例如碳含量增高则密度下降。在数学物理模拟研究时，善于选取物理性质数据是非常重要的。

2.2 停留时间分布的测定

中间包属于连续反应器。在中间包内，钢包注流的冲击、水口处对钢液的抽吸以及中间包本身的内部结构和形状，造成了中间包内钢液流动状态的复杂化，形成非理想连续流动。这样进入中间包中各流体分子或流体微团从流入到流出这段过程中，实际经历的路径长短不一，它们的流速分布也不同，从而在中间包内的停留时间也就各不相同。流体分子（或微团）在中间包内停留时间的长短及分布，对中间包的各种冶金功能有非常重要的影响。因此，测定中间包内流体的停留时间分布，并用来分析中间包内钢液的流动状态及对其冶金功能的影响，是中间包冶金学的重要手段。

严格地讲，知道流体分子（或微团）的速度分布，方能准确判断各个分子的停留时间分布。但是在工程问题中，也可以不那么细致地了解流动的状况，只需要掌握大量分子的停留时间分布函数。通常应用的刺激-响应实验技术，使得在中间包冶金学中应用停留时间分布函数研究冶金效果成为可能。

2.2.1 刺激-响应实验技术

2.2.1.1 实验方法

测量停留时间分布，通常应用"刺激-响应"实验，其方法是：在中间包注入流处输入一个刺激信号，信号一般使用示踪剂来实现。然后在中间包出口处测量该输入信号的输出，即所谓响应，从响应曲线得到流体在中间包内的停留时间分布。刺激-响应实验相当于黑箱研究方法，即使流体在流动过程中其流动状态不易或不能直接测量，仍可从响应曲线分析其流动状况，以及对冶金反应的影响。因此，这一方法在类似于中间包这类非理想流动的反应器中得到了广泛采用。

冶金实验研究中常用的示踪剂：若系统为高温实际反应器（中间包），既可采用灵敏的放射性同位素作示踪剂，也可采用不参与反应的其他元素，如铜、金等。若系统为冷态模拟研究，常使用电解质、发光或染色物质作为示踪剂，例如水模型中常采用 KCl 溶液作为示踪剂加入。示踪剂加入方法有脉冲加入和阶跃加入等，最常使用的为脉冲式加入方法。

2.2.1.2 应用原则

"刺激-响应"实验准确与否的关键在于，响应信号能否真正反映反应器内流动的真实状态，且同时又不干扰其流动。因此，应用"刺激-响应"实验时应遵循以下原则：

（1）刺激-响应过程必须是线性过程，刺激信号在数量上的变化导致响应在相应量上的变化是成比例的，这种过程称为线性过程。因此，对刺激-响应信号必须进行线性检验，以保证其在线性范围。

（2）作为刺激信号的示踪剂不能参与反应器内发生的任何化学反应，即不会因反应导致示踪剂物质的增加或减少，示踪剂对反应是"惰性"的。

（3）脉冲式加入刺激信号时，示踪剂应按照瞬时加入的原则加入，也就是输入的信号原则上应为脉冲信号。由于实验技术的困难，不可能真正做到瞬时加入，但加示踪剂时间应尽量短，一般应小于按流量计算的平均停留时间的 5%。否则加入信号时间的先后误差过大，输出的响应信号不能如实地反映反应器本身的流动特征。

（4）刺激与响应信号要容易测量。

2.2.2 停留时间分布函数

2.2.2.1 停留时间分布函数 $E(t)$

当反应物以稳态流过反应器时，虽然总体上流量稳定在某一值不变，但反应流体的各个分子（或微元）沿不同路径通过反应器，路线长短不同，分子在反应器内的寿命也不相同。由于反应器中反应物分子数目众多，分子在反应器内的寿命分布应服从统计规律。图 2-2 所示为各个分子在反应器中停留时间的分布规律。大多数分子的停留时间在中等范围波动，寿命极短及极长的分子都不多。这种分布曲线称为停留时间分布函数 $E(t)$，定义为：$E\mathrm{d}t$ 是进入反应器的流体中在系统内的寿命属于 t 和 $t+\mathrm{d}t$ 之间的那部分分子。一般用出口流体在系统内的停留时间来表示 $E(t)$。当系统的流速恒定时，无论出口还是入口所定义的 $E(t)$ 都完全一样。通过反应器的流体分子的全部可看作 1，所以：

$$\int_0^\infty E\mathrm{d}t \equiv 1 \tag{2-52}$$

寿命低于 t_1 的流体所占分率为：

$$\int_0^{t_1} E\mathrm{d}t \tag{2-53}$$

寿命高于 t_1 的流体所占的分率为：

$$\int_{t_1}^\infty E\mathrm{d}t = 1 - \int_0^{t_1} E\mathrm{d}t \tag{2-54}$$

停留时间分布函数 $E(t)$ 实际上是一种概率分布函数，可以用其数学期望（均值）、方差等数值特征来确定。$E(t)$ 的均值为：

$$\bar{t} = \int_0^\infty tE(t)\,\mathrm{d}t \Big/ \int_0^\infty E(t)\,\mathrm{d}t = \int_0^\infty tE(t)\,\mathrm{d}t \tag{2-55}$$

$\bar{t}$ 可称为平均停留时间。$E(t)$ 的方差（离散度）为：

$$\sigma^2 = \int_0^\infty (t - \bar{t})^2 E(t)\,\mathrm{d}t \Big/ \int_0^\infty E(t)\,\mathrm{d}t = \int_0^\infty t^2 E(t)\,\mathrm{d}t - \bar{t}^2 \tag{2-56}$$

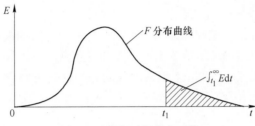

图 2-2　停留时间分布函数

2.2.2.2　平均停留时间

当中间包内钢液的体积为 V_R，由注速所决定的钢液流出的体积流率为 Q 时，由此可算出平均停留时间 $t_{平均}$ 为：

$$t_{平均} = \frac{V_R}{Q} \tag{2-57}$$

当中间包内钢液流动没有死区现象存在时，式（2-55）和式（2-57）计算的平均停留时间应当一致。也就是说，钢液在中间包内的实际停留时间应等于所测得的 $E(t)$ 的数学期望。在实验中，往往利用两者的差别来判断中间包内死区的大小。

以平均停留时间 $\bar{t}$ 作为基准时间，除以停留时间 t，可得出无因次停留时间 θ：

$$\theta = \frac{t}{\bar{t}} \tag{2-58}$$

$$\mathrm{d}\theta = \frac{\mathrm{d}t}{\bar{t}} \tag{2-59}$$

$$\bar{\theta} = \frac{\bar{t}}{\bar{t}} = 1 \tag{2-60}$$

则用无因次时间表示的停留时间分布函数为：

$$E(\theta)\,\mathrm{d}\theta = E(t)\,\mathrm{d}t \tag{2-61}$$

由于 $\mathrm{d}t = \bar{t}\mathrm{d}\theta$，所以：

$$E(\theta) = \bar{t}E(t) \tag{2-62}$$

或写为：

$$E_\theta = \bar{t}E \tag{2-63}$$

应用测定的 E 曲线形式和数值特征可以推断中间包内钢液流动的特征。几种典型流动状态特征的 E 曲线如图 2-3 所示。其中，曲线 1、2 分别表示两种特殊流动情况。如果钢液流动为活塞流，示踪剂分子和加入前后的流体没有混合，经过时间 t_c 后全部示踪剂由水口流出，所以仍然保留脉冲特征，这就是曲线 1。如果钢液流动为全混流，示踪剂脉冲加入后立刻与中间包内钢液混合，混合均匀并立即由水口流出，以后随着钢液流出的示踪剂将逐渐减少，所以 E 曲线呈现衰减曲线特征，这就是曲线 2。实际上钢液的流动介于这两种特例之间，也就是曲线 3。分布曲线 2 和 3 的函数均值同样为 t_c。三种曲线的意义只是表示流动特征不同，而容器体积和流量是一样的。

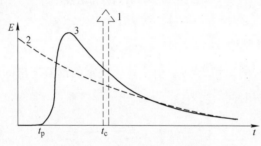

图 2-3　停留时间分布函数
1—活塞流；2—全混流；3—实际流动

2.2.3　中间包冶金的反应工程学基础

中间包冶金是在反应器内高温钢液连续流动条件下发生的物理化学反应过程。因此，反应工程学中的反应器理论为中间包冶金提供了有力的手段和方法。

反应器内最关键的宏观动力学因素是流体的流动。传热和传质总是伴随流动进行的，物质浓度、温度以及停留时间的分布都和流动特性有关，因而反应的速率和转化率也与流动有关。实际设备中的流动现象都是很复杂的，但从工程角度考虑，并不要求了解流动的全部细节，而只要知道概括流动过程的主要特征，特别是对反应速率发生影响的特征。因此，提出了物理意义明确、数学表达简便的两种典型的理想流动：活塞流和完全混合流。

反应器中流动和混合属于理想流动的称为理想反应器。理想反应器有三种，即间歇式反应器、活塞流反应器和完全混合反应器，如图 2-4 所示。

2.2.3.1　间歇式反应器

间歇式反应器，又称间歇式全混槽（釜）、间歇搅拌槽（釜）等，其基本特

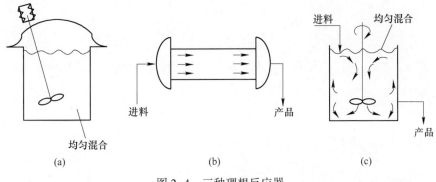

图 2-4　三种理想反应器

（a）间歇釜；（b）活塞流；（c）全混釜

征是其中的化学变化和热变化仅与时间有关，反应器内浓度和温度是均匀的。间歇反应器在冶金中常用于使矿物从矿石或其他物料中转入溶液的浸出过程，用于溶液的离子沉淀和结晶等过程。这种反应器的特点是灵活性大、适于小批量的或者原料波动较大的生产过程。

物料（质量）衡算式：

$$流入速度 - 流出速度 - 反应消耗速度 = 累计速度 \tag{2-64}$$

对于间歇式操作，物料衡算式（2-64）的前两项为零，故组分 A 的物料平衡方程可简化为：

$$r_A = -\frac{dn_A}{V_R dt} = -\frac{dn_{A0}(1 - x_A)}{V_R dt} = \frac{n_{A0}}{V_R}\frac{dx_A}{dt} \tag{2-65}$$

式中　V_R——反应器体积；

$\quad\quad r_A$——组分 A 的反应速度；

$\quad\quad n_A$——组分 A 的物质的量；

$\quad\quad n_{A0}$——初始时刻 A 的物质的量；

$\quad\quad x_A$——组分 A 的转化率；

$\quad\quad t$——反应时间。

对式（2-65）积分可得：

$$t = N_{A0}\int_0^{x_A}\frac{dx_A}{r_A V_R} = C_{A0}\int_0^{C_A}\frac{d\left(1 - \dfrac{C_A}{C_{A0}}\right)}{r_A} = -\int_0^{C_A}\frac{dC_A}{r_A} \tag{2-66}$$

式（2-66）是间歇式反应器计算的通式，它表示在一定的操作条件下为达到一定转化率 x_A 所需要的时间 t。式（2-66）可以直接积分求解，也可以用图解积分法（图 2-5）或数值积分法求解。

在恒容条件下，式（2-66）可简化为：

$$t = C_{A_0}\int_0^{x_A} \frac{dx_A}{r_A} = C_{A_0}\int_{C_{A_0}}^{C_A} \frac{d\left(1 - \frac{C_A}{C_{A_0}}\right)}{r_A} = -\int_{C_{A_0}}^{C_A} \frac{dC_A}{r_A} \qquad (2-67)$$

式（2-67）可以直接积分求解，也可以用图解积分法或数值积分法求解。

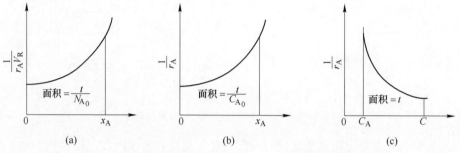

图 2-5 间歇反应器图解计算（(b)、(c) 为恒容情况下）

2.2.3.2 活塞流反应器

在活塞流反应器中，由于物料浓度仅沿流动方向（轴向）有变化，沿径向是均匀的，所以在做物料衡算时，可在反应器轴向上任取一微元管进行。设管段长 dl，管断面积 S，则体积 $dV = Adl$，如图 2-6 所示。把物料衡算式（2-64）用于此微元体，F_A 为 A 的流入速率 $F_A = F_{A_0}(1 - x_A)$，A 的流出速率为 $F_A + dF_A = F_{A_0}[1-(x_A+dx_A)]$，A 的消耗速率为 $r_A dV$。在定常情况下，式（2-64）中的第四项为零，采用图 2-6 中的符号，式（2-64）可表示为：

$$F_{A_0} dx_A = r_A dV \qquad (2-68)$$

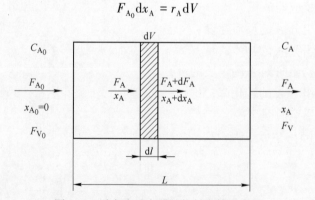

图 2-6 活塞流反应器的物料衡算示意图

将式（2-68）对整个反应器求积分，有：

$$\int_0^V \frac{dV}{F_{A_0}} = \int_0^{x_A} \frac{dx_A}{r_A} \qquad (2-69)$$

得：

$$\frac{V}{F_{A_0}} = \frac{\tau}{C_{A_0}} = \int_0^{x_A} \frac{dx_A}{r_A} \tag{2-70}$$

或：

$$\tau = \frac{V}{F_{V_0}} = C_{A_0} \int_0^{x_A} \frac{dx_A}{r_A} \tag{2-71}$$

式（2-70）和式（2-71）中 τ 为反应器空时，其定义为：反应器体积与反应器进口状态下的反应物料体积流量之比。它是反应器的生产能力或批处理量的一个标志。

对于恒容系统：

$$x_A = \frac{C_{A_0} - C_A}{C_{A_0}} \tag{2-72}$$

$$dx_A = -\frac{dC_A}{C_{A_0}} \tag{2-73}$$

则式（2-70）和式（2-71）可改写为：

$$\frac{V}{F_{A_0}} = \frac{\tau}{C_{A_0}} = -\frac{1}{C_{A_0}} \int_{C_{A_0}}^{C_A} \frac{dC_A}{r_A} \tag{2-74}$$

或：

$$\tau = \frac{V}{F_{V_0}} = C_{A_0} \int_0^{x_A} \frac{dx_A}{r_A} = -\int_{C_{A_0}}^{C_A} \frac{dC_A}{r_A} \tag{2-75}$$

式（2-70）、式（2-71）、式（2-74）和式（2-75）都是活塞流反应器的基础设计式，它们关联了反应速度、转化率、反应器体积和进料量四个参数，因此可由其中任意三个已知的参数来求第四个未知量。

2.2.3.3 全混流反应器

全混流反应器也有多种名称，如连续搅拌槽式反应器（CSTR）、连续流动搅拌釜反应器（CFSTR）、理想混合反应器、返混反应器等。

由于反应器内物料均匀混合，可以对整个反应器做物料衡算。按式（2-64），在定常情况下，用图 2-7 中的符号，得：

$$F_{A, in} - F_{A, out} - r_A V = 0 \tag{2-76}$$

$F_{j, in} = F_{j_0}(1 - x_{j, in})$，$F_{j, out} = F_{j_0}(1 - x_{j, out})$，$F_{j_0} = F_{V_0} C_{j_0}$，代入式（2-76）得：

$$\frac{V}{F_{A_0}} = \frac{t}{C_{A_0}} = \frac{x_{A, out} - x_{A, in}}{r_A} \tag{2-77}$$

或：

$$\tau = \frac{V}{F_{V_0}} = \frac{C_{A_0}(x_{A,\,out} - x_{A,\,in})}{r_A} \tag{2-78}$$

对于恒容系统，式（2-77）和式（2-78）可以改写为：

$$\frac{V}{F_{A_0}} = \frac{C_{A,\,in} - C_{A,\,out}}{C_{A,\,in}r_A} \tag{2-79}$$

$$\tau = \frac{C_{A,\,in} - C_{A,\,out}}{r_A} \tag{2-80}$$

式（2-79）和式（2-80）中，τ 为空时，由于同时进入全混流反应器中的物料在反应器中的停留时间长短不等，常用平均停留时间 $\bar{\tau} = V/F_V$ 来表示物料的停留时间。对于恒容过程，平均停留时间显然就等于空时；但对于变容过程，平均停留时间和空时是有差异的。

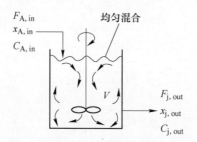

图 2-7　全混流反应器物料衡算示意图

2.2.3.4　反应器组合模型

为了描述反应器中有短路、有循环流或有死区的情况，可设想实际反应器内的流动是由不同的区域（活塞流、全混流、死区）通过不同的相互连接方式组合而成的。这就是反应器组合模型。

图 2-8 所示为活塞流与全混流的示意图。活塞流体积为 V_p，全混流体积为 V_m，$V = V_p + V_m$，左侧 0 时刻输入刺激信号，最终两种组合方式输出信号相同，从图中也可以看出最小停留时间为活塞流停留时间 V_p/V，最大浓度为 V_m/V。

图 2-9(a) 所示为有死区的活塞流。流动区的体积 $V_p = V - V_d$，其中，V 为反应器总体积，V_d 为死区体积。与无死区的活塞流相比，有死区的活塞流平均停留时间减小。图 2-9(b) 所示为有死区全混流。流动区的体积 $V_m = V - V_d$，与无死区的活塞流相比，有死区的全混流平均停留时间减小。Bischoff[27] 认为，当容器内某一部分的停留时间远大于整个容器的平均停留时间，该部分称为死区，该部分空间没有很好地得到利用。

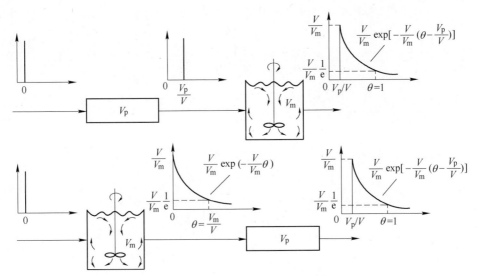

图 2-8　活塞流与全混流组合示意图

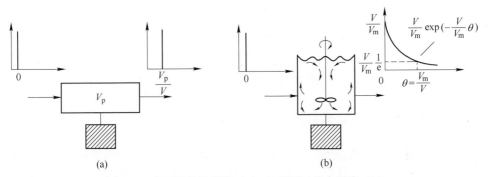

图 2-9　有死区的活塞流 (a) 与有死区的全混流 (b)

2.2.3.5　反应器理论在中间包中的应用实例

钢水在中间包内的流动状态和停留时间分布，对于钢水温度的变化以及钢中夹杂物的去除有很重要的意义。以大方坯 4 流连铸用中间包为例，该中间包可以看成多个反应器的组合，4 个出钢流区构成一个四级串联釜组，接受钢包钢水的钢流区作为另一个单独的理想反应釜，和 4 个釜并联，模型示意图如图 2-10 所示。

各水口钢流停留时间分布函数依次为：

$$E_1(\theta) = \eta e^{-\theta} + 4(1 - \eta) e^{-4\theta} \tag{2-81}$$

$$E_2(\theta) = \eta e^{-\theta} + 12(1 - \eta)(e^{-3\theta} - e^{-4\theta}) \tag{2-82}$$

$$E_3(\theta) = \eta e^{-\theta} + 12(1 - \eta)(e^{-2\theta} - e^{-3\theta} + e^{-4\theta}) \tag{2-83}$$

$$E_4(\theta) = \eta e^{-\theta} + 4(1-\eta)(e^{-\theta} - 3e^{-2\theta} + 3e^{-3\theta} - e^{-4\theta}) \qquad (2-84)$$

其中： $$\theta = \frac{Qt}{V_R} \qquad (2-85)$$

式中　$E_i(\theta)$ ——i 水口的停留时间分布函数，$i=1$，2，3，4；

　　　　Q——钢液体积流量，m^3/s；

　　　　t——时间，s。

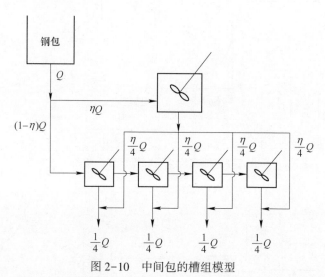

图 2-10　中间包的槽组模型

2.3　流场显示及流速测量的实验技术

物理模型法是研究中间包冶金以及其他多种冶金方法的有效手段，但是建立了合适的模型，还必须有相对应的实验技术才能得到良好的实验结果。流场显示技术是研究各种复杂流动的有效方法。流场显示的任务就是把透明流体，如水的流动现象，不仅设法用图像显示出流动图形（流谱）供定性分析之用，并力求做到根据这些流动图形作流场某种物理量的定量测量。流动显示是确定流谱等物理现象的既可靠又有效的办法。中间包中的许多流动现象，例如注流冲击、卷渣、夹杂物上浮等，都是通过流动显示进行研究。而流动测量技术的现代化，不但提供了各种流动的流谱，而且还可提供定量的测量数据，如激光测速法、高速摄影法[28]等技术的使用，使模型法成为新型中间包设计，以及各种中间包改造中不可缺少的方法。

2.3.1　流动显示技术

流动显示是研究流动的重要手段之一。显示出来的流动图形既便于直接观察，也可用照相或摄影的方法记录下来。

最常用的显示方法是示踪法[29]。示踪粒子一般在流动的上游，即中间包上钢包注流处加入。对加入示踪剂的要求一般是要跟随性好，示踪粒子要能和流体同步流动。为此，示踪剂的密度和流体应尽量接近，或者粒子的粒度非常细小。此外，要有强的反射性能，便于观察和摄影。在中间包水模型研究中常用的示踪剂有聚苯乙烯塑料粒子和铝粉等。塑料粒子是生产泡沫塑料的原料，密度近于 $1.0(\pm0.03)\,g/cm^3$，粒度约为 1mm，可以较清晰地显示流动，并且通过沸水加热可调节塑料粒子的密度与粒度。但塑料粒子粒度较大，当流速低（约 1m/s）时跟随性就差了。铝粉成鳞片状，密度 $2.7g/cm^3$，由于粒度较细，所以也有良好的跟随性，而且反光性强。染料也可作为示踪剂，在低速（<1m/s）可用水性染料，如茜红、高锰酸钾、甲基蓝等；较高速（>1m/s）时，可用油性染料如苯、二甲苯、硝基苯、十二烷基酒精等。

当要严格控制示踪剂在流场中加入位置时，可采用电化学方法。例如，以极细铂丝作电极，用脉冲直流电源电解水，产生小氢气泡作示踪剂。

一般来讲，在研究整个中间包流场状况时，以粒子示踪法为主；而在重点观察流股的冲击作用时，有时也采用染料做示踪剂。同时需要特别指出的是，除示踪剂外，光源的选择也是流动显示成功的重要因素。对中间包流场一般应选择片光源作为照明手段，为提高片光源的照明亮度，可选择氙灯及激光片光源等。

2.3.2 高速摄影在流场显示中应用

高速摄影是把高速运动变化过程的空间信息和时间信息紧密联系在一起进行图像记录的一种摄影方法。我们在观测快速流动过程时，用它来放大时间标尺，使人们能直接观看并研究某一特定时刻的空间-时间图像。

一般来讲，空间信息以图像的空间分辨率来表示，当亮度足够时，人眼在视轴方向上的分辨率为 1′左右，相当于在 250mm 的明视距离处，能分辨 0.1mm 的间隔。时间信息通常用时间分辨率来说明，在正常情况下，人眼的时间分辨率为 0.1s。为克服人眼视力的不足，同时完整记录下所发生的现象，一般采用高速摄影，即快速摄影的手段来扩展人眼视力的极限。

通常采用曝光时间和摄影频率来区分摄影类别，摄影频率在 10^2 幅/s 以下的称为普通摄影，$10^2\sim10^3$ 幅/s 的称为快速摄影，$10^3\sim10^4$ 幅/s 的称为次高速摄影，4×10^4 幅/s 以上的称为高速摄影。高速摄影是研究高速流动的有效手段，不仅能将瞬变、高速过程连续记录下来，给人们以直观形象和生动可靠的结果，并且能对研究对象的瞬时状态、流场变化、运动轨迹等进行记录，并运用图像分析仪等设备进行定量计算[30]。

在中间包冶金研究中，可采用快速摄影法来研究中间包流场的流动状态，分析中间包流场中射流的状态、流股的运动形式、夹杂物的运动轨迹以及卷渣情况等。高速摄影机采用的感光胶片要求有很高的灵敏度，且应用批量小、不易供应。高速录像用硬盘或者磁带代替胶片，也可以用于图像记录研究。

2.3.3 激光多普勒测速仪（LDA）

激光多普勒测速是测量流体速度的一种新方法，用激光作为光源，基于多普勒效应，采用光外差技术，可测量流体的速度、湍流强度、雷诺切应力等。20世纪70年代后期，激光测速技术得到了迅速发展，已成为包括计算机控制、数据处理在内的完整系统。

2.3.3.1 激光测速的主要优点

激光测速方法有以下优点：

（1）空间分辨率高，其探测体积为椭球形，两个短轴在几十微米至几百微米，长轴在几百微米到几毫米之间，探测体积在 $0.001 \sim 1 \mathrm{mm}^3$ 的范围。

（2）测速准确度高。

（3）响应快，时间分辨率高。

（4）测速范围广。

（5）非接触式测量，不干扰流场。

（6）线性好，在可测的全部速度范围内，信号与所测速度分量的关系都是线性的。

（7）标定简单。

（8）对于两相流，在一定条件下，可分别测出各相的速度。

2.3.3.2 激光测速原理

根据物理学中的多普勒效应，由光源 O 发射出一束频率为 f_i，波长为 λ 的单色入射光，照射到在流体中运动的微粒 P 上，则光束被微粒向四周散射，其散射光频率 f_o 对入射光束的频率 f_i 有一频率偏差，若观察者在接收点 S 沿 e_s 进行观察，由于 P 点对 S 点也有相对运动，所以 S 点处接收的信号和 f_p 之间也有一频率偏差。如图 2-11 所示。

$$f_p = f_i \left(1 - \boldsymbol{u} \cdot \frac{\boldsymbol{e}_i}{c} \right) \tag{2-86}$$

$$f_s = f_p \left(1 + \boldsymbol{u} \cdot \frac{\boldsymbol{e}_s}{c} \right) \tag{2-87}$$

式中　c——光速；

　　e_i——入射光方向上单位向量；

　　e_s——测量点到观察点方向上的单位向量；

　　u——微粒运动速度。

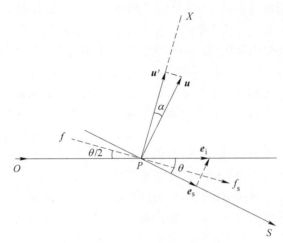

图 2-11 多普勒散射原理示意图

合并式（2-86）、式（2-87），并忽略高次项，得到接收点 S 处所得到的多普勒频移为：

$$f_D = f_s - f_i = \frac{u}{\lambda} \cdot (e_s - e_i) \qquad (2-88)$$

因为

$$| (e_s - e_i) | = 2\sin\frac{\theta}{2} \qquad (2-89)$$

$$u_x = u\cos\alpha \qquad (2-90)$$

所以

$$f_D = \frac{2u_x\sin\dfrac{\theta}{2}}{\lambda} \qquad (2-91)$$

式中 λ——入射光波长，nm。

由式（2-91）可知，当入射光的波长和仪器的光路形式确定后，多普勒频移 f_D 和流体的真实速度 u 成线性关系，测出这个频移，可得到流体运动速度在（e_s-e_i）方向上的分量 u_x。

使用激光多普勒测速仪测量中间包内流场分布的研究为数不多，这大概和仪器价格昂贵有关。但这些测量对中间包中钢液的流动有了更加清楚的认识[28]。这些研究和流场的数值模拟计算互相配合，为改进中间包结构设计，更好地发挥中间包的冶金功能，提供了有力的工具。

2.3.4 热线（膜）流速仪

热线流速仪是应用很广、灵敏度很高的测流速仪器。它的传感器体积小，对流场干扰小，有很高的空间分辨率和响应速度，在湍流测量和理论发展中起过重要作用，同时也是研究模型流场的一种手段。

将极细的金属丝（0.5~10μm）置于流场中，通电流加热，称为热线。热线温度高于流体，于是向流体中散热。在其他条件不变的情况下，流速愈高，散热速度愈快。温度变化引起热线电阻变化，利用电阻变化可以推算出流速的大小。实际上测量流速时，由电子仪器调整通过热线的电流，使其温度保持恒定，热线由导线和惠斯通电桥相连，成为电桥的一臂，如图2-12所示。当作用于热线上的流速变化时，热线温度及其电阻相应变化，以致电桥失衡，产生误差电压，此电压差经过伺服放大器放大并按一定关系反馈给电桥，使电桥电压受调整，以此使通过热线的电流受到调整，让电桥恢复平衡。伺服放大器输出端提供的电桥电压就反映出所测点的流速。由于放大器增益很高，而热线尺寸很小，因此能反映出流速的快速变化。热线流速仪不仅可以测出流场内流速值，还可以测出脉动速度，从而计算出湍流的许多参数，如湍流强度、频谱、雷诺应力等。当所测流体能导电时，流体不能和热线接触，这时测头改用极薄的金属膜，膜上加涂薄层绝缘体，如石英等，因此称为热膜流速仪。

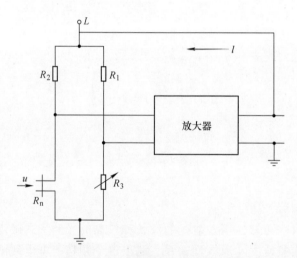

图2-12 等温型风速仪原理示意图

2.3.5 粒子图像测速（PIV）

粒子图像测速PIV（particle image velocimetry）是一种全新的非接触式、瞬态、全场速度测量方法。PIV系统由高速CMOS相机、计算机硬件、高频激光器、同步器、导光臂等组成。在大多数研究中，必须向流动中添加示踪粒子，这些粒子将在极短的时间至少被照亮两次，并使用单帧或多帧图像来记录粒子产生的光散射。通过PIV图像的后处理，可确定两次激光脉冲间的粒子图像位移[31]。

2.3.5.1 粒子图像测速的主要优点

（1）非接触式速度测量。PIV 技术为非接触式的光学技术，通过测量实验中放入流动中的示踪粒子速度来间接测量流体微元的速度，对高速流动或壁面附近的流动，仍然可以使用 PIV 进行测量。

（2）测量体积的扩展。通过全息技术（3D-PIV）拓展观测体积[32]。使用平面镜组，可以拓宽照亮区域[33]。

（3）时间分辨率。高速激光和高速相机的发展可以实现大多数液体的高时间分辨率测量。

（4）空间分辨率。PIV 图像处理的问询窗口尺寸需要足够小，从而不会对速度梯度的测量结果产生较大影响。

（5）评估的可重复性。任何有关流速场的信息，已经完全存在于 PIV 的记录中，可以在不重复实验的条件下挖掘流速场的信息。

2.3.5.2 粒子图像测速实验步骤与注意问题

现有商业 PIV 技术公司可以提供可靠的激光光源、高速相机、同步器以及后处理软件，可以很大程度上保证测量的精度。下面以研究水流场中某个平面三维速度为例，介绍粒子图像测速实验步骤。

（1）确定研究平面。该平面的流动行为应比较具有代表性（一般选择对称面）。

（2）光路设计。使用导光臂将光片源投射到研究平面。对于有较强反射光区域要做适当遮挡，以防损坏相机感光元件。

（3）研究平面的标定。标定可以确定图像平面中的粒子图像位移与流动中的示踪粒子位移之间的关系。

（4）粒子播撒。须将示踪粒子添加到流动中，粒子需要具有很好的追随性。

（5）照明。调节两束激光时间间隔，使得两次曝光下粒子移动距离在合适范围内。

（6）自标定技术。在已经记录下的实验结果基础上，使用软件进行自标定，自标定可以更正激光平面和标定平面之间的偏差，提高测量精度。

（7）实验结果后处理。对记录的包含流场流动信息粒子的照片通过商业 PIV 软件获得该平面的流场信息。

粒子图像测速设备所用的激光器对人眼和相机感光元件存在一定的危害，光路搭建过程中要尽可能减少反射区域，并对反光区域做一定的遮挡，给相机镜头加装滤光片，必要时实验人员要佩戴激光护目镜。对于标定好的测量，不要移动相机和片光源。

使用 PIV 研究一个平面的三维速度场时，调节合适粒子的浓度，保证拍摄的结果既有一定数量的粒子，又有一定的背景；流体中粒子的运动要保证很好的追随性；调节两束激光的时间间隔，以保证粒子运动的最大轨迹不要超过 7~10 个像素；两个相机的夹角在 30°~120° 之间，相机夹角过小会增大平面外速度分量测量结果误差，相机夹角过大会增大平面内速度分量误差，因此需要调节合适的相机夹角以保证最优测量结果。

2.3.5.3　粒子图像测速在中间包流场研究应用实例

根据中间包水模型研究位置的不同，应用粒子图像测速研究水模型流场，列举了以下实例。应用 PIV 技术可以对中间包水模型流场进行测量，如图 2-13 与图 2-14 所示；测量结果与数值计算得到的结果进行了验证，如图 2-15 所示。

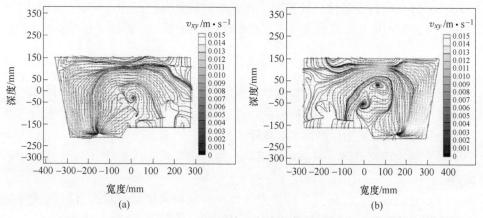

图 2-13　断面尺寸 1400mm 与断面尺寸 1600mm 浇注区流场测速结果[34]

（a）1400mm；（b）1600mm

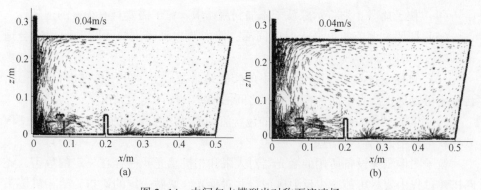

图 2-14　中间包水模型半对称面流速场

水模型流量分别为：（a）$1.55 \times 10^{-4} \mathrm{m}^3/\mathrm{s}$；（b）$3.10 \times 10^{-4} \mathrm{m}^3/\mathrm{s}$[35]

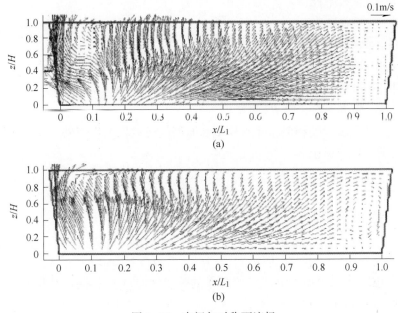

图 2-15 中间包对称面流场

(a) PIV 法；(b) 数值模拟[36]

2.4 夹杂物的模拟方法

中间包冶金学中，研究非金属夹杂物的变化和去除是很重要的内容。在中间包内，夹杂物是在流动的介质中变化、长大和去除的。用水模型研究钢液流动时，也需要用适当的粒子来模拟非金属夹杂物。在流动介质中涉及夹杂物去除的现象有：夹杂物的碰撞长大、夹杂物上浮、钢液对夹杂物的润湿性，以及渣层和包衬捕获夹杂物的能力等。对这些复杂的现象进行模拟是相当困难的。L. Heaslip 等[37]用空心玻璃球模拟非金属夹杂物，空心玻璃球外未加涂层者模拟亲液性夹杂物，即和液体润湿良好的夹杂；玻璃球外涂覆乙烯基硅烷（vinyl silane）模拟疏液性夹杂物，即和液体不润湿的夹杂。空心玻璃球的颗粒尺寸分布和脱氧产生的夹杂物颗粒分布相接近，最大频率分布在 $20\sim30\mu m$ 范围，颗粒上限为 $100\mu m$，接近于二次氧化产生的夹杂物。

作用于夹杂物颗粒的力，为上浮力 F_B 和摩擦阻力 F_D。上浮力 F_B 为：

$$F_B = \left(\frac{4\pi r^3}{3}\right)(\rho_1 - \rho_s)g \tag{2-92}$$

摩擦阻力 F_D 为：

$$F_D = \frac{C_D A \rho_1 u^2}{2} \tag{2-93}$$

式中　　r——颗粒半径；

　　　　ρ_1——液体密度；

　　　　ρ_s——颗粒密度；

　　　　u——液体和颗粒相对速度；

　　　　A——颗粒的垂直流向的断面积；

　　　　C_D——阻力系数，随 Re 而变。

　　为了保持颗粒运动相似，除了模型和原型的流动状态相似外，作用于颗粒上的两种力的比值应恒定：

$$\left(\frac{F_B}{F_D}\right)_{模型} = \left(\frac{F_B}{F_D}\right)_{原型} \tag{2-94}$$

　　将两种力的表达式代入上述关系式可得：

$$\left[\frac{r^3(\rho_1 - \rho_s)}{C_D A \rho_1 u}\right]_{模型} = \left[\frac{r^3(\rho_1 - \rho_s)}{C_D A \rho_1 u}\right]_{原型} \tag{2-95}$$

　　当采用 1∶1 水模型和上述尺寸分布的玻璃球时，模型和原型两个系统颗粒半径和 Re 保持恒定，两系统的 C_D、A、r、u 可以由式中除去，即：

$$\left(\frac{\rho_1 - \rho_s}{\rho_1}\right)_{模型} = \left(\frac{\rho_1 - \rho_s}{\rho_1}\right)_{原型} \tag{2-96}$$

　　也就是说，只要颗粒与液体的密度比是相等的，就可以用空心玻璃球模拟夹杂物。表 2-2 为几种物质的密度值。

表 2-2　几种物质的密度值

物质	密度/g·cm⁻³
钢液（1600℃）	7.08
水（20℃）	1.0
Al₂O₃	3.4
SiO₂	2.5
空心玻璃球	0.34~0.41

　　空心玻璃球对水的润湿角为 30°，而包裹乙烯基硅烷后的润湿角大于 90°，后者模拟疏铁液夹杂物 Al_2O_3 也是合适的。可以认为，用空心玻璃球模拟夹杂物是较准确的。

　　发泡塑料粒子也可以用来模拟非金属夹杂物。发泡塑料粒子比空心玻璃球容易得到，用热水使之不同程度地发泡可以灵活变化其密度，以适应不同比例的模型。根据式（2-95），考虑到两个系统颗粒形状相似，及处于同一个自模化区域，则阻力系数 C_D 相同，式（2-95）改写为：

$$\frac{\left(\dfrac{\rho_1 - \rho_s}{\rho_1}\right)_{模型}}{\left(\dfrac{\rho_1 - \rho_s}{\rho_1}\right)_{原型}} = \frac{\left(\dfrac{r^3}{Au}\right)_{原型}}{\left(\dfrac{r^3}{Au}\right)_{模型}} \tag{2-97}$$

根据两个系统间的相似比例关系，$r_{原型}/r_{模型} = \lambda$；$A_{原型}/A_{模型} = \lambda^2$；$u_{原型}/u_{模型} = \lambda^{-0.5}$，其中 λ 表示相似比，则式（2-97）为：

$$\frac{\left(\dfrac{\rho_1 - \rho_s}{\rho_1}\right)_{模型}}{\left(\dfrac{\rho_1 - \rho_s}{\rho_1}\right)_{原型}} = \lambda^{1.5} \tag{2-98}$$

从式（2-98）可知，即使不采用 $1:1$ 比例的模型，也可以通过调节塑料粒子的密度来模拟不同粒度的夹杂物。

2.5　本章小结

本章比较系统地介绍了中间包冶金的试验方法，包括物理模拟的基本理论、物理模型的试验研究方法、冶金反应工程学中的反应器理论等。这些方法为研究中间包冶金提供了一定的基础。

参 考 文 献

[1] Wei Z Y, Bao Y P, Liu J H, et al. Orthogonal analysis of water model study on the optimization of flow control devices in a six-strand tundish [J]. Journal of University of Science & Technology Beijing, 2007, 14 (2): 118-124.

[2] Ding N, Bao Y P, Sun Q S, et al. Optimization of flow control devices in a single-strand slab continuous casting tundish [J]. International Journal of Minerals Metallurgy & Materials, 2011, 18 (3): 292-296.

[3] 苑品, 包燕平, 崔衡, 等. 高品质 IF 钢连铸中间包降低残钢量的水模型研究 [J]. 北京科技大学学报, 2011 (A1): 1-5.

[4] 李静敏, 李怡宏, 王平安, 等. 4 流中间包钢液流动行为研究 [J]. 连铸, 2012 (1): 9-12.

[5] 苑品, 包燕平, 崔衡, 等. 板坯连铸中间包挡坝结构优化的数学与物理模拟 [J]. 特殊钢, 2012, 33 (2): 14-17.

[6] 申小维, 包燕平, 李怡宏, 等. 板坯连铸双流 73t 中间包控流装置优化的水模型研究 [J]. 炼钢, 2013, 34 (6): 18-21.

[7] 张立强, 包燕平, 王建军, 等. 七机七流中间包表观不对称度的研究 [C]. 高品质钢连

铸生产技术及装备交流会，2014.

[8] 李怡宏，包燕平，赵立华，等. 双挡坝中间包内钢液的流动行为 [J]. 钢铁研究学报，2014，26 (12)：19-26.

[9] 李怡宏，包燕平，赵立华，等. 多流中间包导流孔对钢液流动轨迹的影响 [J]. 钢铁，2014，49 (6)：37-42.

[10] 谢文新，包燕平，王敏，等. 改善多流中间包均匀性研究 [J]. 北京科技大学学报，2014，36 (S1)：213-217.

[11] 阮文康，包燕平，李怡宏，等. 湍流抑制器对中间包钢液流动的影响 [J]. 武汉科技大学学报，2015，38 (3)：161-164.

[12] Min W, Zhang C J, Li R. Uniformity evaluation and optimization of fluid flow characteristics in a seven-strand tundish [J]. International Journal of Minerals Metallurgy & Materials, 2016, 23 (2)：137-145.

[13] 吴启帆，包燕平，林路，等. 单流不对称中间包上下挡墙配合控流优化设计 [J]. 铸造技术，2015 (3)：688-691.

[14] Bao Y P, Liu J H, Xu B M. Behaviors of fine bubbles in the shroud nozzle of ladle and tundish [J]. Journal of University of Science & Technology Beijing, 2003, 10 (4)：20-23.

[15] 王霞，包燕平，金友林. 板坯连铸中间包流场数值模拟 [C]. 第五届冶金工程科学论坛，2006.

[16] 唐德池，包燕平，崔衡. 单流板坯连铸中间包数学模拟优化 [C]. 第七届中国钢铁年会，北京：中国金属学会，2009.

[17] 韩丽辉，王静松，包燕平. 六流连铸中间包结构优化的数值模拟 [C]. 北京市高等教育学会技术物资研究会学术年会，2009.

[18] Hsiao T C, Lehner T, Kjellberg B. Fluid flow in ladles - experimental results [J]. Scandinavian Journal of Metallurgy, 1980 (3)：105-110.

[19] 刘今，曲英. 冶金反应工程学导论 [M]. 北京：冶金工业出版社，1988：166.

[20] 盛东源. 冶金过程流体流动、燃烧、传热分析中 CFD 技术的应用 [D]. 沈阳：东北大学，1997.

[21] Lowry M L, Y S. Thermal effects in liquid steel flow in tundishes [C]. Steelmaking Conference Proceeding, 1991：505-511.

[22] Sheng D, Zhang H, Gan Y. Mathematical and Physical Modeling of Principal Transport Phenomena in Continuous Casting Tundishes [C]. International conference on modelling and simulation in metallurgical engineering and materials science, Beijing, 1996：326-332.

[23] 王建军，张玉柱. 板坯中间包钢水流动的热态水模 [J]. 金属学报，1997，33 (5)：509-514.

[24] Joo S, Guthrie R I L. Inclusion behavior and heat-transfer phenomena in steelmaking tundish operations：Part I. Aqueous modeling [J]. Metallurgical Transactions B, 1993, 24 (5)：755-765.

[25] Kirshenbaum A D, Cahill J A. The density of liquid iron from the melting point to 2500K [J]. AIME, 1962, 224：816-819.

［26］日本铁钢协会铁钢基础共同研究会 . 溶钢·溶渣の物性值便览［M］. 东京：日本钢铁协会，1971.

［27］Froment Gilbert F，Bischoff Kenneth B. Chemical reactor analysis and design（3rd）［M］. John Wiley & Sons，1981.

［28］包燕平，张洪，曲英，等 . 矩形连铸中间包钢液流动现象的测定［J］. 化工冶金，1990（4）：364 368.

［29］王尚槐，黄志伟，冯诚芝 . 水力模型试验中的流动显示方法［J］. 冶金能源，1982：56-59.

［30］陈克城 . 流体力学实验技术［M］. 北京：机械工业出版社，1983：92-96.

［31］Kompenhans M R，Willert C E，Scarano F，et al. Particle Image Velocimetry A Practical Guide，Third Edition［M］. Springer，2018.

［32］Zhang J，Tao B，Katz J. Turbulent flow measurement in a square duct with hybrid holographic PIV［J］. Experiments in Fluids，1997，23（5）：373-381.

［33］Scarano F. Tomographic PIV：Principles and practice［J］. Measurement Science & Technology，2013，24（1）：12001.

［34］李东侠，刘洋，王征，等 . PIV 技术在中间包和结晶器流场模拟中的应用［C］. 中国金属学会 . 2014 年高品质钢连铸生产技术及装备交流会，长沙，2014.

［35］Kumar A，Mazumdar D，Koria S C. Experimental validation of flow and tracer-dispersion models in a four-strand billet-casting tundish［J］. Metallurgical & Materials Transactions B，2005，36（6）：777-785.

［36］Merder T，Saternus M，Warzecha M，et al. Validation of numerical model of a liquid flow in a tundish by laboratory measurements［J］. Metalurgija，2014，53（3）：323-326.

［37］Heaslip L J. Water Modeling of Nonmetallic Inclusion Separation in a Steel Casting Tundish［R］. A. McLean 在北京科技大学内部讲义，1984.

3　钢中非金属夹杂物的检测分析方法

中间包冶金的重要作用就是通过合理地控制中间包钢液的流动，使钢液中的夹杂物颗粒有效碰撞、聚集长大、上浮分离，从而有效地净化钢液。如何在中间包内有效地去除夹杂物，就需要系统深入地了解夹杂物，例如：夹杂物的形成机理、形貌特征、数量分布、尺寸大小等。随着对钢液洁净度要求的不断提高，钢中非金属夹杂物的检测技术和方法有了长足的进步，并逐渐形成了系统的夹杂物检测和分析技术。

本章结合本课题组在夹杂物检测方面的研究工作以及该领域的相关进展[1-5]，对当前夹杂物检测分析技术进行了分类总结，为更好地去除中间包钢液中的夹杂物、控制连铸坯中的夹杂物提供技术支撑。

3.1　钢中全氧含量分析法

3.1.1　全氧含量分析法原理

自然界中的铁元素基本都以氧化物的形式存在。为了得到优质的钢液首先在高炉内通过焦炭还原冶炼得到含氧量较高的铁水，在转炉把纯氧气吹入到铁水熔池进行冶炼，由于钢水中溶解了过多的氧，出钢后需要加入脱氧剂将溶解氧去除，最后，钢中的氧大部分以氧化物夹杂的形式遗留在钢中，如图 3-1 所示。因此，钢中的氧含量如式 (3-1) 所示，全氧含量为钢中溶解氧（也称自由氧）含量和夹杂物中氧（也称结合氧）含量之和。如果钢中溶解氧很低，那么就可以通过分析钢中全氧含量来判定钢中氧化夹杂物的含量[6]；如果钢中溶解氧含量相对固定，例如脱氧方法相同的同一类钢种，可以通过分析钢中全氧含量来比较钢中夹杂物的多少。

$$T[O] = [O]_溶 + [O]_{夹杂} \tag{3-1}$$

通常采用红外吸收法测量钢中的全氧含量，氧氮分析仪是常用的测量氧含量的仪器。红外吸收光谱法是分子能选择性吸收某些波长的红外线，而引起分子中振动能级和转动能级的跃迁，检测红外线被吸收的情况可得到物质的红外吸收光谱，红外吸收光谱呈现出带状光谱，它可在不同波长范围内，表征出分子中各种不同官能团的特征吸收峰位，从而作为鉴别分子中各种官能团的依据，并进而推断分子的整体结构。金属中的氧含量测量首先是在 3000℃ 以上的高温下使金属烧融，然后金属中的氧以一氧化碳（CO）的形式被分离、抽取，经过红外光谱检

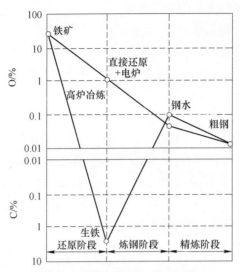

图 3-1 钢铁生产过程中铁水和钢液中氧含量的变化

测后即可得到氧的含量，此法检测氧含量的精度一般可达 0.1ppm。

解析钢中全氧含量和夹杂物尺寸之间的关系有助于更稳定地控制和降低钢中的夹杂物水平，提高钢液洁净度，改善连铸坯的质量。钢的洁净度和氧化物夹杂的特征可以通过式（3-2）估算。将估算值与实际的氧化物夹杂的尺寸进行对比，得到夹杂物颗粒尺寸和全氧含量的关系。

$$
\begin{cases}
\dfrac{1}{\bar{d}} = \dfrac{1}{n} \sum \dfrac{1}{d_i} \\[2mm]
N_V = \dfrac{2}{\pi} \dfrac{N_a}{\bar{d}} \\[2mm]
V = \dfrac{\pi}{6} \bar{d}^3 N_V \\[2mm]
[O]_{ox} = \dfrac{\rho_{ox}}{\rho_{Fe}} V(O)_{ox}
\end{cases}
\tag{3-2}
$$

式中　　$\bar{d}$——氧化夹杂物颗粒直径的平均值，m；

　　　　n——夹杂物的数量；

　　　　d_i——第 i 个夹杂物的直径，m；

　　　　N_V——单位体积的氧化物夹杂数量密度，m^{-3}；

　　　　N_a——单位面积内氧化物夹杂的数量，m^{-2}；

　　　　V——氧化物夹杂颗粒的体积分数；

　　　$[O]_{ox}$——钢中以氧化物形式存在的氧的质量分数；

$(O)_{ox}$——氧化物中氧的质量分数；

ρ_{ox}——氧化物夹杂密度，kg/m^3；

ρ_{Fe}——钢液的密度，kg/m^3。

根据钢中全氧含量的波动利用式（3-3）还可以进一步的估算钢中大型氧化物夹杂的含量范围。

$$m = \begin{cases} (T.O_{ave} - T.O_{min}) & 最小值 \\ (T.O_{max} - T.O_{ave}) & 最大值 \end{cases} \qquad (3-3)$$

式中　　　m——大颗粒夹杂物在 10kg 试样中的含量，mg；

$T.O_{max}$——同一试样全氧最大值，ppm（$1ppm = 10^{-6}$，余同）；

$T.O_{ave}$——同一试样中全氧多点测量得到的几何平均值，ppm；

$T.O_{min}$——同一试样全氧最小值，ppm。

3.1.2　IF 钢铸坯全氧含量分析

为了分析 IF 钢生产过程中中间包内钢液中夹杂物粒径与全氧含量的对应关系，采用提桶取样器对某厂生产的铝脱氧 IF 钢进行取样；在提桶试样中部切取 20mm×20mm×20mm 的金相试样 1 个，切取 ϕ5mm×50mm 的圆棒状试样 1 个，分别用于统计夹杂物数量和检测试样中的全氧含量。

统计了连续 50 个视场中夹杂物的信息，获得了钢中单位体积内全氧含量和氧化夹杂物的粒径分布信息，结果如图 3-2 所示。粒径小于 5μm 时，累积全氧含量随夹杂物粒径增大显著增加，由于粒径小于 5μm 的夹杂物数量占总夹杂物数量 85% 以上，对全氧的贡献率高粒径在 5~10μm 范围内；随夹杂物粒径增大，全氧增加缓慢，粒径达到 10μm 时，累积全氧基本稳定在固定值。图 3-3 所示为粒径小于 10μm 的夹杂物中累计氧含量的估算值和实测全氧含量的比较。可以看出，粒径小于 10μm 的夹杂物中氧含量与实测全氧值对应性较好，占全氧实测值的 90% 以上，即钢中全氧指标主要反映钢中微小夹杂物（<10μm）的含量水平，这主要由于细小夹杂物在钢中分布均匀，在钢中分布差异性小；夹杂物尺寸越大其数量越少，分布越不均匀，在试样中的差异性越大，导致检测过程中差异性越大。因此，全氧含量的平均水平反映钢液中分布均匀的夹杂物含量水平。大颗粒夹杂物由于其数量少、分布状态不均匀，若大颗粒夹杂物在全氧检测试样中出现则会造成同一工序试样全氧的波动加大。同一工序试样全氧检测的波动水平，也可以间接反映出该工序的大颗粒夹杂物含量水平。

在试验中选取不同工序节点的试样加工成 ϕ5mm×50mm 的棒样，从棒样中间切取多个 ϕ5mm×10mm 的棒样，同时检测试样全氧的波动，结果如图 3-4 所示。同一试样平行检测多次的全氧存在差异性，这些差异性远超过实际检测误差（脉冲加热红外线吸收仪测量全氧精度为 0.0002%）的波动，因此并不是由检测误差

造成。所检测试样距离脱氧时间越近波动越大；由于试样采用同样的加工方式和

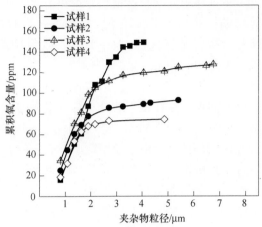

图 3-2 夹杂物粒径分布和累积全氧的关系

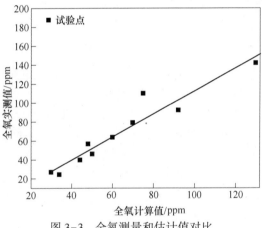

图 3-3 全氧测量和估计值对比

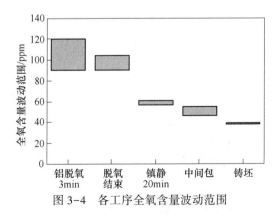

图 3-4 各工序全氧含量波动范围

检测方法，基本可以排除由于制样和检测造成的误差，因此可以判断，实验中全氧含量波动的主要原因是试样中夹杂物含量和分布状态的波动造成的。根据同一试样检测得到的全氧波动推算出各工序环节大颗粒夹杂物的含量水平，Al 脱氧后 3min 钢中大颗粒夹杂物含量在 21~42mg/10kg，脱氧结束后为 6.5~13mg/10kg，中间包中降低为 4.5~9mg/10kg，铸坯中则为 1~2mg/10kg。通过对铸坯进行大样电解得到铸坯中大颗粒夹杂物含量为 0.8mg/10kg，估计值与实测值基本相符合。但实际上大颗粒的夹杂物在钢中的分布具有很大的随机性，全氧含量法反映大型夹杂物的含量还是比较困难的。

总之，全氧含量分析法是评价钢液洁净度简单、有效的方法，在实际生产中被广泛应用。用全氧含量评价钢液洁净度时，分析结果与钢液的脱氧状态和夹杂物的分布状态有很大关系，全氧含量更直观有效，反映的是钢液中分布均匀的粒径小于 $10\mu m$ 的氧化夹杂物含量水平。大型氧化夹杂物颗粒可以导致全氧含量的明显波动，但是用全氧含量反映钢中大颗粒氧化夹杂物的含量是十分困难的。

3.2 大样电解法

3.2.1 大样电解原理

中间包冶金的重要作用之一就是通过合理地控制钢液在中间包内的流动状态，去除钢中大型夹杂物。大样电解法是检验钢中大型夹杂物的主要方法之一，可半定量检验钢中的夹杂物含量，大样电解法比其他电解法具有试样大、夹杂物代表性强、夹杂物形态比较完整、易识别等优点，对于指导实际生产提高钢的质量有重要的意义[5,7-9]。

大样电解法是从钢基中分离提取大型夹杂物的一种重要的方法，常用较大的试样在装有电解液的电解槽中进行电解，得到包含夹杂物的阳极泥，将阳极泥进行淘洗、还原和筛分后即可获得大型夹杂物[2,3]。图 3-5 所示为大样电解设备照片。

(a)   (b)

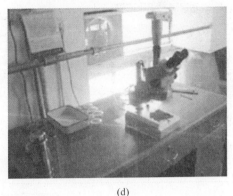

(c)　　　　　　　　　　　　　　　　　　(d)

图 3-5　大样电解设备

(a) 电解槽；(b) 淘洗槽；(c) 氢气还原；(d) 光镜筛分

大样电解过程中使用的主要设备包括：（1）电解设备：整流设备、电解槽及导线。（2）淘洗分离设备：淘洗槽、供水系统。（3）磁性还原设备：碳硅棒炉、氢气和氮气供气系统、温度控制等。（4）夹杂物分析设备：光学显微镜、扫描电镜、电子探针等。

3.2.2　大样电解主要流程

大样电解的主要流程如图 3-6 所示。

（1）准备试样。实验所用钢样为圆棒状，一般直径 30~50mm，长 140~180mm，重量在 2~3kg；试样表面需要进行磨抛处理使其光洁度为 ∇6，且电解前保证试样表面无油无铁锈；试样一端的中心有深 10mm、M12 的螺孔以备装螺栓吊挂之用。

（2）配置电解液。常用电解液组成为 $FeCl_2$（6%~15%）、$FeSO_4$（2%~4%）、$ZnCl_2$（5%~8%）、柠檬酸（0.2%~0.5%），溶剂为蒸馏水。

（3）电解控制。将试样作为阳极，用铁丝网作为阴极并用导线连接形成闭合回路。多个试样连接时应控制每个试样的压降在 2~5V，电流密度控制在 0.05~0.2A/cm²；一般将电解温度控制在30℃以下，电解时间为 7~15d。

（4）夹杂物分析。电解完成后收集试样和阳极泥，经过反复淘洗后，将剩余的阳极泥放在烘箱烘干，在光镜下挑选出夹杂物颗粒，通过高精度天平对夹杂物进行称重后，计算夹杂物在钢中的含量；将夹杂物转移到导电载片后通过电子探针和扫描电镜可以确定夹杂物的类别和尺寸等信息。

电解过程对夹杂物的影响主要有两个方面：一是溶液的化学侵蚀，二是电解电位。一般情况下，Al_2O_3、$FeO\text{-}Al_2O_3$、$FeO\text{-}TiO_2$ 等夹杂物可以在中性水溶液中完全回收；TiO_2、Ti_2O_3、SiO_2 等在饱和 $ZnCl_2$ 的 10%HCl 酒精溶液中可以完全回收。溶液 pH 值对 MnS、FeS 的影响最显著，例如，在弱酸性电解液中 MnS、

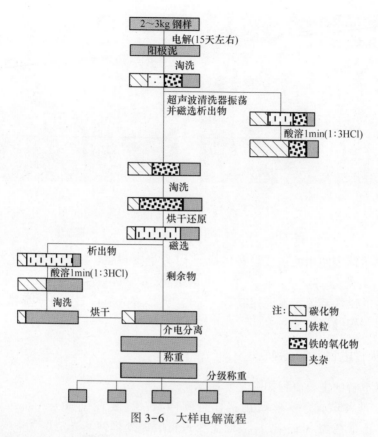

图 3-6　大样电解流程

FeS 会被溶解，此外电解液的温度对夹杂物的收得率有一定的影响。

3.2.3　55C 钢铸坯中大型夹杂物

以某厂生产的 55C 异型连铸坯为研究对象，切取两块规格为 φ50mm×150mm 试样，经表面处理后备用；电解液为 $FeCl_2$（6%）、$FeSO_4$（4%）、$ZnCl_2$（5%）、柠檬酸（0.3%），其余为蒸馏水，控制电解温度为 25~30℃。对大样电解的夹杂物进行统计，结果见表 3-1。由表 3-1 可以看出，粒度为 140~300μm 的夹杂物含量最高；大于 300μm 大型夹杂物数量次之；粒度在 80~140μm 范围内的夹杂物数量较少；小于 80μm 级别的夹杂物数量在整个试样中的比重极小。

表 3-1　55C 异型坯中大型夹杂物分级结果

样品	试样/kg	夹杂物总量/mg	夹杂物粒径分级							
			<80μm		80~140μm		140~300μm		>300μm	
			mg	%	mg	%	mg	%	mg	%
1	2	34.8	0.1	0.03	3.8	10.92	22.1	63.51	8.8	25.29
2	1.87	17.4	0.2	1.15	2.5	14.37	10.8	62.07	3.9	22.41

光镜下夹杂物的观察结果如图 3-7 所示，钢中夹杂物形貌主要为球状和块状。通过能谱仪确定球状夹杂物主要为硅酸盐，块状夹杂物包含了硅酸盐夹杂物、SiO_2、Al_2O_3 和 $MgO \cdot CaO$ 复合夹杂物；夹杂物尺寸在 $50 \sim 600 \mu m$，这些夹杂物主要来源于二次氧化产物和中间包、结晶器卷渣。

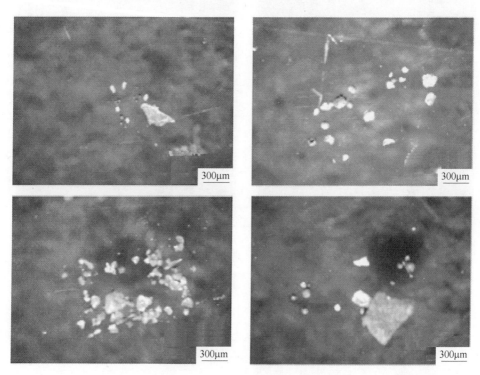

图 3-7　55C 钢铸坯中大型夹杂物形貌

3.2.4　IF 钢铸坯中大型夹杂物

IF 钢由于良好的深冲性能在汽车工业上得到了广泛应用。然而，如果大型夹杂物不能有效去除，残留在铸坯内的大型夹杂物在轧制过程中就容易造成表面缺陷，极大地影响 IF 钢产品的质量。通过大样电解法调查了某厂生产的 IF 钢铸坯中大型夹杂物的情况，结果如图 3-8 和表 3-2 所示。IF 钢铸坯中大型夹杂物的含量波动较大，在 $0.8 \sim 3.9 mg/10kg$，容易在后续轧制过程中产生夹杂类缺陷。宝钢在生产 IF 钢时，其铸坯中大型夹杂物的含量能稳定控制在 $1mg/10kg$ 以内。从图中可以看出，IF 钢中大型夹杂物主要以淡黄色透明块状为主，有少量灰色块状颗粒。

通过能谱仪确定了 IF 钢中大型夹杂物的种类和比例，结果如图 3-9 所示。

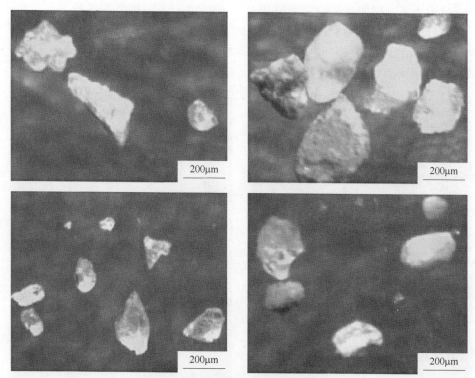

图 3-8 IF 钢铸坯中大型夹杂物形貌

表 3-2 IF 钢铸坯中大型夹杂物尺寸分布

试样	原样重/kg	电解重量/kg	夹杂物总量	
			mg	mg/10kg
1	1.97	1.54	0.1	0.8
2	1.97	1.54	0.6	3.9
3	1.97	1.47	0.2	1.4
4	1.96	1.47	0.5	3.4

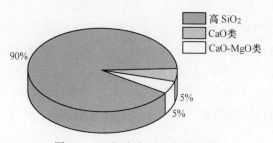

图 3-9 IF 钢中大型夹杂物比例

90%的大型夹杂物为高 SiO_2 类夹杂，其中含有 Na、K 等元素，与头坯中主要大型夹杂物来源相同，为结晶器卷渣。

通过以上分析可知：大样电解法可以半定量分析钢中大于 $50\mu m$ 的非金属夹杂物，但结果的准确性与电解过程操作的规范性有很大关系，因此应该在相同的试验条件和操作条件下，采用大样电解法分析钢中的大型夹杂物。大样电解一般需要 15d，周期较长且电解和淘洗过程中会损失部分夹杂物，例如，碱性氧化物、硫化物和小颗粒夹杂物几乎不能得到；同时绝大多数非金属夹杂物的真实形貌已经被破坏，对非金属夹杂物三维形貌、结构的判别参考性不强，因此，实际上大样电解的定量统计属于半定量分析法。

3.3 扫描电镜和能谱分析

3.3.1 扫描电镜简介

在冶金领域，一直利用金相显微镜观察金属的凝固组织和夹杂物，但随着金属材料的发展光学金相显微镜已经不能满足研究的需求。这是因为金相显微镜是基于可见光作为光源，受光的波长限制其分辨率有限。扫描电镜是介于透射电镜和光学显微镜之间的一种用于微观形貌表征的仪器，可直接利用样品表面材料的物质性能进行微观成像。扫描电镜的优点：

(1) 分辨率较高，放大倍数大且连续可调；

(2) 可提供背散射和二次电子成像方式有很大的景深，视野大、成像富有立体感，可直接观察各种试样凹凸不平表面的细微结构；

(3) 试样制备简单，设备操作方便。

扫描电镜一般都配有 X 射线能谱仪装置，这样可以同时进行显微组织形貌结构的观察和微区成分分析，因此扫描电镜在夹杂物分析检测中得到了广泛应用。在扫描电镜检测夹杂物时试样尺寸没有严格规定，只要满足电镜真空室的要求即可。对于钢铁材料的电镜分析，一般要求试样经过砂纸打磨，在抛光机抛光至镜面，保证检测面没有明显加工痕迹，没有灰尘颗粒，试样干燥、导电性良好。

3.3.2 IF 钢中夹杂物演变研究

利用扫描电镜系统跟踪了超低碳钢中 Al_2O_3 夹杂物从脱氧到铸坯环节的形态变化，结果如图 3-10 所示。在 RH 铝脱氧处理后形成球状、长方体、多面体等形状的 Al_2O_3 夹杂物，尺寸在 $1\mu m$ 左右；钢液进行钛合金处理后，造成钢液中局部出现富钛区域，[Ti] 元素会以 Al_2O_3 夹杂为核心析出，形成 Al_2O_3-TiN 夹杂物，尺寸大约 $2\mu m$；镇静过程中 Al_2O_3 类夹杂主要以球状、椭球状为主，块状等夹杂物数量减少，夹杂物尺寸在 $5\sim20\mu m$；铸坯中的夹杂物主要以 TiN、Al_2O_3 和 Al_2O_3-TiN 类夹杂为主，$1\sim3\mu m$ 的夹杂物较多。

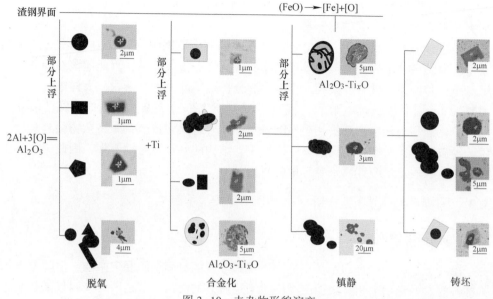

图 3-10 夹杂物形貌演变

　　利用扫描电镜携带的能谱仪对钢中的非金属夹杂物进行面扫描分析，结果如图 3-11 所示。在夹杂物对应的位置出现了浓度很高的 O 和 Al 元素，而周围都是 Fe 元素，因此基本可以断定此夹杂物为 Al 和 O 的复合夹杂物，再结合能谱的定量分析结果可知其为 Al_2O_3 夹杂物；类似地图 3-11 中夹杂物和 Ti、N 元素的分布具有极好的对应性且没有出现其他元素，根据能谱的定量结果基本可以确定其为 TiN 夹杂物。扫描电镜法可以获得清晰的夹杂物形态，对夹杂物的尺寸进行测量和统计；结合元素的分布可以对钢中夹杂物的形成结构进行表征，有助于理解复合夹杂物的形成机理，有助于控制钢中的夹杂物形成和演变；间接地对控制钢中合金辅料的加入顺序、加入时间、加入量等也有一定的帮助。

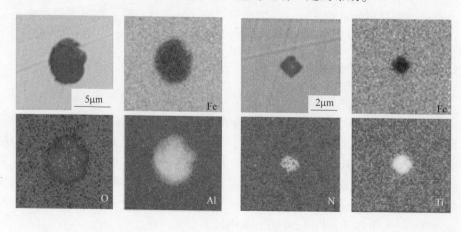

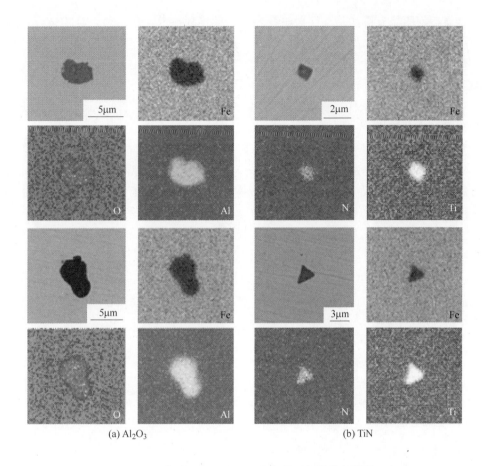

(a) Al$_2$O$_3$ (b) TiN

图 3-11　钢中 Al$_2$O$_3$ 和 TiN 夹杂物面扫描分析结果

3.4　夹杂物原貌分析法（IOA 法）

3.4.1　原貌分析法原理

常规方法对夹杂物的分析存在一定的片面性，金相法只能实现对钢中非金属夹杂物的二维观察，对形貌特征复杂的夹杂物往往造成对其真实形貌的误判；大样电解法虽然可以提取得到钢中非金属夹杂物，但由于溶液偏酸性，电解过程夹杂物损失较大，夹杂物的真实形貌在电解和淘洗过程中受到不同程度的破坏。此外，大样电解无法获得 50μm 以下的小型夹杂物颗粒；用盐酸或硫酸将钢基体溶解再通过过滤的方式可以得到难溶于酸的非金属夹杂物，但此法对于碱性夹杂物不适用。因此，如何完整地表征钢中非金属夹杂物三维形貌特征，有效控制和去除钢中高危害夹杂物值得深入研究。

夹杂物原貌分析法是本课题组开发的一种专利技术，是一种将金相试样作为阳极，以有机溶剂和盐溶液作为电解液，通过控制电解时间控制侵蚀，厚度使得非金属夹杂物在试样表面裸露的方法[5,10,11]，原理如图 3-12 所示。具体的步骤如下：

（1）制备金相试样。将试样表面用 150~2000 号砂纸打磨后，利用抛光机将检测面抛光至镜面。

（2）配置电解液。常用的电解液有以下几种：体积比（0.5~9）:1 的溴水和甲醇混合溶液，或（3~5）:（2~4）:（1~3）的溴水、甲醇和丙酮的混合溶液，再向所述溶液中加入 5%~20% 质量浓度为 5%~30% 的 KCl，或 NaCl，或 HCl 溶液得到电解液。

（3）电解控制。以磨抛后的金相试样为阳极，金属板为阴极，按图 3-12 连接电解装置，通过式（3-4）控制电解侵蚀时间从而控制侵蚀厚度：

$$h = \frac{ItM_{Fe}}{zF\rho S} \tag{3-4}$$

式中　　h——试样侵蚀深度，m；

　　　　I——电解电流，A；

　　　　t——电解时间，s；

　　　M_{Fe}——Fe 原子摩尔质量，kg/mol；

　　　　z——转移电子数；

　　　　F——法拉第常数，96485.3C/mol；

　　　　ρ——基体密度，kg/m³；

　　　　S——试样浸入面积，m²。

（4）试样观察。侵蚀后用温度大于 70℃ 的水冲洗金相试样表面，再用酒精清洗，烘干后即可在扫描电镜下观察夹杂物的形态。

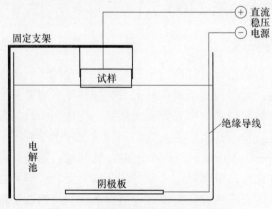

图 3-12　夹杂物原貌分析法原理图

3.4.2　IF 钢中夹杂物原貌分析

采用夹杂物原貌分析法对某厂生产的超低碳 IF 钢铸坯中的夹杂物进行了研究。图 3-13 所示为金相法和原貌分析法观察不同类型夹杂物的对比。Al_2O_3 夹杂物的金相观察结果为尺寸较小的圆形，而原貌法显示 Al_2O_3 夹杂物的形态为团簇状结构；TiN 的金相观察结果为梯形，原貌法显示 TiN 的结构为立方体。由此可见，二维形貌的检测无法真实表征夹杂物的真实形貌。

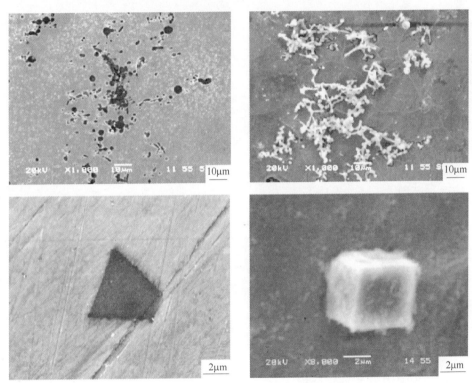

图 3-13　Al_2O_3 和 TiN 夹杂物金相和全貌观察

对原貌法提取的夹杂物进行元素分布分析，结果如图 3-14 和表 3-3 所示。根据元素的分布和能谱的定量结果基本可以确定复合夹杂物为 Al-Ti-O 的复合夹杂物。根据夹杂物的形貌和元素分布可以确定夹杂物的形成机理如下：夹杂物是 Ti 合金化过程中将存在于钢液中的团簇状 Al_2O_3 或者块状 Al_2O_3 逐渐转变成外形接近球形的 Ti-Al-O 复合夹杂，纯的 Al_2O_3 随着反应进行尺寸逐渐减小，而 Ti-Al-O 相逐渐增大，最终形成了成分均匀的 Ti-Al-O 夹杂物。图 3-14(b) 中的夹杂物明显分为三层：内核几乎为纯的 TiO_x（Ti/(Al+Ti) 为 0.914）；中间层为均匀的 Ti-Al-O 夹杂；外层为厚度 1~2μm 的富 Al_2O_3 层。夹杂物显然是内核的 TiO_x 与钢液中 $[Al]_s$ 通过反应形成，经过反应产物不断的扩散，内核逐渐减小，

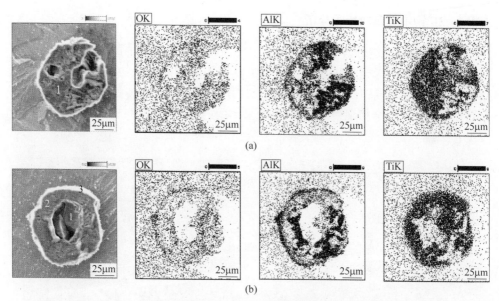

图 3-14 带有孔洞的 Ti-Al-O 夹杂物面扫描分析结果

反应区逐渐增大，最终形成了均匀的 Al_2O_3-TiO_x 夹杂。

表 3-3 夹杂物成分点分析 （原子分数，%）

元素	O	Al	Ti	Mn	Fe	Ti/(Al+Ti)
(a)-1	59.35	27.35	10.70	2.6	—	0.281
(b)-1	48.97	3.51	37.66	7.85	—	0.914
(b)-2	59.00	7.10	26.92	5.44	1.44	0.791
(b)-3	56.73	24.26	7.90	—	11.10	0.246

3.4.3 硅钢中析出物原貌分析

取向硅钢利用二次再结晶获得单一的高斯织构，从而具有良好的磁性能。为了发展完善的二次再结晶组织，一般采用细小弥散的析出相作为抑制剂，通过抑制剂在晶界析出，抑制再结晶晶粒正常长大，促进高斯位向的晶粒发育。AlN 和 MnS 是取向硅钢中常用的抑制剂。利用原貌分析法研究了某厂生产的取向硅钢铸坯中 AlN 和 MnS 的析出，结果如图 3-15 所示。面扫描分析结果表明，MnS 在析出物的中心而 AlN 在 MnS 周围生长，Mn 和 S 元素的扫描强度明显弱于 Al 和 N 元素，因此，AlN 是在 MnS 表面析出生长。

夹杂物的原貌法以有机溶剂作为电解液，最大限度地避免了夹杂物受损，可以将夹杂物的三维形貌和结构很好地提取出来，通过改变电解液的配比可以

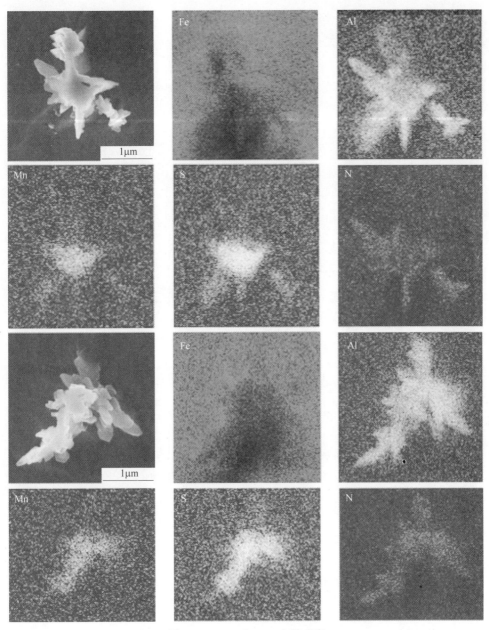

图 3-15　AlN 和 MnS 全貌观察

适用于不同的钢种，提取不同类型的夹杂物，同时可以通过控制电解时间控制侵蚀厚度；可以最大限度地使得夹杂物凸显在检测面而不脱落。但这种方法不能定量研究夹杂物，不同钢种对侵蚀液适应性不同，最佳侵蚀溶液体系需要进一步探索。

3.5   夹杂物全尺寸分离提取法（IFS 法）

3.5.1   全尺寸提取原理

夹杂物全尺寸分离提取法主要用于大量分离提取钢中的夹杂物，使用非水电解液可以完整保留钢中夹杂物的形貌细节，可以获得数量较多的夹杂物颗粒，通过高精度天平称重法可以分析钢中夹杂物的含量水平。

夹杂物全尺寸分离提取法是以金属试样为阳极，以不锈钢薄板或圆筒作为阴极，采用有机溶剂作为电解液，对电解后的电解液和阳极泥进行多重过滤和分离从而获得夹杂物的方法[4,12,13]，原理如图 3-16 所示。

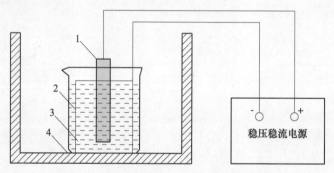

图 3-16   夹杂物全尺寸分离提取原理

1—试样阳极；2—阴极；3—电解液；4—冰箱

具体的操作步骤如下：

（1）制备试样。多为圆棒状，尺寸一般为 $\phi 5mm \times 50 \sim 100mm$，表面洁净。

（2）电解液。质量百分比四甲基氯化铵 $1.5\% \sim 3.0\%$，三乙醇胺 $8\% \sim 10\%$，余量甲醇或有机盐溶液。

（3）电解设置。以试样为阳极，不锈钢圆筒作为阴极，电流密度在 $0.05 \sim 0.1A/cm^2$，侵蚀时间控制在 $24 \sim 72h$，使夹杂物与基体分离进入电解液中。

（4）夹杂物提取。电解结束后将电解液震荡澄清，用有机滤膜进行多重过滤和分离，得到不同粒径范围的夹杂物；将得到的夹杂物烘干后备用。

（5）在扫描电镜下对夹杂物进行三维形貌表征。

3.5.2   IF 钢中夹杂物全尺寸提取

以 IF 钢作为研究对象通过夹杂物全尺寸提取法得到钢中的夹杂物。通过使用不同孔隙度的滤膜，可以有效地对电解液中夹杂物进行尺寸筛分。图 3-17 所示为过滤后分布在滤膜上的不同粒径夹杂物。由于滤膜和夹杂物均不导电，需要在表面进行喷碳或喷金处理，之后在扫描电镜下即可观察夹杂物的形貌。

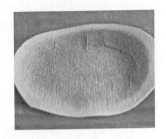

图 3-17 滤膜上的夹杂物

提取到的夹杂物形貌如图 3-18 所示。夹杂物的形貌和结构清晰，夹杂物主要有球状的 Al_2O_3 和树枝状的复合夹杂物，球状的夹杂物颗粒可以通过烧结作用

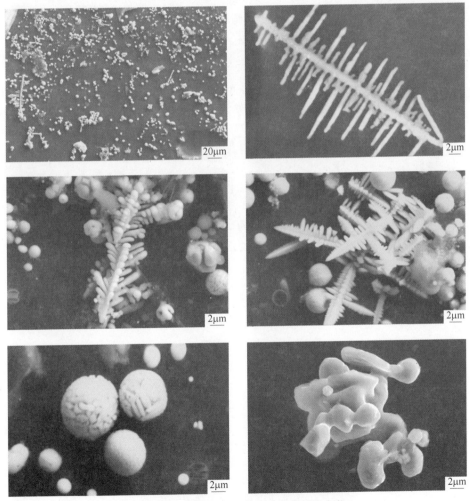

图 3-18 IF 钢铸坯中全尺寸分离后夹杂物

黏结在一起。采用面扫描法对夹杂物的成分分布进行研究，结果如图3-19所示。

树枝状的夹杂物为Fe、Mn、Ti、Al、O元素的复合夹杂物。对夹杂物的尺寸进行统计，结果如图3-20所示。试样1中的夹杂物尺寸集中在0~2.5μm，试样2和试样3中的夹杂物尺寸集中在2.5~5μm。

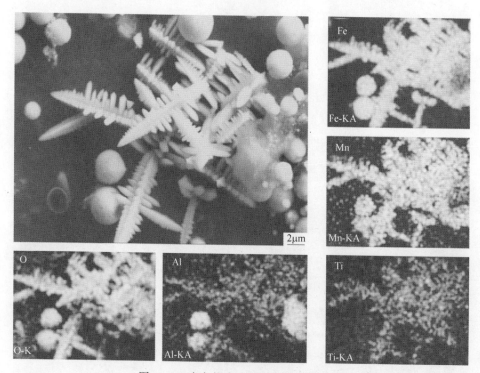

图3-19 夹杂物成分的面扫描分析结果

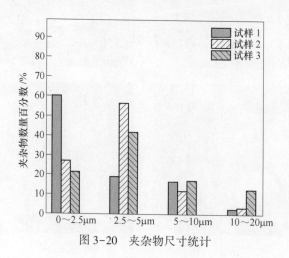

图3-20 夹杂物尺寸统计

3.5.3 轴承钢中夹杂物全尺寸提取

轴承钢是用来制造滚珠、滚柱和轴承套圈的钢种，具有高而均匀的硬度和耐磨性，以及较高的弹性极限。对轴承钢的非金属夹杂物的含量和分布的要求十分严格，是所有钢铁生产中要求最严格的钢种之一。

对轴承钢中的夹杂物进行了全尺寸提取研究，结果如图 3-21 所示。轴承钢中的典型夹杂物为 Al_2O_3、$Al_2O_3 \cdot SiO_2$、$MgO \cdot Al_2O_3$、$(Mg\text{-}Ca\text{-}Si\text{-}Al)O_x$ 的复合夹杂物，夹杂物的尺寸小于 $5\mu m$。

3.5.4 齿轮钢中夹杂物全尺寸提取

齿轮钢中存在的氧化物和硫化物夹杂会降低钢材的力学性能，从而影响齿轮的使用寿命。对齿轮钢中的夹杂物进行了全尺寸提取研究，通过扫描电镜和能谱仪的分析结果如图 3-22 所示。钢中的 Al_2O_3、$Al_2O_3 \cdot SiO_2$、$MgO \cdot Al_2O_3$、$(Mg\text{-}Ca\text{-}Si\text{-}Al)O_x$ 夹杂物尺寸约为 $10\mu m$。

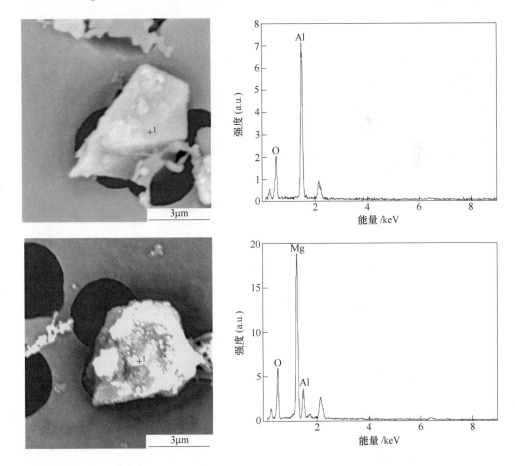

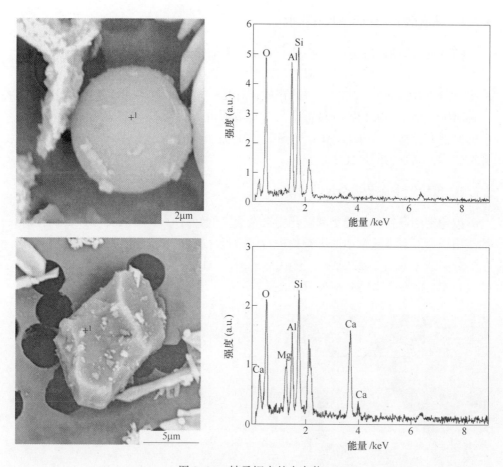

图 3-21   轴承钢中的夹杂物

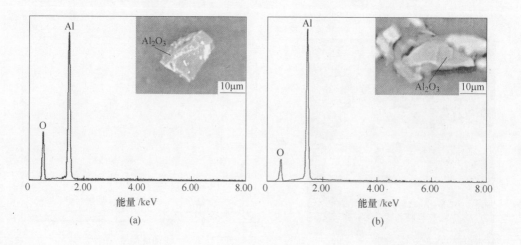

(a)   (b)

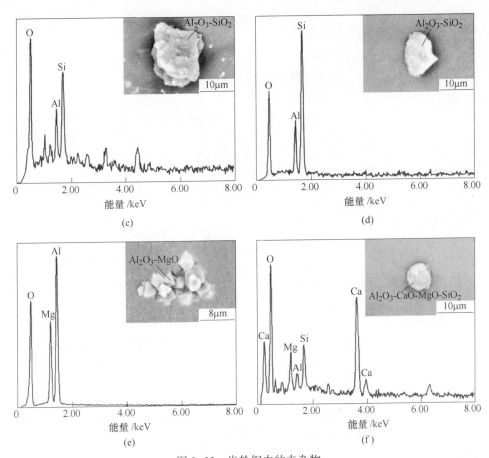

图 3-22 齿轮钢中的夹杂物

综上可知，夹杂物的全尺寸分离提取技术可以得到夹杂物的数量分布，夹杂物的粒径分布，夹杂物的含量分布，夹杂物的真实形貌和成分，可用于判断夹杂物的形成机理、来源，对夹杂物的控制和去除有着借鉴意义。

3.6 大型夹杂物的超声波检测法

3.6.1 超声检测原理

MIDAS（mannesmann inclusion detection by analyzing surfboards）法早在 1987 年就被用于检测铸坯中大型夹杂物的分布，其主要原理是根据接收到反射波的强弱和传播时间来判断钢中夹杂物/缺陷的大小和位置，根据显示的图形一般分为 A、B、C 型显示[15]。A 型是用于工业探伤最基本的方式，通过分析反射波获得工件中缺陷的信息，缺点是显示不够直观；B 型主要反映入射平面内的缺陷断面形貌，判断试样在某一断面的缺陷大小及深度分布；C 型反映试样缺陷的水平投影情况。C 型的成像画面与超声束垂直，能显示出缺陷的分布范围，这对了解整个试样中夹杂物/缺陷的分布极为重要。

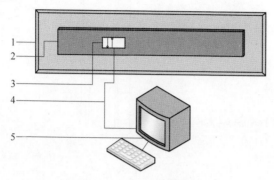

图 3-23　超声检测设备
1—水槽；2—样板；3—超声探头；4—数据线；5—成像设备

　　C 型超声检测可以在不同的检测面进行测量分析，从而获得夹杂物/缺陷在三维空间的分布信息。钢中的夹杂物/缺陷在轧制方向的变形较大，一般沿着轧向进行检测。根据 ASTM E588：2003 的规定[16]：超声波检测要求试样是长度不小于 88.9mm 的三维试样，保证检测体积不小于 410cm³。为了便于检测，通常对检测的试样进行热处理，提高检测精度。

3.6.2　IF 钢中大型夹杂物超声检测

　　利用超声检测法研究了 IF 钢热轧板中的大型夹杂物。采用的超声设备参数见表 3-4。试验采用 10MHz 超声波探头，纵波扫查，波速 v 约为 5900m/s，检测精度为 $\lambda/2$，根据式（3-5）检测的最小缺陷为 300μm，即理论上本试验不能区分尺寸小于 300μm 的缺陷。

$$\lambda f = v \tag{3-5}$$

式中　λ——超声波波长，m；

　　　　f——超声波扫描频率，Hz；

　　　　v——超声波在基体中的传播速度，m/s。

　　为了消除热轧板大晶粒对检测的影响，对热轧板进行热处理细化晶粒，结果如图 3-24 所示，晶粒尺寸小于 300μm 也可以用于超声检测。

　　实验过程和检测结果如图 3-25 所示。从连铸的头坯（含较多夹杂物）取样进行热轧模拟，将垂直于拉坯方向截面沿宽度方向 2∶1 拉伸，再沿长度方向 5∶1 拉伸，即可将初始 230mm×100mm×60mm 的截面轧制成 1000mm×200mm×6mm 的薄板，使夹杂物在断面上聚集，便于检测。轧制后大型夹杂物主要分布在热轧板两侧，即板坯表面到内外弧 1/8 处；此处缺陷明显且分布密集，在内弧度 1/8 处有明显的带状分布，主要由夹杂物在该处聚集分布经轧制后扩展形成。

表 3-4 超声检测设备参数

设备名称	设备描述	设备图片
Omniscan16/28	相控阵功能的超声波数据采集成像设备	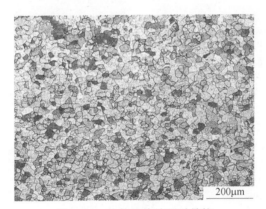
10L64-I1	频率 10MHz，64 个线形排列晶片的相控阵探头	
SI1-0L 楔块	配合 10MHz64 个晶片相控阵探头的 0°纵波楔块	
微型编码器	记录一维扫查方向位置	
TOMOVIEW 软件	对采集数据进行分析	

图 3-24 热轧板热处理后晶粒

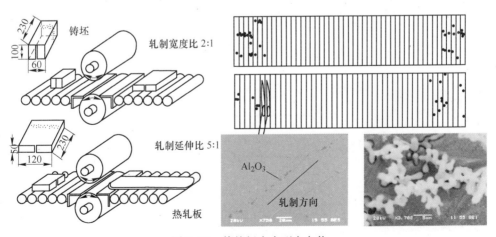

图 3-25 热轧板中大型夹杂物

3.6.3　齿轮钢中夹杂物超声检测

采用水浸超声探伤的方法分析了齿轮钢铸坯皮下 1.8mm 处的夹杂物的分布情况，结果如图 3-26 所示。超声探伤时超声信号遇到基体内的夹杂物会有明显波动，如图 3-27 所示。检测面积为 180mm×210mm，检测到的夹杂物尺寸大于 100μm。

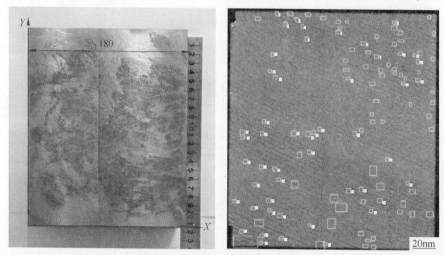

图 3-26　齿轮钢铸坯超声检测结果

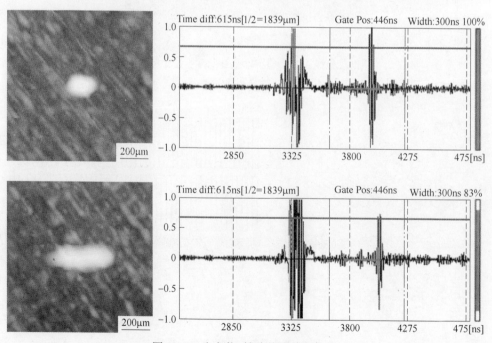

图 3-27　夹杂物/缺陷的形貌和信号

综上所述，超声检测可以在大尺度范围内对铸坯洁净度进行定量评价，对缺陷的宏观分布规律进行直观、有效的表征，结合金相法可以判断夹杂物形成的原因，进而达到降低、减少夹杂物的目的；此方法的缺点在于检测精度受限制，最小检测精度与超声波探头扫描频率相关，频率越高检测精度越高，但同时穿透深度越浅，受晶粒度影响越大。因此对于大型夹杂物分析有意义，而尺寸较小的夹杂物则很难依靠该方法检测分析。

3.7 夹杂物的原位定量分析法

3.7.1 原位分析法原理

原位分析技术（original position analysis，OPA）是对被分析对象的原始状态的化学成分和结构进行分析的一项技术，由钢铁研究总院王海舟院士首先提出，并逐渐为国内外冶金分析同行所接受的一项新分析方法[17-19]。狭义上理解，它是指在确定的分析面内（cm²）对金属样品进行连续扫描激发，同步采集与分析位置一一对应的火花光谱激发信号，并采用数理统计方法进行解析，实现对金属材料分析面内元素的成分及状态的分布分析。广义上理解，它是采用统计的方式，对材料大尺度截面进行规律性采样，从整体上表征评价材料的特性。按采样技术手段分类，原位统计分布分析可分为火花光谱原位统计分布分析技术、激光剥蚀原位统计分布分析、X射线微束原位统计分布分析、硬度原位统计分布分析等。金属原位分析仪由连续激发同步扫描定位系统、激发光源系统、分光系统、单次火花放电信号高速采集系统、分析软件与控制系统组成，如图3-28所示，扫描参数见表3-5。

图3-28 金属原位分析仪的原理与系统组成

表3-5 OPA扫描参数

名称	参数	名称	参数
扫描速度/mm·s⁻¹	1	激发电阻/Ω	6.0

名称	参数	名称	参数
扫描尺寸/mm	70×20	火花间隙/mm	2.0
激发频率/Hz	500	激发深度/μm	10~100
激发电容/μF	7.0		

原位分析仪激发火花光谱强度由一个正态分布曲线附带一个拖尾峰（如图 3-29）组成。试样中固溶元素火花强度与频度分布符合正态分布，称为正常信号；拖尾峰是由试样中的夹杂物激发产生，位于该区域的火花光谱称作异常信号，可通过分析异常火花获得夹杂物的信息。

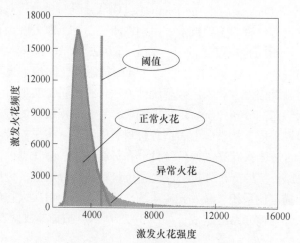

图 3-29   火花强度与频度关系

夹杂物含量与异常信号的频度及强度具有相关性，如式（3-6）所示；夹杂物粒度与异常火花强度具有相关性，如式（3-7）所示。

$$C_{\text{inclusion}} = \frac{[\text{Al}]_{\text{T}} (\bar{I}_{\text{in}} - I_{\text{m}}) N_{\text{in}}}{(\bar{I} - I_0) N_{\text{total}}} \tag{3-6}$$

$$D = a(I_{\text{in}} - I_{\text{m}}) + D_0 \tag{3-7}$$

式中 $C_{\text{inclusion}}$——Al 系夹杂物含量,%;

$[\text{Al}]_{\text{T}}$——样品全 Al 含量,%;

$\bar{I}_{\text{in}}$——异常火花平均强度;

I_{m}——阈值;

N_{in}——异常火花频数;

$\bar{I}$——总火花平均强度;

I_0——仪器空白值;

N_{total}——总火花频数；

a，D_0——常数。

3.7.2 IF 钢中夹杂物的原位分析

对 IF 钢连铸过程中的头坯、尾坯、正常坯、过渡坯的表层逐层取样，试样尺寸 100mm×60mm×40mm，取样流程如图 3-30 所示。利用金属原位分析仪测定铸坯表层夹杂物的分布情况，结果如图 3-31 所示。

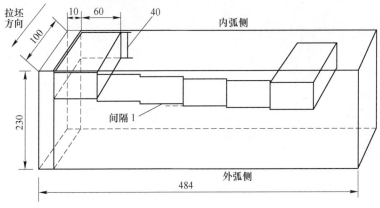

图 3-30　取样流程

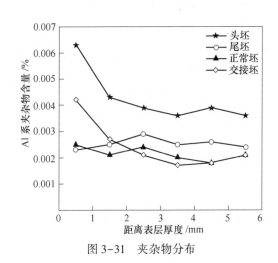

图 3-31　夹杂物分布

图 3-31 表明，表层 3.5mm 内 Al 系夹杂物波动较大，3.5~5.5mm 范围内趋于平稳，洁净度次序：头坯>尾坯>过渡坯>正常坯。3.5mm 之后头坯、尾坯、过渡坯、正常坯粒径 5~10μm 平均夹杂物数量分别为 4.88 个/mm²、2.62 个/mm²、1.80 个/mm²、1.64 个/mm²。

图 3-32 表明，在 3.5mm 之后 5~15μm 夹杂物数量趋于稳定，此粒径范围夹杂物数量：头坯>尾坯>正常坯和过渡坯。3.5mm 之后头坯、尾坯、过渡坯、正常坯粒径 5~10μm 平均夹杂物数量分别为 4.88 个/mm²、2.62 个/mm²、1.80 个/mm²、1.64 个/mm²，显微夹杂物数量头坯约为尾坯的 2 倍，尾坯约为过渡坯和正常坯的 1.5 倍，正常坯和过渡坯相当。

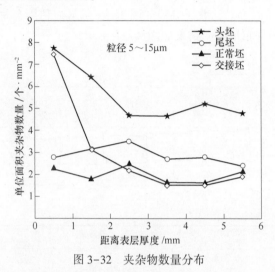

图 3-32   夹杂物数量分布

综上所述，采用夹杂物的原位定量分析技术可以得到大尺寸范围内的夹杂物含量和粒径的分布；但与夹杂物相关定量的信息均由元素的信息转换得到，是间接计算的结果，与夹杂物真实存在的情况仍有差别；无法得到夹杂物形貌、结构的信息，数量的信息也是相对的结果。

3.8   夹杂物自动分析技术（Aspex）

3.8.1   夹杂物自动分析原理

分析测定钢中非金属夹杂物是一项复杂的工作，它既需要对钢样中存在的大量夹杂物进行定量分析，测量其尺寸、形貌等，又需要测定它们的化学组成和分布，以及变化趋势等。目前，常用的夹杂物分析方法（如金相法、化学分析法、扫描电镜、电解方法等）都只能反映一部分夹杂物的属性，不具备统计意义。

普通的扫描电镜是通过对所在视场拍照生成照片，然后采用能谱仪内置的软件处理照片，根据照片的灰度不同判断是否存在夹杂物，测量其尺寸和位置，再通过能谱仪对夹杂物所在位置采集信号，确定其化学成分。普通扫描电镜是静态扫描分析，并不是实际样品，无法确定能谱仪采集的信号来自真实的夹杂物，如果机器出现振动或电子束漂移，能谱仪测得的结果就不准确；静态扫描的图像99%的区域并没有夹杂物，对所有夹杂物分析检测的过程耗时较多；无法区分夹杂物和污染物，只能在扫描分析结束后通过能谱仪信号来判断，结果不准确。目前国内外逐渐兴起了使用夹杂物自动分析扫描电镜统计研究钢中夹杂物[15]。

夹杂物自动分析技术是采用实时动态分析算法基于大步长扫描搜索夹杂物，对检测的夹杂物进行局部高像素测量其尺寸和形状，同时可以控制能谱仪同步分析夹杂物的化学成分，最终确定夹杂物化学成分后根据自定义数据库对夹杂物进行分类的检测技术，Aspex 设备如图 3-33 所示。Aspex 分析技术的主要优势是实现了夹杂物金相图像的自动分析，提供了大面积分析试样的可能；可以直接分析夹杂物的面积百分比，夹杂物的形态、尺寸和分布等。

图 3-33　Aspex 夹杂物检测设备

3.8.2　IF 钢中夹杂物分析

在 235mm 厚的 IF 钢铸坯边部、1/4 厚度和中心处取金相试样，磨抛后进行夹杂物自动分析，结果如图 3-34 所示。夹杂物自动分析的检测面积为 $20mm^2$，夹杂物的数量可达数百个，具有明显的统计意义；钢中夹杂物的主要类型为 $(Fe,Mn)O$、Al_2O_3、$Al-Ti-O$、TiN、$Al-O-Ti-N$ 和 MnS，夹杂物的尺寸分布在 $0\sim20\mu m$。

3.8.3　10ATi 中夹杂物分析

10ATi 钢属于冷镦钢，要求在低温下具有良好的塑性变形，要求加工形变阻力小、变形能力高。从冶金角度，钢中应减少硬脆性夹杂物的数量和尺寸，以提高钢的性能。在断面 240mm×240mm 的 10ATi 钢铸坯的边部、1/4 厚度和铸坯中心处切取断面 15mm×15mm 的试样，经过 150~2000 号砂纸打磨后在抛光机上抛光至镜面，在夹杂物自动分析扫描电镜下设置检测区面积为 5mm×5mm，最小检测精度为 $1\mu m$，检测后的结果如图 3-35 所示。经过钙处理后，钢中的夹杂物主要为 Al_2O_3、CaS、$(Al,Mg,Ca)O$、$(Al,Ca)O$ 等复合夹杂物，夹杂物尺寸集中在 $10\mu m$ 以下。

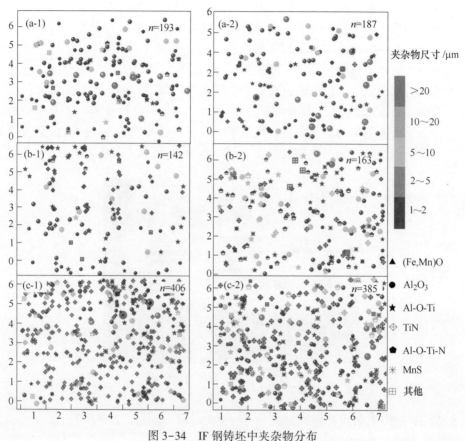

图 3-34 IF 钢铸坯中夹杂物分布

（a）铸坯边部；（b）铸坯 1/4 厚度；（c）铸坯中心

夹杂物自动分析法的优点是能够快速准确地对夹杂物进行自动扫描分析，可以得到夹杂物各参数数据，如位置、尺寸、类型等。试样检测面积大，检测的夹杂物数量多，结果具有统计意义。但是夹杂物自动分析法属于二维平面检测，对簇群状等结构复杂的夹杂物检测结果不准确，可能将结构复杂的夹杂物检测成为几个小夹杂物粒子，造成数量、尺寸和分布上的偏差。

3.9 本章小结

钢中夹杂物的分析技术对中间包冶金的发展具有显著的推动作用，是分析钢液洁净度、提高产品质量的重要技术手段。随着科技的进步和冶金工作者的不断探索，夹杂物的分析检测技术有了极大的提升。

然而，现有的夹杂物检测分析方法都具有各自的特点和不足之处，如大样电解法只能提取大于 50μm 的夹杂物而不能得到小尺寸的夹杂物；原貌分析法可以

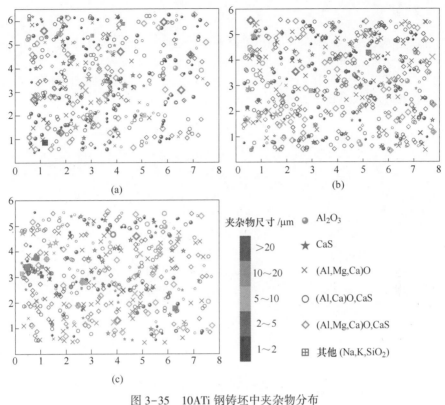

图 3-35 10ATi 钢铸坯中夹杂物分布
(a) 铸坯边部; (b) 铸坯 1/4 厚度; (c) 铸坯中心

很好地获得钢中夹杂物的真实形貌和尺寸信息却不能进行定量分析; 夹杂物的自动分析虽然可以在大范围内统计夹杂物的信息, 但无法获得夹杂物的真实形貌和尺寸。因此, 在表征钢中的非金属夹杂物时应根据具体的研究内容选择相应的分析技术或多种手段相结合。

在分析钢中夹杂物时取样的时间、位置、大小等都会对夹杂物的分析结果造成一定的影响, 例如, 利用提桶取样器采集中间包钢液时, 取样器的大小、形状、插入中间包的深度对检测结果有影响; 提桶样的上、中、下三个部位的夹杂物分布也不尽相同, 因此, 应当注意取样的差异对夹杂物检测结果的影响。

在本章中, 原貌分析技术是一种用于观察钢中非金属夹杂物真实形貌的方法, 是本课题组的专利技术[5], 基本可以做到无损伤提取夹杂物的真实形貌。中间包冶金技术的提高离不开夹杂物分析检测技术的支撑, 钢中非金属夹杂物的分析和检测随着技术的进步和冶金工作者的探索也会不断进步。

参 考 文 献

[1] 王敏, 包燕平, 王睿, 等. 一种用于检测钢中大颗粒氧化物夹杂含量的方法 [P]. CN106841208A, 2017.

[2] 王敏, 包燕平, 赵立华, 等. 一种分离钢夹杂物中非金属夹杂物和碳化物的方法 [P]. CN107328619A, 2017.

[3] 包燕平, 王敏, 张超杰, 等. 一种定量分析铸坯中大型夹杂物分布的方法 [P]. CN102495133A, 2012.

[4] 王敏, 包燕平, 王毓男, 等. 一种全尺寸提取和观察钢中非金属夹杂物三维形貌的方法 [P]. CN102538703A, 2017.

[5] 王敏, 包燕平, 吴维双, 等. 一种用于观察钢中非金属夹杂物真实形貌的方法 [P]. CN101812720A, 2010.

[6] 王敏, 包燕平, 赵立华, 等. 钢液中夹杂物粒径与全氧的关系 [J]. 工程科学学报, 2015, 37 (S1): 1-5.

[7] 马文俊, 包燕平, 王敏, 等. 轴承钢 GCr15 铸坯夹杂物的分析研究 [J]. 钢铁钒钛, 2014, 35 (4): 98-102.

[8] 刘建华. 异型坯中大型夹杂物分析 [C]. 2011 年第九届全国连铸学术会议, 珠海, 2011.

[9] 刘建华. 杭钢转炉炼钢厂 Q215 钢洁净度研究 [C]. 中国金属学会 2003 中国钢铁年会, 北京, 2003.

[10] 甘鹏, 包燕平, 王敏, 等. 电解提取风电齿轮钢夹杂物研究 [J]. 工业加热, 2018, 47 (6): 21-24.

[11] 田永华, 包燕平, 王敏, 等. 铝镇静钢中非金属夹杂物二维和三维形态差异的试验研究 [J]. 钢铁钒钛, 2012, 33 (6): 74-79.

[12] Li X, Wang M, Bao Y P, et al. Characterization of 2D and 3D morphology of Al_2O_3 inclusion in hot rolled ultra-low carbon steel sheets [J]. Ironmaking & Steelmaking, 2018 (11): 1-5.

[13] 杨旭. 非水溶液电解法提取钢中夹杂物的溶解性和电解效率的研究 [D]. 重庆: 重庆大学, 2017.

[14] 孙立根, 张奇, 朱立光, 等. 硅锰镇静钢中非金属夹杂物三维全尺寸形貌分析研究 [J]. 冶金分析, 2015, 35 (11): 1-7.

[15] 超声波探伤编写组编著. 超声波探伤: [M]. 北京: 电力工业出版社. 1980.

[16] ASTM. 用超声波法检测优质轴承钢中大块夹杂物的标准实施规范 [S]. ASTM E588—2003 (2009), 2011.

[17] 李冬玲, 李美玲, 贾云海, 等. 火花源原子发射光谱法在钢中夹杂物状态分析中的应用 [J]. 冶金分析, 2011, 31 (5): 20-26.

[18] 王海舟. 材料组成特性的统计表征——原位统计分布分析 [J]. 理化检验 (化学分册), 2006 (1): 1-5.

[19] 王海舟. 原位统计分布分析——材料研究及质量判据的新技术 [C]. 2002 年中国机械工程学会年会, 北京, 2002.

4 中间包内的钢液流动现象

4.1 中间包内钢液流动特性

中间包是连续操作的反应器，中间包内钢液的流动特征，决定了其中物质和能量的传输过程。中间包内钢液中的夹杂物分离，各流之间的温度分布，以及卷渣现象的发生，都是在钢液流动的过程中发生的。因此，为了充分发挥中间包的各种冶金功能，必须掌握中间包内钢液流动的规律。20 世纪 80 年代以来，本课题组通过数学物理模拟的研究方法，采用激光多普勒测速仪等先进的方法[1,2]，对中间包水模型中的钢液流场进行了细致的测量，掌握了中间包水模型中流体流动的特性，为深入研究中间包的各种冶金功能提供了基础[3-6]、同时本课题组[7-15]以及国内外的研究者[16,17]还应用各种仿真软件计算了中间包的二维和三维流场。通过这些研究工作可以对中间包内钢液流动的特征有比较深入的了解。

图 4-1 和图 4-2 所示为本课题组在 1986 年测量的模型中间包内流体的流场特征[3]。原型为 10t 中间包，熔池深度 0.680m；有机玻璃模型尺寸为原型的 1/3。液流用圆管注入液体上表面。测速方法用丹迪（DANTEC）三光束二维激光多普勒测速仪（LDA10）。由图可知，中间包内流速的分布极不均匀。流场大致可以分为三个流动区域：注入流区（简称入流区）、水口出流区（简称出流区）和中间流动区（简称中间区）。

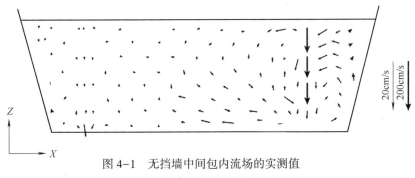

图 4-1 无挡墙中间包内流场的实测值

（流量 0.81m³/h，熔池深度 0.25m）

入流区：入流区域速度很高，达 1.0m/s 以上（原型达 2m/s 以上）。高速下降的钢流抽引周围的液体共同下降，流股中心速度逐渐减小，但到达包底时仍有较大的流速。当注入流不用圆管导引，而是裸露于空气中时，注流抽引大量空气

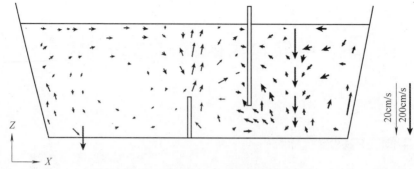

图 4-2   有挡墙的中间包内流场的实测值
（流量 0.992m³/h，熔池深度 0.25m）

进入液相，在注入区形成大量的气泡，使激光测速难以进行。

中间区：钢流和包底相撞击后，转成水平流动，向四周散开。在入流右侧因靠近包壁，流动距离短，带有一定动量的液体折向上方流动，形成回流。注入流前后两侧也会发生类似情况。注入流左侧则形成沿包底扩张的流动流向水口，只在包底附近流速较大，然后速度逐渐降低。接近包底处，两侧钢液向中心平面流动，在中心处被下降的钢液所抽引流出中间包。

出流区：中间包水口处的钢液被抽引流出水口，注入结晶器。在正常浇注条件下，在水口处没有形成旋涡，同时在水口上方的相当大的体积内，流速很小而且方向不稳定，没有形成回流。

图 4-2 所示为设置一个挡墙和一个坝时中间包内的流场测量结果。挡墙和坝的设置可以明显改变中间包内钢水的流动：挡墙可以阻止顶面回流，并使注流的冲击限制在较小区域内，减少渣的卷入。坝（也可称下挡墙）可以阻止钢液沿包底的运动，形成向上液流，有利于其中夹杂物的去除。流过坝后，折向上方的液流重新转向水口，形成明显的回流。

由测定结果可知，下降钢液注流的流动具有很大的动能，这是一种液体在液体内的射流。由于射流具有很大动能，不可能立即和周围的钢液完全混合，流股对包底有相当大的冲击力。S. M. Fraser 在 1∶4 的中间包水模型所做的激光测速结果如图 4-3 和图 4-4 所示[18]。同样显示出注入流区有很大动能，由图还可以比较注流自由下落和浸没下落熔池的区别。注流自由下落即钢液从钢包注入中间包未采用浸入式水口，而注流浸没下落采用浸入式水口。可见，自由下落时注流被扰动的趋势大，浸没注入减轻了注流区的扰动。

图 4-5 所示为本课题组通过数值模拟计算的中间包（熔池深度 1.05m）钢液的流场。同样是在无挡墙中间包中，钢液流动分为三个区域：出注入流区钢液流动速度较大；其次是水口附近抽引作用区；而在入流和出流水口的中间区域，有部分地方钢液流速非常低。

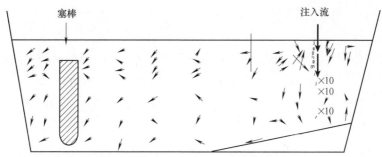

图 4-3 自由注流时中间包内流速分布

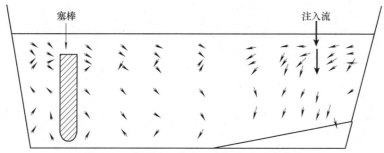

图 4-4 采用浸入式水口中间包内流速分布

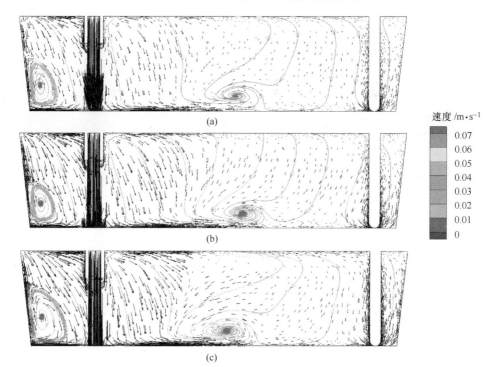

图 4-5 数值模拟计算的中间包内钢液的流场（$H = 1050$mm）

（a）$Q = 190.2$L/min；（b）$Q = 285.3$L/min；（c）$Q = 380.4$L/min

图 4-6 所示同样是本课题组计算得到的带有挡墙的中间包流场。由图可见，在中间包中加入挡墙和坝结构后，入流区的钢液湍动可以有效地控制在挡墙的入流区一侧；挡墙和坝之间的区域钢液流动速度加快，并且流动方向和路线接近钢液面，非常有利于钢液中夹杂物的上浮分离；水口区的钢液流动也得到改善，水口上方低流速区域变小，死区比例明显下降。

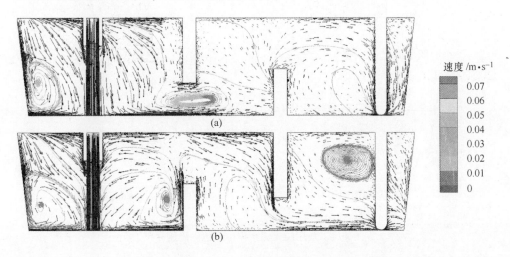

图 4-6 中间包内钢液流速分布

($Q = 380.4 \text{L/min}$, $H = 1050 \text{mm}$)

综合所述，中间包水模型流场测量和数值模拟计算的结果表明，中间包内钢液流场中含有液-液射流、驻点流动、汇流出流及旋涡等流动现象，可以分为注入流区、流出区和中间区三部分。当处于非等温状态时还存在自然对流。图 4-7 所示为这些流动现象的位置和相互关系。

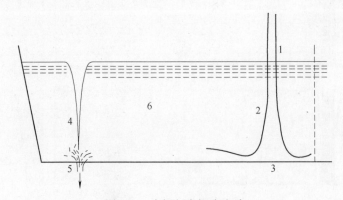

图 4-7 中间包内钢液流动

1—注入流；2—液-液射流区；3—驻点流动；4—汇流旋涡；5—水口出流；6—低流速、自然对流

4.1.1 液-液射流

中间包内钢液流动的动量来源于钢包内液面-中间包液面-结晶器内弯月面在浇注时的高度差,通过下降注流传递给中间包内钢液。下降的钢液注流是中间包内注入区钢液运动状态的决定性因素。对于液体在液体内的射流,过去的研究不多。本书作者[6]用高速摄影法(500 幅/s)拍摄了中间包内的液-液射流运动过程。图 4-8 所示为拍摄的照片。由图可见,和气体射流相似,液-液射流初始段也有一个锥形的等速核心区。由于下降钢液的抽引作用和液体的黏滞作用,周围钢液被卷入射流中,射流逐渐扩张。据测定其扩张角为 20°~24°,比气体射流扩张角略小。射流区流速衰减的趋势较小,流股对包底保持有相当大的冲击力。因此,沿垂直方向施加电磁力,即应用电磁制动,可以减小射流对包底的冲击。

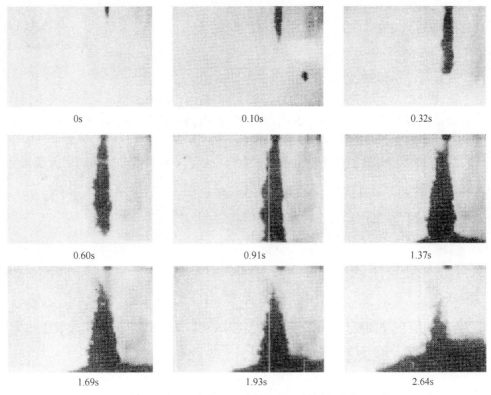

图 4-8 中间包内液-液射流形成的照片(拍摄速度为 500 幅/s)

由于中间包内液-液射流的流速分布对包内钢液流动有重要影响,因此有必要对其进行进一步分析。L. Prandtl[19]从理论上阐明,一般雷诺数很大的自由射流会在充满静止流体的足够大空间里扩展开来。由于包内其他位置流速很低,故可近似地按静止考虑。射流内区域雷诺数很大,属于湍流流动,其纵向速度脉动的均方根值和横向速度脉动的均方根值差不多相等。而对于工程应用，射流特性可用时均速度表示，用半经验方法处理，这样既方便又简单。射流的时均速度$\bar{u}$（简化表示为速度 u）的分布剖面具有自模化性质，中心速度 u_m 随距离的增加而减小，而且速度分布为高斯分布，在射流所有横截面上都是相似的。因为射流内外压力几乎都与周围流体的压力相等，在湍流剪应力不断地把新的静止流体卷进射流中，使射流宽度 b 不断加大。由于压力为常数，所以对于所有位置（x），射流的动量是守恒的，即 $I = 2\pi\int_0^b \rho u^2 r \mathrm{d}r = \dfrac{\pi}{4} d_0^2 \rho u_0^2$，式右边为注流刚接触液面时的动量，即初始动量。由于 I 为常数，可见 u_m 与 $1/b$ 成正比，也与 $1/x$ 成正比。沿射流轴线上速度分布为：$\dfrac{u_m}{u_0} = k_j \dfrac{d_0}{x}$，射流各截面的速度分布为：

$$\frac{u_m}{u_0} = \exp\left[-\lambda_j\left(\frac{r}{x}\right)^2\right] \tag{4-1}$$

式中 k_j——动量传递系数；

   λ_j——截面速度分布系数，$\lambda_j = 2k_j^2$。

图 4-9 给出了有关射流的特性。在湍流剪切力作用下，射流周围的液体被卷入，形成图 4-9 所示的流线。因此包内液-液射流是产生循环流动的主要原因。射流与周围静止介质混合的剪应力：$\tau \propto \rho b u_m \mathrm{d}u/\mathrm{d}r$，对轴对称气相射流，其射流张角约为 28°，比我们测量的液-液射流 20°~24° 大，这可能与气体的密度及黏度小得多有关。

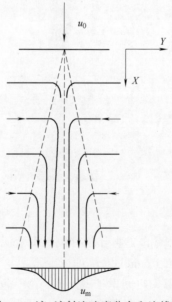

图 4-9 液-液射流速度分布和流线图

4.1.2 驻点流动

由激光测速结果可知,几乎所有的注流以液-液射流的方式冲击到中间包包底,转变成典型的驻点流动。因此,有必要讨论驻点及附近区域的流动特性。

驻点流动可看作位势运动的一个例子。在空间中,速度分量 u、v、w 和速度势 Φ 的关系为:

$$u = \frac{\partial \Phi}{\partial x}, \quad v = \frac{\partial \Phi}{\partial y}, \quad w = \frac{\partial \Phi}{\partial z} \tag{4-2}$$

代入连续性方程可得拉普拉斯方程如下:

$$\frac{\partial^2 \Phi}{\partial x^2} + \frac{\partial^2 \Phi}{\partial y^2} + \frac{\partial^2 \Phi}{\partial z^2} = 0 \tag{4-3}$$

假设一个最简单的位势分布:

$$\Phi = \frac{1}{2}(ax^2 + by^2 + cz^2) \tag{4-4}$$

由拉普拉斯方程可求出,$a+b+c=0$。如果取此分布绕 y 轴旋转对称,即 $c=a$,$b=-2a$,代入式(4-4)得:

$$\Phi = \frac{a}{2}(x^2 - 2y^2 + z^2) \tag{4-5}$$

从该分布可以得到 $u=ax$,$v=-2ay$,$w=az$。所以可用 xy 平面上($z=0$)的流线表示驻点流动。

一个二维、稳定驻点流动如图4-10所示,则绕驻点的理想的平面稳定流动速度和压力应为:

$$\frac{\partial^2 \Phi}{\partial x^2} + \frac{\partial^2 \Phi}{\partial y^2} = 0 \tag{4-6}$$

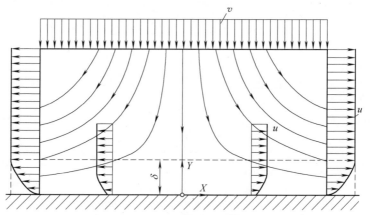

图4-10 二维稳定驻点流动速度分布

$$\Phi = \frac{1}{2}(ax^2 + by^2) \tag{4-7}$$

由:
$$a + b = 0, \ b = -a$$

得:
$$u = ax, \ v = -ay \tag{4-8}$$

由 Bernoulli 方程确定压力:

$$p = p_0 - \frac{1}{2}\rho(u^2 + v^2) = p_0 - \frac{1}{2}\rho a^2(x^2 + y^2) \tag{4-9}$$

式 (4-9) 中,p_0 为驻点 ($x=0$,$y=0$) 压力。

对黏性流体来说,在壁面上 $x=0$ 处的边界层,可以按完整的纳维-斯托克斯方程计算,取无因次的离壁面距离 $\eta = y\left(\dfrac{a}{\nu}\right)^{1/2} = y\left(\dfrac{U}{\nu x}\right)^{1/2}$,其中 U 为边界层外的稳定速度,则一方面 $\Phi = f(\eta)$,另一方面如果假设:

$$u = axf'(\eta) \tag{4-10}$$

$$v = -\sqrt{a\nu}f(\eta) \tag{4-11}$$

则可从纳维-斯托克斯方程得出常微分方程:

$$f''' + ff'' + (1 - f'^2) = 0 \tag{4-12}$$

此方程的边界条件:

在 $\eta=0$ 时,
$$f = f' = 0 \tag{4-13}$$

在 $\eta=\infty$ 时,
$$f' = 1 \tag{4-14}$$

上述常微分方程可用数值法求解,将所求解的数值绘于图 4-11 上,也可表示为表 4-1。K. Hiemenz 首先研究了这个方程,并得出在驻点附近的边界层厚度为常值,$\delta = 2.4\sqrt{\dfrac{\nu}{a}}$。

表 4-1   二维稳定驻点流动速度分布

$\eta = \sqrt{\dfrac{a}{\nu}}\,y$	Φ	$\dfrac{\mathrm{d}\Phi}{\mathrm{d}\eta} = \dfrac{u}{U}$	$\dfrac{\mathrm{d}^2\Phi}{\mathrm{d}\eta^2}$
0	0	0	1.2326
0.2	0.0233	0.2266	1.0345
0.4	0.0881	0.4145	0.8463
0.6	0.1867	0.5663	0.6752
0.8	0.3124	0.6859	0.5251
1.0	0.4592	0.7779	0.3980
1.2	0.6220	0.8467	0.2938

续表4-1

$\eta=\sqrt{\dfrac{a}{\nu}}y$	Φ	$\dfrac{\mathrm{d}\Phi}{\mathrm{d}\eta}=\dfrac{u}{U}$	$\dfrac{\mathrm{d}^2\Phi}{\mathrm{d}\eta^2}$
1.4	0.7967	0.8968	0.2110
1.6	0.9798	0.9323	0.1474
1.8	1.1689	0.9568	0.1000
2.0	1.3620	0.9732	0.0658
2.2	1.5578	0.9839	0.0420
2.4	1.7553	0.9905	0.0260
2.6	1.9538	0.9946	0.0156
2.8	2.1530	0.9970	0.0090
3.0	2.3526	0.9984	0.0051
3.2	2.5523	0.9992	0.0028
3.4	2.7522	0.9996	0.0014
3.6	2.9521	0.9998	0.0007
3.8	3.1521	0.9999	0.0004
4.0	3.3521	1.0000	0.0002
4.2	3.5521	1.0000	0.0001
4.4	3.7521	1.0000	0.0000
4.6	3.9521	1.0000	0.0000

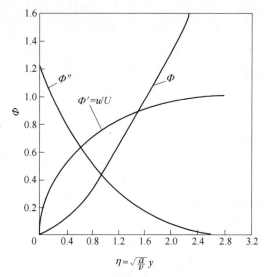

图4-11 二维稳定驻点流动速度分布

由上述分析可知，在二维图上，绕驻点附近流动相当于两个绕 π/2 内角的流动，同时在靠近壁面处存在一个边界层。流体经过驻点以后，向四周铺展开来，转变为受固体包底限制的射流，速度方向基本与包底平行。在驻点附近，随着压强的降低，径向速度最初有所增大；在驻点流动以外，已没有压强降推动流体的流动，径向速度逐渐减小。流速沿包底的法向上的分布，由于底面边界层的存在，有一个较大速度梯度，速度在 δ 处达到最大值。在限制射流的另一面同钢液接触，抽引静止的钢液运动，其运动规律接近半限制空间射流。因此，驻点流动的结果，使包内钢液沿包底部形成一个较大速度的流动，而且靠近包底处的速度梯度较大。半限制射流区以外的钢液，甚至发生方向与射流相反的流动（图 4-10）。在靠近侧壁面的方向，流股冲击到侧壁面再一次形成驻点流动，而流动方向是向上的，从而形成循环流，如激光测速结果所示。而流向中间包水口的方向，钢液沿包底流动。在流动过程中，由于摩擦力及射流抽引周围钢液，速度逐渐减小。在包底未设置坝时，则极有可能形成短路流，直接进入中间包的浇注水口而流入结晶器。

4.1.3　注流卷吸气体

注流卷吸空气，是二次氧化的主要原因。从钢包水口流出的高速注流，在周围形成一个负压区，把大量空气卷入熔池中。卷吸气体的量和注流状态有关。若注流为光滑的圆柱体，长度为 l，直径为 d，则注流的比表面积 S 为：

$$S = \frac{\pi d l}{\left(\dfrac{\pi d^2}{4} \right) \rho l} = \frac{4}{\rho d} \tag{4-15}$$

由式（4-15）可知，注流比表面积与水口直径成反比。水口直径越小，比表面积越大，吸收空气量越多，二次氧化越严重。

此外，注流比表面积与注流形态有关。如图 4-12 所示，光滑致密注流表面积最小，估计吸氧为 0.7ppm，而粗糙注流和散流吸氧大大增加，一般估计为 20～40ppm。从模型试验研究指出，注流卷入空气有四种方式[20]：

（1）注流为光滑的层流，冲击到中间包表面形成一个凹坑，卷入到凹坑周围的空气强烈振动，气泡崩裂成细小的气泡；

（2）注流处于层流与湍流的过渡区，注流表面出现不规则形状，冲击到熔池表面产生涡流运动，不断卷入崩裂的空气泡；

（3）注流表面为高度发展的湍流，注流冲击区形成很不规则的波浪运动，卷入的空气分散成细小的气泡；

（4）注流分裂成液滴散流，每个液滴都卷入空气，吸氧速率大大增加。如液滴直径小于 2.5mm，吸氧速率比光滑流大 60 倍以上。

可见，注流卷吸气体量同注流形态密切相关，要减少注流往中间包带入气体，除保护浇注外，还必须有良好的注流形态。

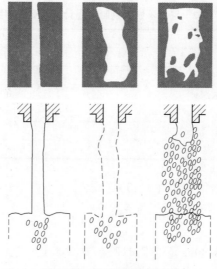

图 4-12 注流吸氧示意图

A. McLean[21]对注流吸气问题做过很多研究，通过对实际注流的高速摄影观察和水模型实验，认识到注流表面扰动是产生气泡的原因。微小扰动的发展与液体的物性、注流下降高度和降落经历时间有关系。陈家祥[22]在水模研究时，建议使用准数 En 表征注流粗糙度：

$$En = \frac{\rho g H^2}{(\mu \sigma u_0)^{1/2}} \tag{4-16}$$

式中　ρ——液体密度；

　　　　μ——液体黏度；

　　　　σ——液体表面张力；

　　　　u_0——注流初始速度；

　　　　H——下降高度。

在式（4-16）中，$\rho g H^2$ 代表注流破裂力，$(\mu \sigma u_0)^{1/2}$ 代表注流维持力。根据能量守恒原理，考虑到注流总能量转化为气泡表面能的大小和注流比表面积有关，导出钢的连续注流的卷气量和 En 的关系式：

$$\frac{\varphi_a}{\varphi_1} = 4.505 \times 10^{-13} \left(\frac{l_0}{d_0}\right)^{0.37} \frac{\rho}{d_0} (0.5 u_0^2 + gH) En \tag{4-17}$$

式中　φ_a——单位时间卷入气体体积；

　　　　φ_1——注流的体积流率；

　　　　l_0——水口长度；

　　　　d_0——水口直径。

以浇注不锈钢的吸氧量计算为例，系统的参数和必要的数据见表 4-2。

表 4-2　浇注不锈钢的吸氧量计算及有关参数

$d_0 = 0.06\text{m}$	$l_0/d_0 = 4.17$
$H = 1.37 \sim 3.00\text{m}$	$\sigma = 1.865\text{N/m}$
$u_0 = 4.4\text{m/s}$	
$\rho = 7000\text{kg/m}^3$	$\mu = 0.005\text{kg/(s·m)}$
1000℃空气密度 $\rho_a = 0.2734\text{kg/m}^3$	
空气含氧质量百分比 23%	
根据式（4-16）可计算	$En_{平均} = 16 \times 10^5$

将表 4-2 中的数据代入式（4-17），得：

$$\left(\frac{\varphi_a}{\varphi_l}\right)_{平均} = 5.0 \tag{4-18}$$

实际测定，浇注 6130kg 不锈钢时吸氧 0.292kg，按式（4-18）计算，吸氧量 =（5.0×6130/7000）（0.23×0.2734）= 0.275kg，和实际值相近。这一方面说明，准数 En 能正确描述注流粗糙状态，并能正确地将水模型试验结果推论到高温状态；另一方面说明，浇注卷吸的空气量是相当可观的，由卷吸空气增加的氧达到 45~48ppm。虽然有少部分氧重又返回气相，但绝大部分成为二次氧化的氧源。

图 4-13 和图 4-14 所示为注流吸气量和水口参数及浇注操作的关系。由图可知，增大浇注高度，减小水口直径和增加水口的长径比，均能增大吸气量。

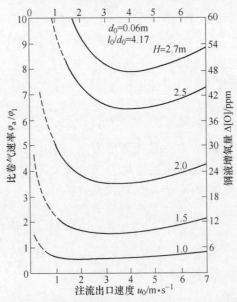

图 4-13　注流出口速度、注高与比卷气速率和相应钢液增氧量的关系（1600℃）

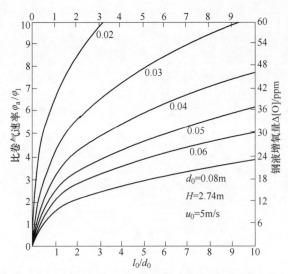

图 4-14 水口参数与比卷气速率和相应钢液增氧量的关系（1600℃）

图 4-15 所示为 A. McLean[21] 得出的注流吸气量和下落高度、注流速度和水口直径的关系。当注流线速度相同时，增大水口直径使吸气量增加。而对同样的浇注流率，水口越细吸气量越大。

同时需要指出的是，由于注流的冲击作用，导致中间包熔池表面不断更新，比静止液面吸氧严重得多。理论计算指出，当中间包表面积为 5m²，熔池深度为 0.7m 时，由于注流冲击引起中间包液体流动，使裸露表面在 1.15s 就更新一次，则 1min 内表面更新达 52 次，裸露于空气中的钢液表面积达 260m²，可见表面更新造成的钢液的二次氧化是相当严重的。

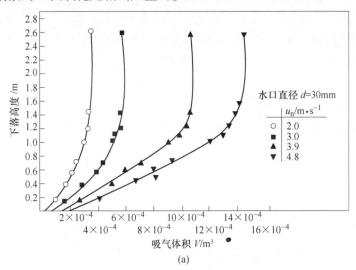

(a)

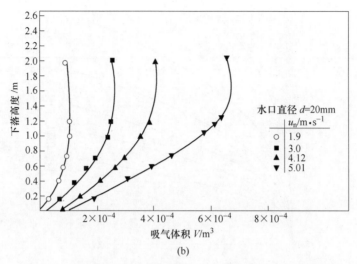

(b)

图 4-15 钢液吸氧量与下落高度、注流速度及水口直径的关系

4.1.4 出口汇流旋涡

对于中间包冶金来讲，还有一个重要的流动现象，这就是在水口处钢水流出时产生的汇流旋涡。由经验可知，液体由垂直出口向下流出时，当液面低于某一临界高度时，在出口上方会形成旋涡漏斗，这就是汇流旋涡。图 4-16 所示为汇流旋涡形成过程。最初液面出现不稳，有少量液滴吸入熔池内部，随着液面下降，在水口上方形成旋转流动，最后形成贯通的旋涡漏斗。钢水流出过程形成的汇流旋涡，能把液面上的渣卷入钢液内部，甚至卷入空气，增加二次氧化，严重恶化钢的质量。在连续浇注而更换钢包时，经常发生前后钢包连接区的钢坯中夹杂物指标上升，如图 4-17 所示。这和汇流旋涡卷渣及二次氧化有密切关系。

汇流旋涡的形成原因有不同说法。伊炳希[23]对此做了研究，认为形成汇流旋涡的原因是湍流中切向速度脉动增强形成的。容器底部有圆孔出流时，选取一柱坐标系 (r, θ, z)，原点选在出口中心，轴向坐标 z 指向上，沿 r, θ, z 三个方向的分速度用 u, v, w 表示。考查出口上方 ($z \geq 0$) 的一个圆柱形体积内，在未形成旋涡前，切向流速 $\bar{v} = 0$，但仍有脉动 v' 存在。随着出流的进行，液面逐渐下降，静压力逐渐减小：

$$\frac{\partial \bar{p}}{\partial z} = -gz_0 + gz \qquad (4-19)$$

式中，z_0 为初始液位高度。这样，在该体积内的任一点有：

$$u = \bar{u} + u', \quad v = v', \quad w = \bar{w} + w', \quad p = \bar{p} + p' \qquad (4-20)$$

这就是没有旋转流动时的流体运动情况。

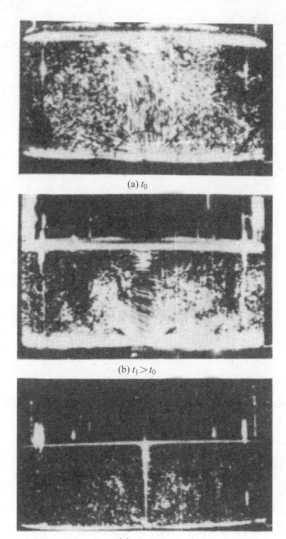

(a) t_0

(b) $t_1 > t_0$

(c) $t_2 > t_1$

图 4-16 注流旋涡形成的过程

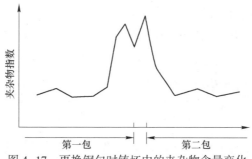

图 4-17 更换钢包时铸坯中的夹杂物含量变化

流动速度和脉动速度都可用运动方程和连续性方程来描述。由于旋涡是由切向脉动增强产生的，我们特别着眼于切向脉动 v'，该脉动方程如下：

$$\frac{\partial v'}{\partial t} + \bar{u}\frac{\partial v'}{\partial r} + \frac{\bar{u}v'}{r} + \bar{w}\frac{\partial v'}{\partial z} = \nu\left(\frac{\partial^2 v'}{\partial r^2} + \frac{1}{r}\frac{\partial v'}{\partial r} + \frac{\partial^2 v'}{\partial z^2} - \frac{v'}{r^2}\right) \quad (4-21)$$

式中，ν 为运动黏度。

当出流口直径为 d_0，流量为 Q 时，则：

$$\bar{w} = \frac{Q}{\pi d_0^2} = -\text{const}\sqrt{z} \quad (4-22)$$

负号表示 w 与 z 方向相反。

由连续性方程：

$$\frac{\partial \bar{u}}{\partial r} + \frac{\bar{u}}{r} + \frac{\partial \bar{w}}{\partial z} = 0 \quad (4-23)$$

可解出：

$$\bar{u}(r) = -C_1 r - \frac{C_2}{r} \quad (r \neq 0) \quad (4-24)$$

同样，负号表示 $\bar{u}$ 和 r 方向相反。

将式（4-22）、式（4-24）代入式（4-21），式中变量只剩下 v' 一个变量，$v' = v'(x, z, t)$，原则上说，求解该方程，可以解出 v'。可以设想，当流体向出口汇聚时，在一定条件下，由于 v' 的增强，流体微元在某个位置开始产生偏离径向的流动而逐步演变成切向流动，它和已存在的径向与轴向流动量叠加，形成了围绕出流中心线的螺旋状回流图 4-15。在流动向中心汇聚的过程中，出口上方附近的许多小涡逐渐形成方向一致的主涡。只有在出口附近的整个周围地区而不是局部切向脉动都演化为同一方向的流动，才真正形成汇流旋涡。所以需要分析切向运动的增强和稳定性。伊炳希[23] 提出在有轴向流动的轴对称流场中，为了表现切向脉动的增强抑或减弱，引入：

$$v' = \hat{v}(r, z)\,\mathrm{e}^{-\omega t} \quad (4-25)$$

式中　ω——与频率有关的衰减因子。

$\omega > 0$，脉动将衰减；$\omega < 0$ 时，脉动将随时间而增强；$\omega = 0$，则属于中间状态。也就是说，$\hat{v}$ 表示切向脉动值的大小，$\mathrm{e}^{-\omega t}$ 表示脉动的衰减情况。将式（4-22）、式（4-24）、式（4-25）代入式（4-21），可得切向稳定性方程：

$$\frac{\partial^2 \hat{v}}{\partial r^2} + \frac{\partial^2 \hat{v}}{\partial z^2} + \left(\frac{1}{r} + \frac{C_1 + C_2/r}{\nu}\right)\frac{\partial \hat{v}}{\partial r} + \frac{\text{const}\sqrt{z}}{\nu}\frac{\partial \hat{v}}{\partial z} + \left(\frac{C_1 + C_2/r^2}{\nu} - \frac{1}{r^2}\right)\hat{v} + \frac{\omega}{\nu}\hat{v} = 0$$

$$(4-26)$$

式（4-26）中没有 $\hat{v}$ 对 r，z 的交叉导数，亦即可以认为径向和轴向流动速度无相互关联，从数学原理上 $\hat{v}$ 可用分离变量法求解：

$$\hat{v}(r, z) = f(r) \cdot g(z) \tag{4-27}$$

通过分离变量，$\hat{v}$ 的二阶偏微分方程（4-26）就可以变为函数 f 和 g 的两个常微分方程，解的结果就是函数 $g(z)$ 和 $f(r)$。下面分别讨论 $f(r)$ 和 $g(z)$ 的规律。

函数 $g(z)$ 表示沿 z 方向增大或减弱切向脉动的倾向，由其解可知，$g(z)$ 随 z 的增加而减小，也就是说，随着液位的升高，切向脉动减弱以致消失。只在出口上方不远处，即 z 值不大的区域，脉动衰减缓慢，能保持较长时间而不消失。这和通常的观察一致。因此，本书对 $g(z)$ 的数学表达式不做详细介绍。

函数 $f(r)$ 表示切向脉动在径向上的变化情况。f 方程的解属于 Sturm-Liouville 型本征值问题。分离出来的 f 方程可归纳成一般形式：

$$f'' + P(r)f' + Q(r)f = 0 \tag{4-28}$$

对于边界条件：

$r = R^*$，$f = 0$。R^* 为脉动参量趋于零的最小半径。

$r = R$，$f = \delta$。$0 \leqslant \delta < M$，R 为存在有限最大值某个不大的半径。

若选定 r_0' 为 $P(r)$ 和 $Q(r)$ 的正则奇点，按上述边界条件得出一般解并表示为级数形式：

$$f(r) = (r - r_0')^s \sum_{n=0}^{\infty} a_n (r - r_0')^n \tag{4-29}$$

式中　a_n，s——待定的系数和幂；

　　　　n——正整数，$n = 0, 1, 2, \cdots, i$。

对于汇流旋涡问题，流动向中心汇聚，所以可判定 $r_0' = 0$ 是正则奇点。因此：

$$f(r) = r^s \sum_{k=0}^{\infty} a_k r^k \tag{4-30}$$

通过对 r 的幂 s 的推算，在满足 $a \to 5 \pm 0$，7 ± 0，9 ± 0 的条件下，可写出：

$$f(r) = K_1 r^{2-a} \left[a_0 + \sum_{k=1}^{\infty} a_{2k} r^{2k} \right]_{S_1} \tag{4-31}$$

关于 $f(r)$，要区分 $k = 1, 2, 3, \cdots$，不同值的情况进行讨论。由于本问题中切向流动从径向流动演变而来，所以利用流量 $Q = \bar{u} \cdot 2\pi r \cdot H = 2\pi(C_1 r^2 + C_2) H$ 定义一个径向雷诺数 Re_r：

$$Re_r = \frac{Q}{\nu H} = \frac{2\pi(C_1 r^2 + C_2)}{v} \tag{4-32}$$

当径向雷诺数 Re_r 处于临界值时，$\omega = 0$，流动可能发生演变，即径向流动和轴向流动失稳，产生出现切向流动的趋势。临界雷诺数 Re_r 随 $k = 1, 2, 3, \cdots$ 有多个值，也就是说切向脉动有多次由弱转强的过程，流动的演变不是一下子完成的。

$k = 1$，$\omega = 0$ 时：

$$Re_{r1} = 8\pi + \frac{C_1 C_2}{v^2}\pi R^2 + \lambda^2 \pi R^2 \approx 10\pi \qquad (4-33)$$

式中　　λ——脉动周频；

　　　　R——$f = \delta$ 时的很小 r 值。

当 $Re_r < Re_{r1}$，对应的衰减因子 $\omega > 0$，即切向脉动逐渐衰减消失；当 $Re_r > Re_{r1}$，$\omega < 0$，脉动加强产生旋涡，但旋涡能量很小。由 $Re_r = Re_{r1} = 10\pi$ 可求得临界高度，在 $Q = 800L/h$ 时约在 $7.8m$ 左右，比实际的中间包熔池深度大很多。

$k = 2$，$\omega = 0$ 时，$Re_{r2} \approx 15\pi$，对应的临界高度约为 $5m$。在 $Re_{r1} < Re_r < Re_{r2}$ 范围内，高频脉动减弱而较低频脉动增强。$Re_r > Re_{r2}$，$\omega < 0$，较低频脉动引起流动第二次失稳，产生的旋涡方向与 $k = 1$ 时相反，即具有反转现象，这可由对 a 求导的正负号交替以及实验观察的旋转反转现象证实。二阶旋涡的能量比一阶时大。

依此类推，$k = 3$，4，$\cdots$，$\omega = 0$，可得 Re_{r3}，Re_{r4}，$\cdots$。流动现象依次发生演变，直到旋涡能量够大时，回流稳定生成，旋涡方向不再改变。通常实验观察的汇流旋涡的临界高度在 $450mm$ 左右，这是最后一阶旋涡稳定生成的状况。比该高度更高的区域，虽然无法观察到明显的旋涡，但实际上已有不稳定的旋涡产生，对于卷吸微小的渣滴和微型夹杂物已有影响。也就是说，虽然尚无明显的旋涡漏斗，但已有能量很小的旋涡在起作用。中间包熔池深度应该比模型观察到的临界高度更大才好。

本课题组用 LDA-10 激光测速仪，测量了水模型出流过程中不同位置点的速度分量值。测量发现，$w(r, z)$ 随 r 变化最显著部位在出口附近，即在 $r = (1.0 \sim 1.5)d_0$ 范围以内。$u(r, z)$ 变化较明显的区域也在 $r = (1.0 \sim 1.5)d_0$ 范围。径向流动 u 系由轴向流动 w 驱动产生的，所以 u 值强烈依变于 $\partial w / \partial z$ 值，$\partial w / \partial z$ 在水口上方，即 $z = 0 \sim 30mm$ 间比较活跃，所以在出流口附近多个涡丝（脉动）叠加而形成沿切向一致的主涡。

倘若中间包流场中早已存在切向流动，出口旋涡就更严重和更早出现。其原因要从中间包结构上去寻找，这已不单纯是汇流旋涡问题。

影响汇流旋涡的因素：

（1）静置时间。注入熔池的液体经过一定时间的静置后，高频率扰动逐渐衰减，只存在低频率扰动，所以开始出现涡流的时间推迟，临界高度下降。

（2）注入流方向。在轴向注入时，较短的静置时间可减轻旋涡生成，试验证明，仅经 10s 静置，轴向注入时旋涡形成的临界高度较低，而切向注入的临界高度大；但经过较长时间静置，两种方式的临界高度差别不大。

（3）出流口偏心度。中心流出生成旋涡较早，而偏心流出较难形成旋涡。如图 4-18 所示，在偏心度 $a/R = 0.2 \sim 0.8$ 的范围内，临界高度随偏心度增加而显著降低。

（4）出口直径。水模型试验证明，出口直径增大能显著增加出现旋涡的趋势，这是因为大出口增大了流量，引起流动的非对称倾向加强。水口长度对旋涡的形成也有影响。

（5）液面的上升或下降。液面上升时，产生旋涡的临界高度较大，也就是说液面上升（亦即钢液注入空的中间包时）更容易出现旋涡流动。图4-19所示为作者测量结果[24]。

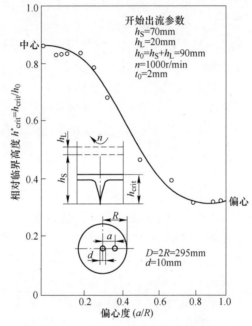

图4-18　偏心度对临界高度的影响

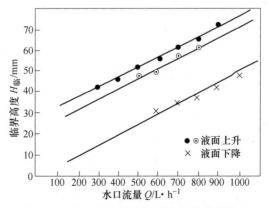

图4-19　注流及水口流量对临界高度的影响

从形成旋涡的原因分析，液面下降时的临界高度是指旋涡产生的高度，液面上升时的临界高度是指旋涡消失的高度。上升过程的脉动量大，且高频脉动强，耗散这些能量需要较长时间，所以出现了较大的临界高度。下降过程中，脉动已经经过了一定的衰减，所以有较小的临界高度。

（6）塞棒的形状。用塞棒浇注比用滑动水口浇注时产生的临界高度略小一点。因为塞棒增加了对切向流动的阻力，但作用有限，旋涡仍将沿塞棒周围产生。由于流速在 $r=(1.0\sim1.5)d_0$ 范围变化明显，当塞棒直径是水口直径的 3 倍以上且塞头和水口很近时，或者设计特殊的塞棒头，使上面的旋涡和下面的钢液出流分开，可抑制渣线贯穿流入水口，减少渣的卷入。

（7）水口吹气。在水口周围沿轴向引入气体射流，能抑制切向流动的发展，是推迟旋涡产生的有效方法。

（8）水平出流。由于黏滞力作用，水平出流时下层流体带动上层流体运动，只在出口中心线所在水平面及上下壁面有较大速度梯度，其余面速度梯度很小，仅有微小的非轴对称，所以不会形成旋涡。实际上，也从未观察到水平出流时出口上方有旋涡现象。

4.1.5　自然对流的影响

在 2.1.2.4 节中已经谈到，当中间包流动的非等温流动准数 $Zb=Gr/Re^2$ 较大时，自然对流的影响将显现出来。自然对流的驱动力是由流体的密度差引起的，而密度差则可能由温度差或浓度差所引起，温度差引起自然对流的情况较多见。在连铸操作中，产生温度差的原因有：（1）在更换钢包时，钢包内钢液和中间包内钢液温度不同，也就是有较热或较冷的钢液注入中间包熔池；（2）中间包钢液散热损失降低了温度，使熔池温度分布不均匀而且和注入的钢液间形成温度差；（3）中间包加热技术的应用使局部钢液温度升高，这是特殊情况，将在后面第 6 章中讨论。三种情况中，更换钢包造成钢液温度变化最多见。设注入钢液温度为 T_1，中间包温度为 T_2，则温度差 $\Delta T=T_1-T_2$；$\Delta T>0$ 表示较热钢液注入中间包内，$\Delta T<0$ 表示较冷钢液注入中间包内的情况，$\Delta T=0$ 表示等温流动。

在我国，盛东源等[25]较早详细研究了中间包内的自然对流问题，图 4-20 所示为其水模型（$H=300$mm）中的示踪照片。图中（a）为热水（$\Delta T=20$℃）注入中间包的情况，注入区在左边，中间包内流动由左向右；（b）为等温流动（$\Delta T=0$）；（c）为注入冷水（$\Delta T=-20$℃）的情况；三种工况流量 Q 均为 2000L/h。图中示出不同时间的形象，1 为注入后 70s，2 为 100s，3 为 200s。由图可见，热流股注入中间包后，由于本身的浮力及受到坝的阻碍，热流迅速上浮至顶面，经过一定时间，上层全部被热的液体覆盖，在出口斜上方有冷热液体混合的迹象。等温流动时与此相似，只是受到坝所阻挡的液体折向上部后不能整个覆盖于顶面。冷流股注入中间包后，开始虽然也受到坝的阻挡，但越过坝之后由于其密度大而下沉，直接沿底部流向出口。图4-21所示为这三种情况流动特征的示意图。

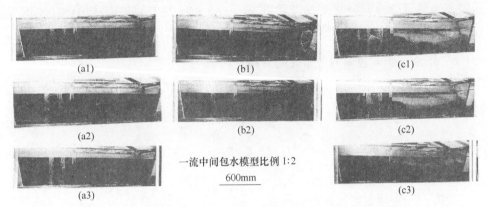

图4-20　注入不同温度带示踪剂的水流进入中间包后的流动照片

$(Q=2000\text{L/h}，H=300\text{mm})$

(a)　$\Delta T=20℃$；(b)　$\Delta T=0$；(c)　$\Delta T=-20℃$

1—$t=70\text{s}$；2—$t=100\text{s}$；3—$t=200\text{s}$

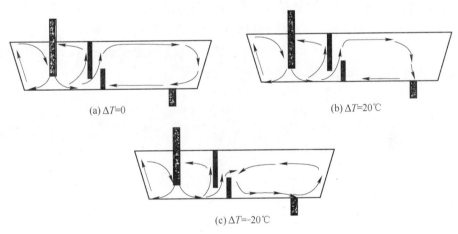

图4-21　水模型主要流动方向示意图

$(Q=2000\text{L/h}，H=300\text{mm})$

萧泽强、王建军等对中间包熔池的自然对流问题进行了大量的实验研究，总结出了钢液内显现自然对流现象的中间包特征数临界值为 $Zb_{临界}=36.62$。利用对钢液密度的较新测定值（Mizukami，2002）$\rho_L=7.02-7.50\times10^{-4}\Delta T_L$，计算得钢液体积膨胀系数 $\beta=1.0714\times10^{-4}℃^{-1}$；对熔池深度 $l=1.06\text{m}$ 的中间包内钢液显现自然对流的条件可以求得 $|\Delta T|/u^2\geqslant36.62/(1.0714\times10^{-4}\times9.81\times1.06)=3.28\times10^4$。也就是说，在远离中间包钢液注入流和连铸水口的大部分区域，容易受到自然对流的影响。

由此可以知道，冷的钢液注入中间包后，由于自然对流的影响，形成逆向的回流。下沉的冷钢液增加了将夹杂颗粒更多带入结晶器中的危险。目前关于中间包中非等温流动的影响越来越得到重视，尤其是随着中间包钢液加热技术的发展，本书将在第 6 章中就中间包加热的有关内容进行介绍。

4.1.6 钢液在中间包内的停留时间分布

中间包为连续式反应器，因此衡量过程的速率可以用反应物在包内的停留时间来表示。根据中间包的大小和介质的流率，不难得到平均停留时间 $t_{平均}$：

$$t_{平均} = \frac{V_R}{Q_l} = \frac{M_R}{Q_m} \tag{4-34}$$

式中　V_R——中间包容积；

$\quad\quad M_R$——中间包内反应物的质量；

$\ Q_l，Q_m$——分别为体积流率和质量流率。

然而，组成钢液的各个物质分子（微团），在中间包内流动的路径是各不相同的，有的分子经过的路径短，有的分子流动的路途长。由于分子的数目很大，其流动过程所需要的时间必然服从某种概率分布函数，这就是停留时间分布函数。图 4-22 所示为实际测量的中间包水模型中的停留时间分布曲线，纵坐标为电导仪表的电压读数。由于示踪剂的电导和其浓度成线性关系，所以该曲线也就是示踪剂浓度的响应曲线。这样其平均停留时间 $\bar{t}_c$ 应为：

$$\bar{t}_c = \frac{\int_0^\infty tC\mathrm{d}t}{\int_0^\infty C\mathrm{d}t} \tag{4-35}$$

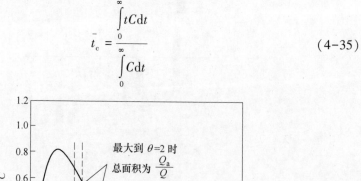
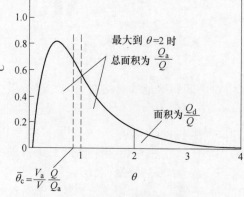

图 4-22　中间包停留时间分布曲线

如果响应信号不是连续记录而是间歇取样分析的数据，$\bar{t}_c$ 的计算方法如下所示：

$$\bar{t}_c = \frac{\sum t_i C_i \Delta t_i}{\sum C_i \Delta t_i} \tag{4-36}$$

停留时间分布是从工程角度分析流动特征的方法，利用刺激–响应实验可以直接测量中间包内钢液的停留时间分布曲线，从而判断其流动和混合特征。在 $t_{平均} = \bar{t}_c$ 的情况，中间包流动可看作活塞流与全混流相叠加。对于典型的活塞流或全混流，在其中的一级反应的效益（未转化率）由式（4-37）、式（4-38）确定：

活塞流
$$\frac{C_{out}}{C_{in}} = \exp(-k_p t_p) \tag{4-37}$$

全混流
$$\frac{C_{out}}{C_{in}} = \frac{1}{1 + k_m t_m} \tag{4-38}$$

夹杂物的去除可近似作为一级反应来处理。中岛敬治把中间包流动看作活塞流和全混流的串联[14]，由式（4-37）、式（4-38）可导出夹杂物在中间包的去除率：

$$\eta_p = \frac{C_{out} - C_{in}}{C_{in}} = 1 - \frac{\exp(-k_p t_p)}{1 + k_m t_m} \tag{4-39}$$

式中，t_p 和 t_m 可分别由各区体积与流率之比求得。

图 4-22 中示踪剂最先出现的时间 t_p 称为滞止时间，代表活塞流区的大小，t_p 越大，表示活塞流区越大，$\dfrac{V_p}{V_R} = \dfrac{t_p}{\bar{t}_c}$；而 $V_m' = V_R - V_p$，$\dfrac{t_m}{\bar{t}_c} = \dfrac{V_m}{V_R}$。在活塞流区，夹杂物上浮服从 Stokes 公式：

$$k_p = \frac{1}{t_{浮}} = \frac{u_S}{H} \tag{4-40}$$

式中　u_S——按 Stokes 公式计算的上浮速度；

　　　H——钢液深度。

在全混流区，夹杂物去除和碰撞几率有关。根据试验有：

$$k_m = 1.01 \times 10^{-3} + 7.81 \times 10^{-5} \varepsilon_m \tag{4-41}$$

式中　ε_m——全混流区的湍动能耗散率。

中岛敬治[26]应用上述模型计算了不同流率时不同尺寸的夹杂物去除率，如图 4-23 所示。图中曲线为计算值，不同的点代表不同大小的颗粒的试验数据。由图可知，随钢液流率增加，夹杂物去除率下降。大颗粒（500μm）夹杂物去除率可达 70%~80% 以上，小颗粒夹杂物去除率大多在 50% 以下。从图 4-23 还可看出，增大注入流和出流间的水平距离 L，对去除夹杂物有明显好处。增大 L 实

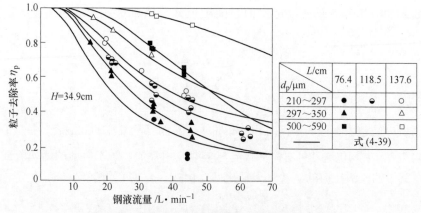

图 4-23 中间包内钢液流速同夹杂物去除的关系

际上意味着增大 t_p。我国安阳钢铁公司板坯连铸机中间包将 L 值由 750mm 增大到 1950mm 后，得到很好的去除夹杂物的效果。

实测的中间包内钢液停留时间分布曲线后端往往出现一个长"尾巴"，长尾巴的出现表明有"死区"存在，有时死区所占的体积比例还相当大。所以这时 $t_{平均} \neq \bar{t}_c$，对这种 E 曲线可以采用全混流和活塞流串联再和死区并联组合成中间包钢液流动模型。各流动区域所占体积计算如下。

（1）活塞流区：

$$\frac{V_P}{V_R} = \frac{t_p}{t_{平均}} \qquad (4-42)$$

（2）死区：

$$\frac{V_d}{V_R} = \frac{1 - \bar{t}_c}{t_{平均}} = 1 - \theta_c \qquad (4-43)$$

式中 $\bar{t}_c$——E 曲线的均值；

$t_{平均}$——按流量计算的平均停留时间，$t_{平均} = V_R/Q$；

V_d——死区体积；

t_p——滞止时间，即中间包出口开始出现示踪剂时间；

V_P——活塞流体积；

V_R——中间包体积。

（3）全混流区：

$$\frac{V_m}{V_R} = \frac{1}{E_{max}} \qquad (4-44)$$

式中 E_{max}——E 曲线的峰值；

V_m——全混流区的体积。

当停留时间分布曲线的"尾巴"很长时,式(4-35)中计算$\bar{t}_c$的积分上限不必选取无限大,只要选$t_{平均}$的1~2倍就够了。由于"尾巴"部分的E值很小,选上限短些并不影响计算结果的正确性。

利用停留时间分布判断死区的大小是很重要的,因为死区不利于夹杂物上浮,又增大热损失。我们在中间包水模型实验中,也发现颗粒的去除率和t_p成正比(图4-24),和死区体积V_d成反比(图4-25)[27]。

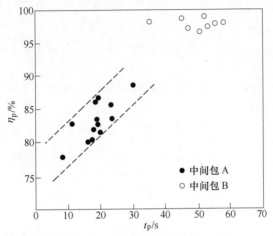

图4-24 夹杂物上浮率随滞止时间的关系

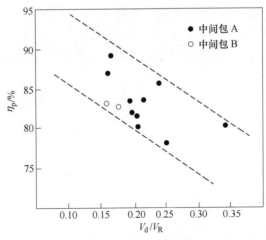

图4-25 夹杂物上浮率与死区体积的关系

4.2 改进中间包流动特征的途径

改进中间包内钢液流动的主要方向是:消除包底铺展的流动,使下游的流动有向上趋势,延长由注入流到出口的时间,增加熔池深度以减轻汇流旋涡等。其含义为在中间包设计中一方面要增大中间包容量；另一方面在容积一定的条件下，增大有效容积，减小死区体积。中间包容积增大，使平均停留时间增加，有利于夹杂物去除。对于不够大的中间包，可通过内部结构的改进，如加设挡墙以及采用过滤器等，改变钢液流动的途径，延长滞止时间。小方坯连铸使用的多水口中间包，各流钢水的停留时间分布曲线差别较大，外侧各流钢液停留时间长，造成温度不均衡。应设法尽可能使各流停留时间分布均匀化，以利于均匀温度和成分。目前改进中间包内钢液流动特征的途径主要有包型的改进、挡墙和坝的设置、过滤器的应用等。

4.2.1　增大中间包容量

　　增大中间包容量有两大优点：一是使钢液在中间包内有较长的停留时间，以利于夹杂物上浮，提高钢液的清洁度。二是便于与拉坯速度配合，有利于换包时顺利浇注，改善换包时铸坯的质量。对于已建成的中间包，增加熔池深度是扩大容量的一种有效办法。

　　增大中间包熔池的深度，一方面可以增大滞止时间，另一方面可增大反应器体积，亦即增大平均停留时间。此外，较深的熔池表面流速较小，可减轻液面波动，这对减轻二次氧化也是有利的。图 4-26[18]所示为增加熔池深度后表面流速和湍流强度减小的情况，同时也给出了中间包水口处的流速和湍动强度。文献[17] 指出，增加中间包深度可以改善超声波探伤缺陷及条纹缺陷，并能降低旋涡产生。一般应使中间包中钢液深度在 0.8~1.0m。

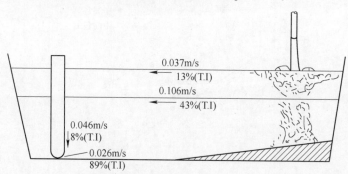

图 4-26　不同深度时的表面流速及湍动强度（T.I）

　　由图 4-27 可以看出，英国钢铁公司 Ravenscraig 厂的中间包[18]由 25t 扩大到 45t 后，氧化铝夹杂不仅数量减少，而且在铸坯内弧侧聚集的现象明显改善。这表明由于停留时间的延长，更多更小的夹杂得以上浮去除。试验还给出了在钢样上测到的由中间包流出的最大 Al_2O_3 夹杂物尺寸：25t 时为 273μm，45t 为110μm。随着连铸拉速提高，中间包内钢液流速增加，停留时间缩短。所以中间包容量应进一步增大。

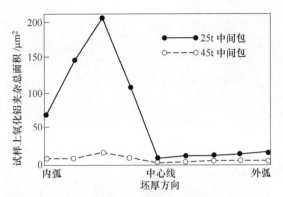

图 4-27 中间包容量对铸坯厚度方向清洁度的影响

4.2.2 挡墙、坝和导流隔板的应用

中间包内设置挡墙和坝是应用最普遍的技术措施[28-32]。关于挡墙和坝的设置方法对流动的影响,王利亚[33]用涡量-流函数法计算流场进行研究。本课题组对中间包内钢液流场计算结果如图 4-28 和图 4-29 所示。计算结果表明,设置挡墙可以阻止表面回流,并使钢液湍动显著的部分集中在注入流区,下游形成流动平稳的熔池。坝的作用是阻挡沿包底的流动,使流动方向转向上方。因此,挡墙设于坝的上游才有改善中间包流动的结果;反之,坝在挡墙的上游,反而使包底铺展流动更严重。因此,设置挡墙时,下游处必须设置坝,以抑制沿包底的流动。由于坝体材料比钢液密度小,在中间包包龄后期,耐火材料被侵蚀损毁,坝有可能脱离包底而上浮,这样钢液流动情况比不设置挡墙和坝更差。

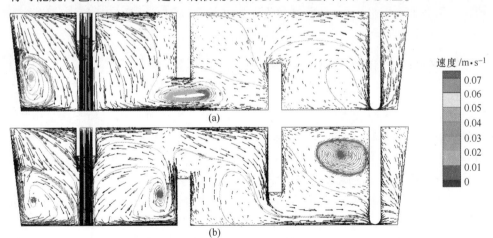

图 4-28 中间包内钢液流速分布 ($Q = 380.4 \text{L/min}$,$H = 1050\text{mm}$)
(a) 挡墙在上游;(b) 坝在上游

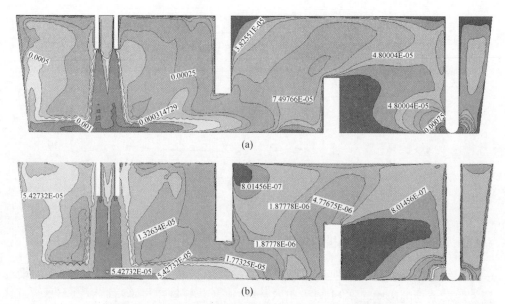

图 4-29　中间包内钢液流动湍动能和湍动能耗散率分布

（a）k 等值线（cm^2/s^2）；（b）ε 等值线（cm^2/s^3）

为了避免控流元件损毁后造成的有害影响，可以改用导流隔墙来控制中间包流动。在一个将上下游完全隔开的耐火材料壁上设置若干个不同尺寸和倾角的孔洞，使钢液根据需要的方向流过孔洞，这就是导流隔墙。隔墙上孔洞的大小和倾角应用数学物理模拟方法设计。导流孔的设计原则为：（1）导流孔位置要在挡墙的适当高度，起到消除底部流股的作用；（2）导流孔孔径要满足连铸机最大拉速所需要的通钢量；（3）通过导流孔钢液的流动路径要适当延长，最好导流孔有上 15°左右的倾角，促进夹杂物的上浮分离。

4.2.3　多水口中间包流动的特点及改进途径

我国许多多流小方坯连铸机使用多水口中间包，一般容积较小，注入流在中间包的中间，注入流和内侧出口间的水平距离短，而距外侧出口的距离又很长。由于各水口和注入流的水平距离 L 相差甚大，所以各流的平均停留时间和停留时间分布也各不相同。外侧水口的距离 L 长，停留时间长，热损失大，有时容易冻结，不能顺利开浇；内侧水口的距离 L 短，夹杂物去除的机会少。

图 4-30 所示为目前常见的不同形式的多流中间包。其中，T 形中间包采用一个集中的浇注区，在钢包注流冲击点与中间包主体间可设挡墙，有利于改进钢液流动；但是难以同时设置挡墙和坝，也没有解决内外侧水口停留时间不均衡的问题。

图 4-31 所示为改善多水口中间包的一种理想化设计。这里挡墙的作用可使

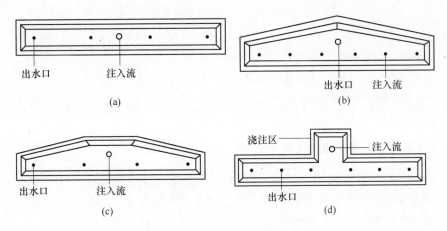

图 4-30 几种形式的多流中间包

(a) 矩形；(b) 三角形；(c) 梯形；(d) T 形

注入流能均衡流到 6 个水口，但结构过于复杂，而且挡墙本身占有较大体积，减小中间包有效体积不适于小的中间包。增加熔池深度是一种简易的办法，也会有均衡流动的结果，然而车间厂房高度不够时，增加深度也有困难。

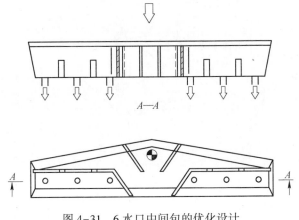

图 4-31 6 水口中间包的优化设计

由于对多流中间包还没有解决不均衡流动的一致方案，所以需要针对具体的中间包，用数值模拟技术研究合适的挡墙及坝的结构和位置，数值模拟省时、省物、省力，最适于多种选择方案进行比较，找出较合理的解决办法。设置导流隔墙，利用导流孔的大小和方向改变流动分布，也是较为有效的方法[34]。周智清等[35]在四流中间包（20t）中，采用在挡墙上设置不对称分布的导流孔加直通孔过滤器的方案，使钢水容易流向外侧，减轻了内外侧水口不均衡问题。表 4-3 为内外侧两注流铸坯质量情况的比较。

表 4-3   内外侧两注流铸坯质量情况的比较

项　目	未用过滤器	用过滤器
内侧注流铸坯洁净度，一级品率平均值/%	78. 3	96. 38
外侧注流铸坯洁净度，一级品率平均值/%	91. 7	96. 24
两流铸坯洁净度，一级品率差值/%	13. 4	0. 14

4.2.4   中间包中湍流控制技术

对中间包中钢液流场分析可知，钢包注流对中间包内钢液有强烈的冲击作用，形成了注流冲击区。在该区域由于注流的冲击，导致了部分中间包覆盖剂被卷入钢液中，形成夹杂；同时，容易卷入空气发生二次氧化；冲击包底造成包底该处耐火材料过分侵蚀；此外，对中间包出口处形成汇流旋涡也有影响。因此，有必要研究消除其涡流的措施[36]。

一种湍流抑制器如图 4-32 所示，它安放在钢包注流冲击点，可缓解注流的冲击。

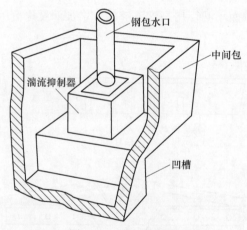

图 4-32   湍流抑制器

R. W. Crowley 等[37,38]提出了在注流冲击点设置缓冲器的方案，图 4-33 所示为三种缓冲器安装示意图。缓冲器的结构相对应地示于图 4-34 中。缓冲器均构造简单、安装方便，容易在中间包上应用。应用缓冲器可有效地改善中间包钢液流场，起到以下作用：

（1）减弱钢包注流的冲击作用，减少卷渣、卷入气体；

（2）增大滞止时间，减少包中死区体积；

（3）减少对中间包注流区耐火材料的冲刷、侵蚀；

（4）减缓"汇流旋涡"的生成，取得控制钢液流动的效果。

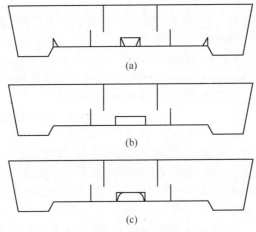

图 4-33　三种缓冲器安装示意图

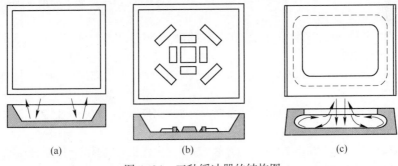

图 4-34　三种缓冲器的结构图

4.3　本章小结

　　研究中间包中的流动现象是中间包冶金的基础，只有掌握了中间包中钢液的流动规律，才能充分发挥中间包冶金的功能和作用。本章详细讨论了中间包中的主要流动现象和规律，包括液-液射流、驻点流动、出口旋涡、自然对流等流动。并且探讨了改进中间包流动的途径和方法，详细讨论了中间包容量、挡墙、坝、导流隔板，以及多水口中间包的改进流动的途径。这些内容为充分发挥中间包冶金的作用提供依据和参考。

参 考 文 献

[1] 包燕平，张洪，曲英. 连铸中间包钢液流动现象及挡墙设置的研究［C］. 第六届全国炼

钢学术会议论文集，包头，1990.

[2] 包燕平，徐保美，曲英，等. 连铸中间包内钢液流动及其控制［J］. 北京科技大学学报，1991，13（4）：83-89.

[3] Bao Yanping, Xu Baomei, Liu Guolin, et al. Design optimization of flow control device for multi-strand tundish［J］. Journal of University of Science and Technology Beijing, 2003（2）：21-24.

[4] Wang M, Zhang C J, Li R. Uniformity evaluation and optimization of fluid flow characteristics in a seven-strand tundish［J］. International Journal of Minerals Metallurgy & Materials, 2016, 23（2）：137-145.

[5] 李东侠，刘洋，王征，等. PIV 技术在中间包和结晶器流场模拟中的应用［C］. 中国金属学会. 2014 年高品质钢连铸生产技术及装备交流会，长沙，2014.

[6] 包燕平，张洪，曲英. 矩形连铸中间包钢液流动现象的测定［J］. 过程工程学报，1990，11（4）：364-368.

[7] 苑品，包燕平，崔衡，等. 板坯连铸中间包挡坝结构优化的数学与物理模拟［J］. 特殊钢，2012，33（2）：14-17.

[8] 王霞，包燕平，金友林. 板坯连铸中间包流场数值模拟［C］. 第五届冶金工程科学论坛，2006.

[9] 金友林. 不锈钢板坯连铸中间包、结晶器内钢液流动行为及控制研究［D］. 北京：北京科技大学，2008.

[10] 张驰. 抚钢连铸中间包流场优化及大颗粒夹杂物上浮去除机理研究［D］. 北京：北京科技大学，2018.

[11] 苑品. 提高汽车板中间包钢液洁净度及降低残钢量研究［D］. 北京：北京科技大学，2011.

[12] 俞赛健，刘建华，苏晓峰，等. 非对称 4 流中间包优化数值模拟及冶金效果［C］. 第十一届中国钢铁年会，北京，2017.

[13] 丁宁，包燕平，陈京生，等. 首钢小方坯连铸机中间包数值模拟分析［J］. 特殊钢，2011，32（5）：8-10.

[14] 冯捷，包燕平，唐德池. 中间包数值物理模拟优化及冶金效果［J］. 钢铁，2011，46（7）：45-49.

[15] 唐德池. 单流板坯连铸中间包数学模拟优化［C］. 第七届（2009）中国钢铁年会，北京，2009.

[16] Cwudziński A. Numerical simulation of liquid steel flow in wedge-type one-strand slab tundish with a subflux turbulence controller and an argon injection system［J］. Steel Research International, 2010（2）：123-131.

[17] Cwudziński A. Numerical, physical, and industrial experiments of liquid steel mixture in one strand slab tundish with flow control devices［J］. Steel Research International, 2014（4）：623-631.

[18] McPherson N A. The effect of tundish design on the quality of continuously cast steel slab［J］. MPT, 1986（3）：40-51.

[19]［德］普朗特 L，等. 流体力学概论［M］. 郭永怀，陆士嘉，译. 北京：科学出版

社，1981.

[20] 程士富，蔡开科．连续铸钢原理与工艺［M］．北京：冶金工业出版社，1994.

[21] Heaslip J L, McLean A, Sommerville I D. Continuous Casting Volume One Chemical and Physical Interactions During Transfer Operations［M］. Edward Brothers, inc, 1983：155.

[22] 陈家祥，陶述霞，孙天文．注钢钢流卷吸空气量的研究［J］．过程工程学报，1985（4）：132-138.

[23] 伊炳希．汇流旋涡的产生和形成机理［D］．北京：北京科技大学，1991.

[24] 包燕平．中间包钢液流动现象的物理化学模拟［D］．北京：北京科技大学，1988.

[25] Sheng D Y, Kim C S, Yoon J K, et al. Water model study on convection pattern of molten steel flow in continuous casting tundish［J］. ISIJ International, 1998（8）：843-851.

[26] 中岛敬治．连续铸造タンディッシユにおける介在物拳动［J］．鉄と鋼，1985（71）：41-44.

[27] 包燕平．连铸中间罐挡墙的设置［J］．连铸，1990（5）：26-30.

[28] 崔衡，包燕平，刘建华．中间包气幕挡墙水模与工业试验研究［J］．炼钢，2010，26（2）：45-48.

[29] 李怡宏，包燕平，赵立华，等．双挡坝中间包内钢液的流动行为［J］．钢铁研究学报，2014，26（12）：19-26.

[30] 李宁，包燕平，林路，等．挡渣墙对板坯连铸中间包流场的影响研究［J］．钢铁钒钛，2014，35（3）：83-87.

[31] 申小维，包燕平，李怡宏，等．板坯连铸双流 73t 中间包控流装置优化的水模型研究［J］．炼钢，2013，34（6）：18-21.

[32] 吴启帆，包燕平，林路，等．单流不对称中间包上下挡墙配合控流优化设计［J］．铸造技术，2015（3）：688-691.

[33] 王利亚．中间包流体流动数学模拟［D］．北京：北京科技大学，1984.

[34] 李怡宏，包燕平，赵立华，等．多流中间包导流孔对钢液流动轨迹的影响［J］．钢铁，2014，49（6）：37-42.

[35] 周智清．中间包流体流动及夹杂物去除的研究［D］．北京：北京科技大学，1997.

[36] 阮文康，包燕平，李怡宏，等．湍流抑制器对中间包钢液流动的影响［J］．武汉科技大学学报，2015，38（3）：161-164.

[37] Crowley R W. Cleanliness improvement using a turbulence-suppressing tundish impact pad［C］. Steelmaking Conference Proceedings, 1995：629-636.

[38] Bolger D. Development of a turbulence inhibiting pouring pad / flow control device for the tundish［C］. Steelmaking Conference Proceeding, 1994：225-233.

5 钢液的二次氧化和夹杂物控制

钢中夹杂物的去除与控制是中间包冶金的主要内容之一。作为钢铁生产全流程中最后一个耐火材料容器，中间包在洁净钢生产和夹杂物去除过程中，起着非常重要的作用。在一定意义上讲，中间包是洁净钢生产中控制夹杂物的冶金反应器。

本章比较系统地论述了连铸钢中夹杂物的主要来源，尤其是中间包中的钢液二次氧化过程。对夹杂物在中间包中的运动规律进行了系统的分析，同时结合本课题组的研究工作，对中间包中夹杂物的去除理论和新技术进行了比较深入的论述。

5.1 连铸钢中夹杂物的来源及特征

夹杂物的来源和特征是去除钢中夹杂物的基础，只有掌握了夹杂物的特征和来源，才能更好地从源头减少夹杂物的产生，并且控制夹杂物的数量和形态，在最大限度去除夹杂物的同时，减少残余在钢中的夹杂物的危害[1-7]。

5.1.1 连铸钢坯中夹杂物的主要来源

连铸坯中夹杂物，根据其来源，可分为内生和外来夹杂物。内生夹杂物主要是脱氧和合金化元素与溶解在钢液中的氧以及硫、氮的反应产物。内生夹杂物的颗粒一般比较细小，其在钢中的分布相对来说比较均匀。如果夹杂物形成的时间较早，而且以固态夹杂形式出现在钢液中，则这样的夹杂物在固态钢中多具有一定的几何外形。当夹杂物以液态的第二相存在于钢液中时，则夹杂物多为球形。在凝固过程中形成的夹杂物多沿初生晶粒的晶界分布，按夹杂物与晶界润湿情况的不同，夹杂物或是颗粒（如 FeO），或呈薄膜状（如 FeS）。从组成看，内生夹杂物可能是简单组成，也可能是复杂组成；可以是单相的，也可以是多相的。内生夹杂颗粒较小，但数量多。

外来夹杂物是指从炼钢到浇注的全过程中，钢液与空气、耐火材料、炉渣及保护渣相互作用的产物以及机械卷入钢中的各种氧化物。除最后一种外，广义上可统称为二次氧化物。连铸坯中外来夹杂物主要来源如下：

（1）二次氧化产物。主要有钢流裸露在大气中引起的二次氧化和钢包、中间包及结晶器内钢液暴露在大气中的二次氧化。炼钢氧化渣带入中间包后，也可与钢液作用，成为二次氧化的氧的来源。

（2）卷渣。包括旋涡卷渣和钢流冲击卷渣。旋涡卷渣指中间包浇注后期及液面较低时产生汇流旋涡时产生的卷渣；钢流冲击卷渣主要是出钢、浇注过程中中间包或结晶器中由于钢流的冲击造成的卷渣。

（3）耐火材料损毁。在高温下炉衬、钢包包衬、中间包包衬及各种水口材料被钢液和渣损毁而进入钢液中，残留下来成为夹杂物或成为二次氧化的氧源。

连铸坯中的外来夹杂数量与钢液成分、耐火材料品种和质量、中间包结构、浇注工艺以及保护渣成分等因素有关。外来夹杂物一般来讲有以下特点：

（1）组成复杂。一般是由各种氧化物组成的复合氧化物。

（2）颗粒尺寸大。夹杂物颗粒一般大于 $50\mu m$，因此其对钢质量的危害更大。

（3）外形不规则，有球形、多角形等。

实际上，外来夹杂物与内生夹杂物经常是共生的。在炼钢过程中，内生夹杂物常以外来夹杂物为核心析出，并且同外来夹杂物及钢液发生交互作用，从而使其成分和形态发生变化，这是一种普遍现象。因此，提高连铸坯的清洁度的主要任务就是减少钢中内生和外来夹杂物。考虑到钢中大颗粒夹杂的危害更大，因此防止钢液在连铸过程中的二次氧化，就显得尤为重要。

5.1.2 连铸钢中夹杂物的主要特征

同模铸钢锭相比，连铸钢中夹杂物具有以下显著特征：

（1）连铸钢中夹杂物来源更广。由连铸生产工序与模铸工序对比可知，连铸工艺流程比模铸了一个中间包，使钢液和大气、熔渣、耐火材料接触的机会增多，时间增长，更容易产生夹杂物而被污染。

（2）夹杂物去除更困难。连铸时由于结晶器内钢液凝固速度快，夹杂物难以聚集长大；同时由于钢液冲击严重，夹杂物难以从钢液中上浮分离。随着高速连铸技术的不断发展，夹杂物去除条件更加恶劣。因此，必须考虑发挥中间包冶金的作用，以减少连铸坯中的夹杂物。

（3）夹杂物危害更大。模铸钢锭的夹杂物多集中在钢锭的头部和尾部，因此通过切头去尾可使夹杂物危害减轻。而连铸坯中不可能靠切头去尾的办法解决问题。应用最广的弧形连铸机，其铸坯中夹杂物往往在内弧 1/4 处出现聚集现象。而连铸坯的压缩比又远小于钢锭，因此对质量的危害更大。图 5-1 所示为铸坯内弧夹杂物比较，图 5-2 所示为沿浇注方向夹杂物分布。

（4）连铸钢液浇注时间较长。相对模铸钢锭来讲，其出钢温度一般均有所提高。而随钢液的温度提高，与大气、耐火材料等反应的能力增强，更容易生成夹杂物。

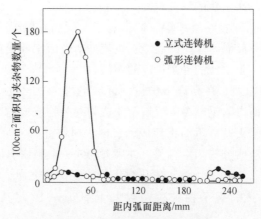

图 5-1 铸坯内弧夹杂物比较

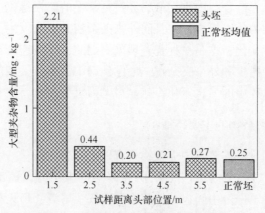

图 5-2 沿浇注方向铸坯中夹杂物分布

综上所述，连铸坯中夹杂物来源更加广泛、危害更大、去除更复杂。在生产清洁连铸坯的过程中，必须发挥中间包去除夹杂物的作用。这就要求一方面减轻由中间包带来的污染，另一方面充分发挥中间包去除和控制夹杂物的功能。

5.2 中间包钢液的二次氧化

二次氧化是污染钢液的重要原因。钢水经过钢包精炼后，纯净的钢水更要注意在中间包内的二次氧化，否则精炼的效果将前功尽弃。这是因为，第一，钢水经过精炼后，其 [O]、[N] 含量比和空气中的 O_2、N_2 的平衡值低得多，这个差值越大，二次氧化反应的驱动力越大。反应速率一般都较快。第二，钢中的 [O]、[S] 等都是强表面活性元素，表面活性元素吸附在钢液表面上，占据了较多的活性位置，对吸氮等反应这种表面活性物质具有阻滞作用。图 5-3 所示为氮溶解反应的传质系数 k_L' 和 [O]、[S] 含量的关系[8]。可见，洁净钢的反应速率常数更大一些。二次氧化的另一个重要氧源是渣中的易还原氧化物 FeO 和 MnO。氧化性的炉渣含 FeO+MnO 很多，在出钢和钢包浇注过程中由于挡渣不完全及汇流旋涡等原因，增大了中间包中的 FeO+MnO 含量，也使二次氧化容易发生。

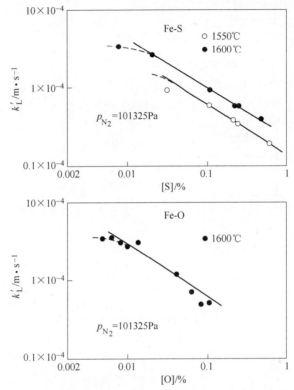

图 5-3　氮溶解反应的传质系数 k'_L 和 [O]、[S] 含量的关系

关于连铸过程中产生夹杂物的可能来源，图 5-4 给出了较全面分析。图中 1~7 对应的夹杂物来源分别为：（1）钢包水口出流旋涡卷渣；（2）由钢包到中间包注流被空气氧化；（3）注流冲击中间包液面引起卷渣；（4）中间包耐火材料被侵蚀；（5）中间包水口吸入空气；（6）浸入式水口结瘤脱落形成大颗粒夹杂物；（7）结晶器保护渣卷入钢中。

正确认识上述过程的规律，并且善于利用这些规律控制中间包和连铸操作，不仅可以防止二次氧化，而且还能进一步改进钢液的质量。图 5-5 所示为住友金属公司鹿岛厂的 65t 中间包浇注过程中总氧含量的变化情况[9]。该厂连铸机为立弯式，垂直段长度 3m，注速 2.0m/min，钢水在中间包内停留时间 6min。由图 5-5可知，钢包内钢液中存在的夹杂物，在中间包和结晶器内可上浮分离（包括被包壁及保护渣吸收）的有 60%。

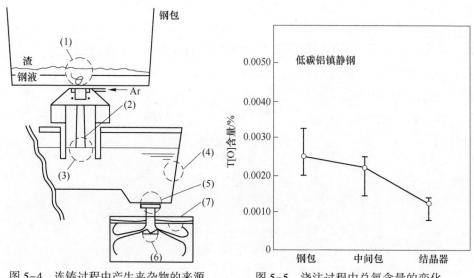

图 5-4　连铸过程中产生夹杂物的来源　　图 5-5　浇注过程中总氧含量的变化

　　表 5-1 和表 5-2 的研究表明[10]，采用长水口氩封保护浇注，可显著降低钢中气体和非金属夹杂物含量，减少中间包、结晶器、铸坯 [N]、[H]、T [O] 含量。

表 5-1　有无氩封时钢中气体含量对比　　　　　　　　（ppm）

工　序	[N]		[H]		T [O]	
	氩封	无氩封	氩封	无氩封	氩封	无氩封
钢包喂线后	47.9	47.8	2.58	2.55		
中间包	52.3	66.7	3.20	3.93		
结晶器	57.9	72.1				
铸坯					27.9	49.3

表 5-2　有无氩封铸坯中电解夹杂物总含量对比　　　　　　（ppm）

夹杂物总量	无氩封	氩封
波动范围	28~110	13~16
平均值	29.7	14.8

5.2.1　注流的二次氧化及保护措施

　　注流卷吸空气是二次氧化的主要来源，关于注流在运动过程中的卷吸气体数量和原因，已在本书 4.1.3 节做了较详细的论述。注流卷吸气体的数量是相当大的，防止卷吸空气的措施是实行保护浇注。

钢液注流保护浇注包括钢包注流保护浇注和中间包注流保护浇注，通常有耐火材料保护套管、长水口及惰性气体屏蔽等方法，生产高清洁度钢时则可综合采用上述方法。通过注流保护浇注，既可防止注流的二次氧化，又可避免浇注冲击液面使钢液裸露造成的二次氧化。二次氧化不但使钢中的大型氧化物夹杂增多，而且在浇注时使中间包水口被 Al_2O_3 夹杂堵塞的可能性增加，同时也使钢中氮含量增加。

原则上讲，钢液注流保护方法是应用长水口和吹惰性气体。图5-6所示为几种注流保护方法。图5-6(a) 所示为进出中间包的注流均采用长水口，用长水口将钢液注入中间包还有利于减轻将渣卷入钢液。图5-6(b)～(d) 所示为用惰性气体保护进出中间包的注流。

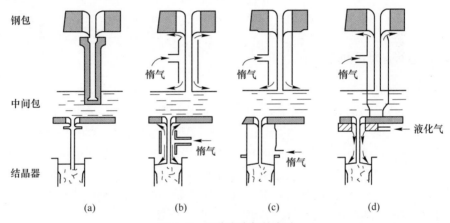

图 5-6　几种注流保护方法

(a) 长水口-长水口；(b) 气封-气封；(c) 气封-活动气封；(d) 气封-液化气

通保护气体有许多不同措施。如图5-7所示，美国伯利恒钢铁公司[5]在钢包上滑板底部开一个环形槽，在槽内通入氩气，氩气量为 $2.83m^3/h$。图5-8所示为钢包集流水口的防护装置，接口用插座和垫圈来密封。在插座内装有环形管，氩气从环管上的缝通入，氩气用量为 $11.33m^3/h$。氩气管道和插座连接在钢包上。

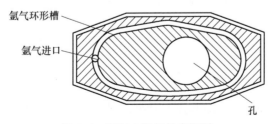

图 5-7　通气上滑板的底视图

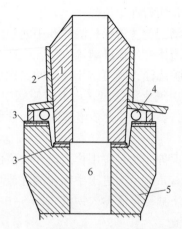

图 5-8　钢包集流水口的防护装置

1—钢包水口；2—插座；3—垫圈；4—氩环圈；5—钢包套管；6—流钢孔

5.2.2　中间包覆盖剂

　　为防止钢液的二次氧化，生产高洁净度钢，仅仅依靠注流保护是不够的。因为中间包内高温的钢液如果裸露在空气中，同样会受到空气的污染。由于注流的冲击可卷入大量气体，导致二次氧化的加剧。因此，为减少钢液的二次氧化，必须采取措施，减少中间包钢液面同空气的接触。方法之一是采用全密封化的中间包[11]，这是减少二次氧化有决定意义的措施。如图 5-9 所示，中间包加覆盖剂并全程通 Ar 气保护，同时还可避免由于浇注开始、多炉连浇更换钢包时大气的侵入造成的二次氧化。减少中间包钢液面二次氧化常用的简易方法是采用中间包覆盖剂[12]。

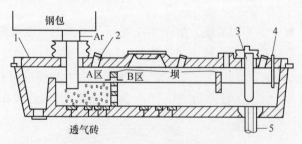

图 5-9　全密封的中间包示意图

1—密封式中间包盖；2—取样、观测孔；3—塞棒；4—热电偶；5—浸入式水口

　　我国钢厂目前多数用炭化稻壳作为中间包覆盖剂。炭化稻壳由固定碳和灰分构成，固定碳 45%~55%，挥发分小于 6%，灰分中 SiO_2>90%，炭化稻壳的热导率 λ =0.084~0.126kJ/(m·h·K)，有良好的绝热保温的作用，但是形成不了熔

融的渣层。出现一些渣也是酸性，渣的成分为：SiO_2 54%～55%，Al_2O_3 11%～19%，FeO 10%～11%，MgO 6%～8%。作为冶金反应器，渣的作用是非常重要的。中间包覆盖剂，应该具有以下功能：

(1) 隔离钢液和空气，以减轻二次氧化；

(2) 吸收由钢液分离出来的非金属夹杂物；

(3) 保护钢液的热量，减少温度损失；

(4) 较长时间使用后，保持性能稳定。

要满足上述要求，覆盖剂需要双层结构。上层应为疏松的固体，起绝热保温作用。这一点炭化稻壳可以满足要求。下层应该是液体渣，能溶解夹杂物并防止二次氧化，并且不严重侵蚀中间包包衬。一般来讲，铝酸钙渣系具有良好的性能。

A. W. Cramb 和 M. Byrne[13]对中间包渣做了系统研究，在浇注开始时，中间包内加入 CaO-CaF_2-MgO 混合粉剂，吸收了生成的氧化铝后成为中间包渣。由于钢液中的 Mn、Si、Al 等元素被氧化，生成的氧化物溶入渣中，渣成分见表5-3所示。

表 5-3　中间包渣的典型成分　　　　　　　（%）

成分		CaO	SiO$_2$	Al$_2$O$_3$	MgO	FeO	MnO	CaF$_2$
目标值		28	5	15	15	—	—	36
实际值	钢包吹氩	18	20	20	12	6	14	8
	钢包喷吹 CaSi	24	24	15	20	—	4	10
	高 Al 钢液（>0.3%）	36	5	26	8	—	1	22

在生产低碳铝镇静钢时，钢中的 Al 氧化成为 Al_2O_3 夹杂，所以中间包渣必须有吸收 Al_2O_3 的能力。图 5-10 所示为浇注过程中中间包覆盖剂中 Al_2O_3 的变化过程。可见，随着浇注的进行，渣中 Al_2O_3 逐渐升高。增大渣的碱度有利于吸收 Al_2O_3。图 5-11 所示为不同类型中间包渣碱度和钢液中总氧量的关系。中间包渣碱度越高，吸收 Al_2O_3 能力越强，钢中全氧含量越低。

渣中不稳定氧化物 FeO+MnO 使渣具有高的氧位，还可以把空气的氧传递给钢液，这种中间包渣成了二次氧化的氧源。中间包渣中的 FeO+MnO 归根到底是从炼钢炉的氧化渣转移过来的，在出钢过程和钢包注钢液到中间包过程中，未能完全把氧化渣挡住，随钢液进入下道工序，最后增大了中间包中 FeO+MnO 含量。另外，钢包吹氩时如果熔池顶面裸露严重，也使铁、锰被空气氧化，增加了渣中 FeO+MnO 含量。

当采用酸性包衬和中间包渣显酸性时，渣中 SiO_2 活度增大，也可以成为铝镇静钢中铝的氧化剂。反应如下：

$$4[Al] + 3(SiO_2) \Longrightarrow 3[Si] + 2(Al_2O_3) \qquad (5-1)$$

当耐火材料中含 MgO 较高时，可与 SiO$_2$ 结合生成镁橄榄石（2MgO·SiO$_2$），减轻 SiO$_2$ 的分解能力。

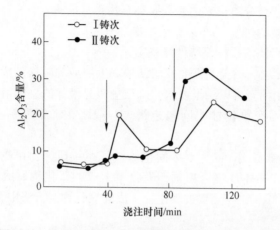

图 5-10   浇注过程中中间包覆盖剂中 Al$_2$O$_3$ 的变化过程

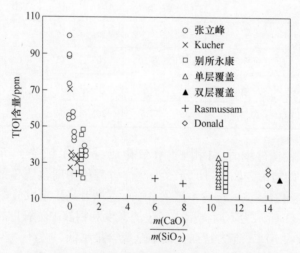

图 5-11   中间包渣碱度和钢液中总氧含量的关系

5.3   中间包钢液中夹杂物的运动

夹杂物通过上浮由钢液中去除，其速度服从 Stokes 定律，这是在平静的钢液中得出的认识。但在中间包内，钢液始终处于流动状态，夹杂物去除的规律比平静钢液复杂得多。下面分别讨论几种过程。

5.3.1 夹杂物的上浮

在中间包内，夹杂物依然可以通过上浮由钢液中排除。按常规看法，夹杂物上浮去除速度服从 Stokes 公式：

$$u = \frac{(\rho_m - \rho_s)gd_p^2}{18\mu} \qquad (5-2)$$

式中　u——夹杂物的上浮去除速度；

ρ_m——钢液的密度；

ρ_s——夹杂物的密度；

g——重力加速度；

d_p——夹杂物的直径；

μ——钢液黏度系数。

用式（5-2）计算，$d_p = 100\mu m$ 夹杂物的上浮速度 $u \approx 0.36\text{cm/s}$。从本质上来说，Stokes 公式所计算的速度是颗粒在重力作用场中流体介质内做加速度运动时，受到介质摩擦阻力而达到的终速度，其初速度比该值还要小得多。而在中间包内，流体本身的流动速度大多数情况均高出很多，在注入流区域平均速度达 0.12~0.15m/s，水口附近区域为 0.005~0.007m/s。所以小的夹杂物颗粒，在中间包中将跟随流动的钢液一同运动，只有大颗粒夹杂物在钢液流速较低的区域能够上浮。对 10t 中间包钢液平均停留时间的计算表明，只有大于 77μm 的夹杂物上浮时间小于钢液平均停留时间，有可能上浮到熔池表面。如果考虑夹杂物同钢液流动的跟随性，除非钢液流动方向偏向上方，否则更小的夹杂物不可能上浮出来。中间包容量较大时，钢液停留时间会长一些，但是也没有根本的改变。仅仅依靠上浮运动，小颗粒夹杂物无法从钢液中除去。表 5-4 给出了夹杂物去除公式及适应的雷诺数范围。由此可见，Stokes 公式仅适用雷诺数 Re 小于 2 的情况。

表 5-4　雷诺数与夹杂物上浮速度的关系

雷诺数 Re	夹杂物上浮公式	
<2	$u = \dfrac{(\rho_m - \rho_s)gd_p^2}{18\mu}$	Stokes 公式
2~500	$u = \left[\dfrac{4(\rho_n - \rho_s)^2}{225\mu\rho_m}\right]^{1/3} d$	Allen 公式
>500	$u = \left[\dfrac{3.03(\rho_n - \rho_s)^2 gd}{\mu\rho_m}\right]^{1/2}$	Nowton 公式

夹杂物上浮到熔池表面，由于其界面张力不同，由钢液析出的倾向也不同。如图 5-12 所示，对钢液润湿的夹杂物在浮到表面后有可能重新被流动的钢液带

回其中，只有对钢液不润湿的夹杂（称为疏铁性夹杂）能自动从钢液中分离出来。Al_2O_3 属于疏铁性夹杂物，容易由钢液中分离。

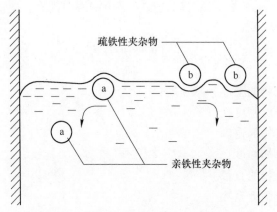

图 5-12 界面张力对夹杂物析出的影响

5.3.2 夹杂物的碰撞和凝并

在流动的钢液中，夹杂物颗粒容易碰撞而凝并成大颗粒。液态的夹杂物凝并后成为较大液滴；固态的 Al_2O_3 夹杂和钢液间润湿角大于 $90°$，碰撞后，能够相互黏附，在钢液静压力和高温作用下，很快烧结成珊瑚状群落，尺寸达 $100\mu m$ 以上，甚至还要大得多。所以，颗粒的碰撞凝并是夹杂物去除的重要形式。颗粒的碰撞有以下四种方式[11]：

（1）布朗碰撞。颗粒半径为 r_i 和 r_j 的两种夹杂物，在单位体积中的数目分别为 n_i 和 n_j，在单位时间单位体积内的碰撞次数 $\dot{n}_{ij}$ 为：

$$\dot{n}_{ij} = \beta(r_i r_j) n_i n_j \qquad (5-3)$$

式中，$\beta(r_i r_j)$ 称为颗粒 i 和 j 的碰撞频率函数，符号简写为 β_{ij}，单位为 m^3/s。

颗粒极小的夹杂物（小于 $10\mu m$），在钢液中做无规则的热运动（布朗运动）而产生碰撞，其碰撞频率函数：

$$\beta_{ij} = \frac{2kt}{3\mu}\left(\frac{1}{r_i} + \frac{1}{r_j}\right)(r_i + r_j) \qquad (5-4)$$

式中　k——玻耳兹曼常数。

由式（5-4）可知，颗粒直径大，β_{ij} 值小。对于 $10\mu m$ 以上的夹杂物，布朗碰撞的 β_{ij} 值已很小，因此中间包内夹杂物碰撞属于布朗碰撞的类型很少。

（2）Stokes 碰撞。颗粒上浮速度与其大小有关。大颗粒上浮速度大，在上浮时可能追上较小的颗粒而与之碰撞成为更大颗粒，因而上浮速度更大，更容易捕获其他颗粒，Stokes 碰撞的频率函数：

$$\beta_{ij} = \frac{2g(\rho_m - \rho_s)}{9\mu}\pi(r_i + r_j)^3 |r_i - r_j| = 3.423 \times 10^6 (r_i + r_j)^3 |r_i - r_j|$$

$$(5-5)$$

颗粒直径大,上浮速度快;两颗粒直径差值大,碰撞机会增加,都能促使 β_{ij} 值增加,碰撞后形成更大颗粒就更容易上浮。在中间包内,Stokes 碰撞是夹杂物凝并去除的重要形式之一。

(3)速度梯度碰撞。颗粒沿流线轨迹运动,高速流线上的颗粒将追上低速流线上的颗粒,只要两颗粒的距离不超过它们的半径之和,颗粒将发生碰撞。这种碰撞和流场速度有关,其碰撞频率函数:

$$\beta_{ij} = \frac{4}{3}(r_i + r_j)^3 |\text{grad}\boldsymbol{u}| \qquad (5-6)$$

当流场速度梯度不够大时,梯度碰撞不是主要的方式。但在某些速度场有急剧变化的部位,梯度碰撞是可能的。

(4)湍流碰撞[14]。湍流中由于速度的脉动作用于颗粒,促使它们相互碰撞。考察颗粒 i 周围 $R = r_i + r_j$ 的区域,R 称为冲突半径;当颗粒 j 进入半径为 R 的球体表面,就可能由于脉动速度而与 i 碰撞。湍流碰撞频率函数:

$$\beta_{ij} = CfR^3\left(\frac{\varepsilon}{\gamma}\right)^{\frac{1}{2}} = C(r_i + r_j)^3\left(\frac{\varepsilon}{\nu}\right)^{\frac{1}{2}} \qquad (5-7)$$

式中 C——常数,多数研究取 $C = 1.30$,张立峰研究得 $C = 2.2943$[15];

f——导致稳定凝并的碰撞所占分率,取 $f = 1$;

ε——流场的湍动能耗散率;

ν——钢液的运动黏度。

湍流碰撞是夹杂物颗粒凝并长大的重要形式。中间包流场中湍动能耗散率 ε 值大的区域,很容易发生湍流碰撞。用数学模型计算中间包流场时,可求得 ε 值分布,利用该分布可计算夹杂物碰撞长大的速率。设半径为 r_i、r_j 的两个颗粒碰撞后生成了半径 $r = (r_i^3 + r_j^3)^{1/3}$ 的颗粒,则 r_i 减少的速率:

$$\frac{\mathrm{d}n(r_j)}{\mathrm{d}t} = -n(r_j)\int_0^\infty n(r_j)\beta_{ij}\mathrm{d}r_j \qquad (5-8)$$

碰撞后产生新颗粒的速率:

$$\frac{\mathrm{d}n(r)}{\mathrm{d}t} = \frac{1}{2}\int_0^r n(r_i)\beta_{ij}n(r_j)\left(\frac{r}{r_j}\right)^2 \mathrm{d}r_j \qquad (5-9)$$

式(5-8)和式(5-9)的代数和就表示夹杂物颗粒的变化速率。

碰撞频率函数具有加和性。在计算颗粒浓度变化时,不同形式的碰撞均可导致新颗粒生成,所以各种类型的 β_{ij} 可以加在一起应用于计算公式中。

5.3.3　夹杂物在包衬壁面上的黏附

各种尺寸的夹杂物和包衬耐火材料表面接触时，将会黏附在包衬上而脱离钢液。夹杂物黏附在耐火材料上去除的事实，可由包衬使用后其原砖层和反应层成分看出。表 5-5 为中间包包衬中 Al_2O_3 的成分变化。可见，反应层（约 3mm 厚）中 Al_2O_3 有所增加。

表 5-5　中间包衬中 Al_2O_3 的成分变化　　　　　　　（%）

包衬	包壁	挡墙和坝
原砖层	0.80~0.84	62.0~64.3
反应层	6.33~7.70	71.2~73.0

颗粒黏附到表面上的析出过程，从形式上也可看作是一种传质过程，但具有如下特点：（1）黏附在表面上的颗粒受界面力的影响不能返回钢液，可认为表面浓度以及逆反应速率均为零；（2）颗粒只有依靠垂直壁面的脉动法向分速度的推动才能运动到壁面，扩散对颗粒的传质不起作用。

在壁面附近的湍流中，脉动法向分速度 $\tilde{v}'$ 沿壁面垂直逐渐衰减。$\tilde{v}'$ 称为均方根脉动速度分量，$\tilde{v}' = \sqrt{(v')^2}$。设壁面处坐标 $y = 0$，由湍流理论可知[16]：

$$\tilde{v}' = \frac{0.75 \times 10^{-2} u_\tau^3 y^2}{v^2} \tag{5-10}$$

也就是说，在壁面附近脉动法向分速度和 y^2 成比例，脉动的衰减很快。$u_\tau^2 = \overline{u'v'} = \dfrac{\tau}{\rho}$，$u_\tau$ 称切应力速度，表示脉动造成的附加切应力。按照 J. T. Davies 关于搅拌时悬浮颗粒和液体间的传质理论，能量耗散率和脉动速度间有以下关系：

$$\varepsilon = \frac{u_\tau^3}{l_e} \tag{5-11}$$

因此，切应力速度：$u_\tau = (\varepsilon l_e)^{1/3}$。式（5-11）中，$l_e$ 为湍流涡的特征尺度，$l_e = (v^3/\varepsilon)^{1/4}$。

T. A. Engh 和 N. Lindskog 应用湍流理论研究颗粒向壁面析出，得出其传质系数 β_p(m/s)：

$$\beta_p = \frac{0.58 \times 10^{-2} u_\tau^3 r^2}{v^2} \tag{5-12}$$

式中　r——夹杂物颗粒半径。

所以，黏附于壁面而去除夹杂的速率：

$$-\frac{dn(r)}{dt} = \beta_p \frac{A}{V} n(r) \tag{5-13}$$

5.4 中间包吹氩

吹氩是中间包冶金的重要手段，中间包中吹氩主要有两个作用：（1）清洗微小夹杂物的作用。利用惰性的气泡清洗钢液，上浮的气泡可以捕获夹杂物颗粒，并携带着它一同上浮，这样就使微细夹杂物颗粒上浮速度增大到气泡上浮的速度，这种作用和浮游选矿法有些类似。同时氩气泡的浮力产生气泡泵现象，促使该局部的湍动能耗散率显著增大，有利于夹杂物颗粒碰撞长大而排除。（2）气幕挡墙的作用。排列成列的吹氩孔口垂直于沿包底流动的液流布置，类似于在包底设置了坝，促使钢液转向上方流动，起到挡墙的作用，同时减少了挡墙耐火材料的熔损。本节结合本课题组的相关研发工作，分弥散气泡去除微小夹杂物[17-19]和气幕挡墙[20-22]两部分进行介绍。

5.4.1 钢包保护套管中弥散微小气泡去除夹杂物的技术

5.4.1.1 钢包保护套管中弥散微小气泡的生成机理研究

为了去除钢液中的夹杂物，尤其是去除钢液中微小夹杂物，生产高纯净钢，人们采用了多种物理和化学手段。其中向钢液中吹入惰性气体，利用气泡与夹杂物的碰撞、黏附，促进夹杂物上浮是一种较为理想的方法。然而，当采用透气砖、透气塞等向钢包、中间包等容器或反应器中吹入气体时，虽然促进了容器中钢液成分和温度的均匀化，但由于产生的气泡尺寸较大，常大于 10mm，且分布不均匀，故不能有效去除钢中微小夹杂物[15]。

本书作者领导的课题组在国家自然科学基金的资助下，基于流体力学原理，通过向钢包保护套管中吹入惰性气体，利用套管中湍急的钢液注流将气体离散为微小的气泡。进入中间包后，气泡上浮，同时与夹杂物相互碰撞、黏附，促进夹杂物的上浮和去除。水模型实验表明，该方法能显著提高中间包中夹杂物的去除效果。本课题组对在保护套管中弥散气泡的生成机理、生成方法、气泡尺寸等进行了详细的研究，对弥散气泡的生成机理进行了理论计算，为该工艺的进一步开发提供了理论基础[17]。

钢水从钢包注入中间包时，在保护套管中速度较大，处于湍流状态，此时钢液中存在许多微小漩涡，同时钢液质点在向下运动时，还会向各个方向振动。当惰性气体在此吹入时，这些漩涡及振动将会把气体打碎为尺寸较小的微小气泡，并使它们在钢液流中充分弥散。在钢液中弥散分布的微小气泡有利于微小夹杂物（$5 \sim 20\mu m$）的去除[23]。

许多研究表明气泡的大小与流体的能量分散强度 ε（W/t）有关[24-26]。采用 Sevik 和 Park 提出的关系式可以计算气泡在湍急流体中最大尺寸[24]：

$$d_{Bmax} = We^{0.6} \left(\frac{\sigma_L \times 10^3}{\rho_L \times 10^{-3}} \right)^{0.6} (\varepsilon \times 10)^{-0.4} \times 10^{-2} \tag{5-14}$$

式中，We 取值 1.3；水和钢液的表面张力 σ_L 分别为 0.073N/m 和 1.89N/m；密度 ρ 分别为 1000kg/m³ 和 7000kg/m³[27]。

因此，为得到气泡在保护套管中的最大尺寸，有必要对保护套管中流体的能量分散强度 $\varepsilon(W/t)$ 进行计算。

对水模实验保护套管中水流的能量分散强度进行计算，为分析问题方便，进行了如下假设：

（1）注流与保护套管壁的摩擦忽略不计；

（2）气体对水流的密度影响可忽略；

（3）气体运动及体积变化对水流所做的功与重力所做的功相比很小。

水流在保护套管中向下运动时，单位时间内重力对每吨水流所做的功为 W (W/t)。当滑动水口的开口度为 100% 时，注流在保护套管中的速度可认为保持恒定，重力对每吨水流所做的功在保护套管中不发生变化，水流的能量分散率为：

$$\varepsilon = W \tag{5-15}$$

当滑动水口的开口度小于 100% 时，水流进入保护套管的速度大于流出速度，水流的能量分散率还应考虑水流在保护套管中的动能变化。因此，其平均能量分散强度为：

$$\bar{\varepsilon} = W + \frac{\frac{1}{2}\rho Q (v_1^2 - v_2^2) \times 10^3}{\rho l s} \tag{5-16}$$

式中　　ρ——注流密度，kg/m³；

　　　　Q——注流流量，m³/s；

　　v_1，v_2——分别为套管进出口处注流的速度，m/s；

　　　l，s——分别为套管的长和截面积，m，m²。

水模型实验中，保护套管全长 l 为 1.2m，浸入深度为 0.3m，内径为 0.08m，套管中注流流量分别为 0.016m³/s、0.012m³/s、0.09m³/s 和 0.006m³/s，对应于两流板坯连铸机浇注 1600mm×250mm 板坯时，拉速为 1.2m/min、0.9m/min、0.675m/min 和 0.45m/min。根据关系式（5-15）和式（5-16），计算得到保护套管中水流的能量分散强度，结果如图 5-13 所示。在同等条件下，水流和钢液流在保护套管中的能量分散强度相同。

本节采用式（5-14）对水模实验保护套管注流及生产中同尺寸保护套管钢液中的气泡最大尺寸进行了计算，结果如图 5-14 所示。

由图 5-13、图 5-14 和表 5-6、表 5-7 可见，套管中注流流量 Q 是影响气泡

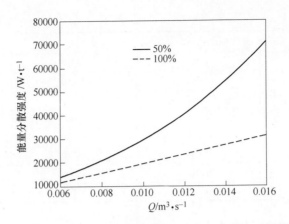

图 5-13　不同滑板开口度时注流在保护套管中的（平均）能量分散强度

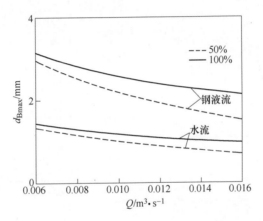

图 5-14　不同滑板开口度时保护套管中气泡的最大尺寸

最大尺寸的重要因数。流量越大，单位时间内流过套管的注流越多，重力对注流所做的功越大；但由于套管中注流的速率不变，即动能不变，因此，重力对注流所做的功将转化为注流内部质点旋转和脉动的能量（湍动能）。这种能量越大，越有利于将气体离散为更小的气泡。

表 5-6　保护套管内水中产生的弥散气泡最大直径和水流量、湍动能的关系

开口度/%	Q/m³·s⁻¹	ε 或 $\bar{\varepsilon}$/W·t⁻¹	d_{Bmax}/mm
100	0.006	11700	1.44
	0.009	17540	1.23
	0.012	23400	1.09
	0.016	31190	0.97

开口度/%	$Q/\mathrm{m}^3 \cdot \mathrm{s}^{-1}$	ε 或 $\bar{\varepsilon}/\mathrm{W} \cdot \mathrm{t}^{-1}$	$d_{B\max}/\mathrm{mm}$
75	0.006	13520	1.36
	0.009	23660	1.09
	0.012	37930	0.90
	0.016	65600	0.72
50	0.006	13830	1.34
	0.009	24710	1.07
	0.012	40400	0.88
	0.016	71500	0.70

表 5-7　保护套管内钢液中产生的弥散气泡最大直径和水流量、湍动能的关系

开口度/%	$Q/\mathrm{m}^3 \cdot \mathrm{s}^{-1}$	ε 或 $\bar{\varepsilon}/\mathrm{W} \cdot \mathrm{t}^{-1}$	$d_{B\max}/\mathrm{mm}$
100	0.006	11700	3.16
	0.009	17540	2.69
	0.012	23400	2.40
	0.016	31190	2.14
75	0.006	13520	2.98
	0.009	23660	2.39
	0.012	37930	1.98
	0.016	65600	1.59
50	0.006	13830	2.96
	0.009	24710	2.34
	0.012	40400	1.93
	0.016	71500	1.53

　　套管中注流的表面张力 σ_L 的大小对气泡的最大尺寸影响较大。一方面，表面张力越大，在注流中形成微小气泡所需能量越高。钢液的表面张力较水大得多，因此在钢液中生成微小气泡较水流中困难，在相同浇注条件下，在钢液中形成的微小气泡较水中大。另一方面，钢液的表面张力与钢液组成和温度关系密切，在实际生产中，冶炼钢种及浇注温度将显著影响注流中微小气泡的尺寸。

　　滑板的开口度也影响注流中微小气泡的尺寸。开口度小于 100% 时，套管进口处注流的速率大于出口处的速率。因此，注流将有部分动能转化为内部湍动能，这有助于吹入气体的离散化，生成更加微小的弥散气泡。图 5-14 表明，滑板的开口度越小，气泡尺寸越小；开口度对气泡尺寸的影响在表面张力较大的钢液注流中表现更为明显。

5.4.1.2 试验验证

流体中气泡的大小将小于或等于计算所得的最大尺寸，文献［27］测得湍急流体中气泡的平均尺寸与最大尺寸的比值（d_{vs}/d_{Bmax}）处于 0.6~0.62。水模实验结果表明在流量分别为 0.006m^3/s 和 0.012m^3/s 时，保护套管中气泡的尺寸分别为 0.5~1mm 和小于 0.5mm[24]。这与图 5-14 的计算结果非常吻合。

由图 5-13、图 5-14 可见，向保护套管中水流或钢液流中吹入惰性气体时，流体将会把气体冲碎为细小的气泡，其尺寸为 0.5~3mm。它们远小于采用透气砖和透气塞向钢水容器中吹入气体时所产生气泡的尺寸（10~20mm[15]）。微小气泡将有利于钢液中微小夹杂物的去除。

为进一步对计算结果进行验证，进行了水模型试验，向内径为 0.035m 的保护套管中吹入惰性气体，套管中水的平均流速为 0.296m/s，如图 5-15 所示。通过对高分辨率照片的检测，在中间包熔池中得到了大量的弥散微小气泡。图 5-15(a) 所示为钢包注流进入中间包时的气泡分布，图 5-15(b) 所示为图 5-15(a) 中标明的方形区域的放大照片。照片中白色斑点为弥散气泡，从中可以看出，大量的气泡尺寸在 1mm 左右。

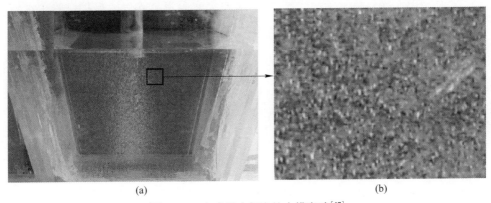

(a)   (b)

图 5-15 生成微小气泡的水模实验[17]

5.4.1.3 保护套管中流体的压力分布

通过测量流体中压力分布及变化，可以分析气体在流体中的扩散和分布。在保护套管中，假设流体与管壁的摩擦忽略不计，则管中流体的压力分布可采用伯努利方程进行计算：

$$\frac{v^2}{2} + gz + \frac{p}{\rho} = C \tag{5-17}$$

式中 C——常量。

中间包液面的压力为 $1.0133 \times 10^5 Pa$，因此计算套管中距中间包液面 $z(m)$ 处的流体压力 $p(Pa)$ 为：

$$\frac{v_1^2}{2} + gz + \frac{p}{\rho} = \frac{v_2^2}{2} + \frac{1.0133 \times 10^5}{\rho} \tag{5-18}$$

由式（5-18）得：

$$p = 1.0133 \times 10^5 + \rho \left(\frac{v_2^2 - v_1^2}{2} - gz \right) \tag{5-19}$$

当滑动水口的开启度为 100% 时，流体在保护套管中的速度可近似认为不变，式（5-19）中 v_1 和 v_2 相等，则：

$$p = 1.0133 \times 10^5 - \rho gz \tag{5-20}$$

此时，套管中注流的压力与其距中间包液面的距离成线性关系。

当滑动水口的开启度小于 100% 时，注流的压力可按式（5-19）估算，由于注流在套管进出口处的速度 v_1 和 v_2 不同，因此压力与流体距中间包液面的距离不成线性关系。但在套管中下部，流体的速度趋于与套管出口处速度相等，流体的压力可按式（5-20）估算，套管中流体的压力趋于与其距中间包液面的距离成线性关系。

本节采用式（5-19）和式（5-20）对水模实验没有吹气时保护套管中水流压力进行计算，并与文献［7］的测量结果进行了比较。结果如图 5-16 所示，本节计算结果与文献结果相近。

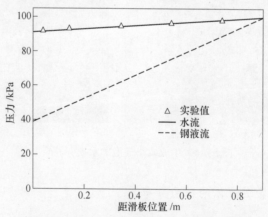

图 5-16 套管中流体压力分布（实验值[28]）

5.4.1.4 微小气泡在中间包中的行为

A 微小气泡的聚集长大

含有大量弥散微小气泡的湍急流体进入中间包后，由于流体动能的扩散，流体的速度很快下降，此时气泡会发生聚集长大现象。

为了估算中间包中流体的动能扩散率，本节假设：

（1）流体与中间包壁面及底面的摩擦忽略不计；

（2）气泡上浮对流体所做的功忽略不计。

此时，中间包中进入流体的能量主要为保护套管出口处流体的动能，因此，中间包流体的平均能量分散率为：

$$\bar{\varepsilon} = \frac{\frac{1}{2}\rho Q v_2^2}{M_L} \tag{5-21}$$

式中　M_L——中间包中钢液质量。

对于 20t 规格的中间包，根据式（5-21）估算得文献［23］浇注条件下包内钢液平均能量分散率，结果见表 5-8。

表 5-8　中间包流体中平均能量分散率及气泡可能存在的最大尺寸

流量/$m^3 \cdot s^{-1}$	（平均）能量分散强度/$W \cdot t^{-1}$	气泡最大尺寸/m
0.006	1.497	0.114
0.012	11.97	0.050

根据关系式（5-14）估算得到中间包中气泡可能聚合长大的最大尺寸，由表 5-8 可见其远大于保护套管中气泡的最大尺寸，因此气泡从套管进入中间包后，将发生聚合长大。当然，由于气泡在中间包中停留时间很短，气泡在中间包中不可能充分碰撞长大到估算的尺寸。

B　微小气泡的上浮

微小弥散气泡在流体中将与细小颗粒发生碰撞、黏附并一起上浮。尤其对与流体不润湿的颗粒，具有很高的黏附率。采用该气泡去除钢中微小夹杂物（5~20μm），特别是与钢液不润湿的 SiO_2 和 Al_2O_3 夹杂，具有很好的效果。

由于钢液中微小颗粒的尺寸远小于气泡尺寸，黏附有微小颗粒的气泡在流体中的上浮速度取决于气泡的上浮速度。本节对中间包中流体中微小气泡的上浮速度进行了估算（表 5-9），结果如图 5-17 所示。

表 5-9　计算流体中微小气泡上浮速度的关系式

文献作者	方程	适用条件
Peebles，Garber[28]	$v_B = 0.165 g^{0.76} \left(\dfrac{\rho_L}{\mu} \right)^{0.52} d^{1.28}$	$2 \leqslant Re \leqslant 4.02 \left(\dfrac{g\mu^4}{\rho\sigma^3} \right)$
Clift 等[26]	$v_B = \left(2.14 \dfrac{\sigma}{\rho d} + 0.505 gd \right)^{1/2}$	$d > 1.3mm$
	$v_B = 0.138 g^{0.82} \left(\dfrac{\rho}{\mu} \right)^{0.639} d^{1.459}$	$d < 1.3mm$

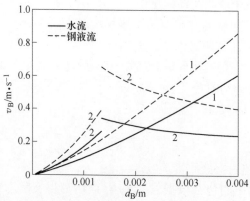

图 5-17　气泡在流体中的上浮速度与尺寸关系

1—Peebles, Garber[28]；2—Clift et al.[26]

由图 5-17 可见，在钢液中，当气泡尺寸处于 0.5~3mm 时，其上浮速度为 0.05~0.6m/s，对于钢液深度为 0.8m 的中间包，如不考虑流场及碰撞长大的影响，则气泡上浮所需的时间是 1.3~16s。而中间包中钢水的平均停留时间一般大于 2min，这使得中间包中微小气泡有充分的上浮时间。在水模实验中，当气泡尺寸处于 0.25~1.5mm 时，其上浮速度为 0.02~0.18m/s。

5.4.2　气幕挡墙去除钢中夹杂物

中间包中吹气搅拌是中间包冶金的新技术，其实质是用惰性气泡清洗钢液，去除钢中的非金属夹杂物。中间包吹氩的主要方式是在包底部某个位置通过多孔砖或多孔氩管吹入微小气泡，形成气幕挡墙。气幕挡墙可以起到改善中间包中钢液流动的效果，同时气泡可以对钢液进行清洗，带动夹杂物的上浮分离。本课题组对气幕挡墙在中间包中的作用和效果进行了较详细的试验研究。

5.4.2.1　实验方案

根据中间包冶金的要求，对气幕挡墙的位置和吹气量进行了优化研究，吹气量的选择是以既产生明显气幕又不引起大的液面表面波动为原则，同时也选择了不同的气量进行比较。水模型实验装置如图 5-18 所示，试验方案如图 5-19~图 5-27 所示。

吹气方案 1：在钢包水口注流下加导流杯，以气幕代替挡墙作为流控装置。吹气位置如图 5-19 所示，吹气量分别为 2L/min、3L/min。

吹气方案 2：挡墙形状、位置不变，在钢包水口注流下加导流杯，挡墙导流孔孔径 46mm，距下底 120mm，距包壁 80mm。吹气位置如图 5-20 所示，吹气量分别为 2L/min、5L/min。

吹气方案3：挡墙形状、位置不变，在钢包水口注流下加导流杯，挡墙只开两个导流孔，导流孔孔径25mm，距下底130mm，距包壁分别为60mm和100mm。吹气位置在两水口中间（图5-21），吹气量为1L/min。

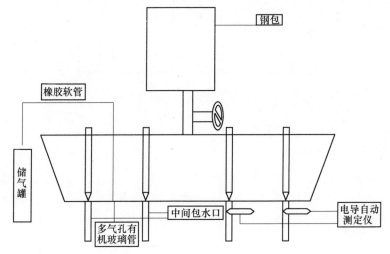

图5-18 中间包吹气试验装置

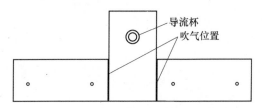

图5-19 吹气方案1气幕设置示意图

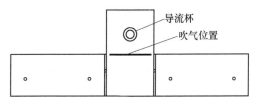

图5-20 吹气方案2气幕设置示意图

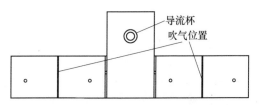

图5-21 吹气方案3气幕设置示意图

吹气方案 4：挡墙结构同吹气方案 3。吹气位置在距边部水口 150mm 处（图 5-22），吹气量为 0.5L/min。

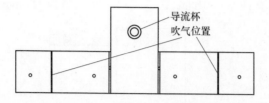

图 5-22　吹气方案 4 气幕设置示意图

吹气方案 5：挡墙结构同吹气方案 3。吹气位置在距边部水口 7.5cm 处（图 5-23），吹气量为 0.5L/min。

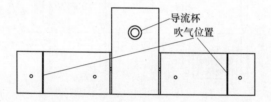

图 5-23　吹气方案 5 气幕设置示意图

吹气方案 6：挡墙结构为 1 号斜孔挡墙。吹气位置在两水口中间（图 5-24），吹气量为 2L/min。

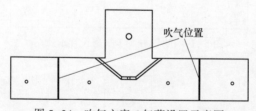

图 5-24　吹气方案 6 气幕设置示意图

吹气方案 7：挡墙结构为 1 号斜孔挡墙。在紧靠梯形挡墙导流口处吹气（图 5-25），吹气量为 2L/min。

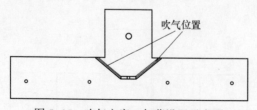

图 5-25　吹气方案 7 气幕设置示意图

吹气方案8：在钢包水口注流下加导流杯，挡墙结构改进为3号挡墙，中间开孔，孔径30mm。吹气位置在两水口中间（图5-26），吹气量为2L/min。

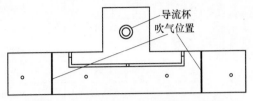

图5-26 吹气方案8气幕设置示意图

吹气方案9：挡墙结构同吹气方案8。吹气位置如图5-27所示，吹气量为2L/min。

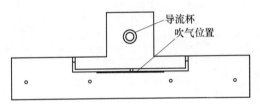

图5-27 吹气方案9气幕设置示意图

5.4.2.2 实验结果

试验结果见表5-10和表5-11。

表5-10 中间包包内吹气试验测定结果（中部水口）

吹气方案	吹气量/L·min⁻¹	滞止时间/s	平均停留时间/s	理论平均停留时间/s	死区体积/%
1	2	14	409.2	558.6	26.7
	3	13	398.1	558.6	28.7
2	2	23	420.8	558.6	24.7
	5	17	411.8	558.6	26.3
3	1	22	481.8	558.6	13.7
4	0.5	39	492.9	558.6	11.8
5	0.5	59	532.7	558.6	4.6
6	2	21	418.2	558.6	25.1
7	2	26	465.2	558.6	16.7
8	2	16	467.5	558.6	16.3
9	2	40	450.5	558.6	19.4

表 5-11　中间包吹气试验测定结果（边部水口）

吹气方案	吹气量/L·min⁻¹	滞止时间/s	平均停留时间/s	理论平均停留时间/s	死区体积/%
1	2	42	432.7	558.6	22.5
	3	21	416.1	558.6	25.5
2	2	38	421.5	558.6	24.5
	5	36	437.8	558.6	21.6
3	1	39	530.1	558.6	5.1
4	0.5	66	532.2	558.6	4.7
5	0.5	55	543.6	558.6	2.7
6	2	31	482.8	558.6	13.6
7	2	33	459.3	558.6	17.8
8	2	31	340.8	558.6	39
9	2	36	419.4	558.6	24.9

吹气方案 1 结果表明，以气幕代替原挡墙，中部水口的滞止时间没有改变，边部水口的滞止时间由原中间包的 75s 减小到 42s，两流平均停留时间趋于一致，死区较原中间包减少 2.7%（吹气量为 2L/min）。原因在于吹气带来的流动使加入的脉冲信号快速扩散，所以边部水口的滞止时间变短了，同时也活跃了挡墙区域的流场，使死区比例变小。同时可以看出，大气量吹气可以加快脉冲信号的扩散，使边部水口的滞止时间更短。吹气方案 2 结果表明，在中间包凸出部分设置气幕后与设置前相比较，中部水口滞止时间减少 17s，中部和边部两流滞止时间不一致，死区比例增加 9.5%（吹气量 2L/min）。当吹气量为 5L/min 时，滞止时间更加不一致，中部水口滞止时间更短。

吹气方案 3、4、5 旨在解决同一挡墙改进方案的两流滞止时间和平均停留时间不一致的问题，通过试验结果可以看到这三种方案都不同程度地缩小了两流的不一致。气幕的设置越靠近边部水口效果越好，在距边部水口 7.5cm 处两流的滞止时间和平均停留时间趋于一致，同时死区比例比改进方案 2 减少 5.35%，比原中间包减少 23.65%。

吹气方案 6、7 气幕设置的目的是延长该内部结构中间包两流滞止时间，减小死区比例。试验结果表明，采用吹气方案 7 滞止时间延长了 10s，平均停留时间趋于一致，死区减少约 6%。其原因是气幕设置于导流孔，有利于注流区流向水口区的钢流向液面流动扩散，延长了到达中部水口的时间，同时也活跃了中间包上部液体，减小了死区。

吹气方案 8 与没有吹气相比中部滞止时间变短，死区减少 16%，两流平均停留时间不一致的状况没有改善。而采用吹气方案 9，在保持滞止时间一致的基础上，平均停留时间也趋于一致，死区比例减少 21.5%。

综合分析上述试验结果可知，气幕挡墙是非常好的中间包冶金新方法，比中间包挡墙结构更加有利于改善中间包内部的流场和去除钢中的夹杂物，可以达到一般挡墙不能达到的效果。9 种试验方案中，吹气方案 5 为最佳选择。

5.4.2.3 气幕挡墙去除钢中夹杂物的工业试验

为了检验气幕挡墙的作用，本课题组在某钢厂进行了 4 次实验，分别对比采用气幕挡墙前后钢中夹杂物的变化，实验采用大样电解法进行夹杂物的分析，从四次实验结果看，夹杂物总量都有不同程度的下降：第一次试验降低 24.35%；第二次试验降低 25.19%；第三次试验降低 18.75%；第四次试验降低 25.28%。试验结果证明了气幕挡墙对夹杂物的去除是非常有效的中间包冶金方法。

5.5 中间包中钢液过滤技术

过滤是将悬浮在液体中的固相颗粒有效地加以分离的常用方法，通过过滤操作可以获得纯净的液体或获得作为产品的固体颗粒。工业上过滤涉及的范围很广——从简单的粗滤到高精复杂的分离。最早是以化学工业为主，将陶瓷过滤器广泛用于食品、医药、金属、粉料输送、环境卫生、降低噪声、放射性废料处理等领域。随着科学技术和工业生产的发展，人们对产品的质量要求越来越高。在冶金方面，自从 1964 年 K. L. Brondyke 等[29]发表了对熔融铝进行的过滤研究以来，过滤技术及相关工艺的研究取得了很大进展。冶金和铸造使用的过滤器可做如下分类：（1）网型过滤器，又称为二维过滤器；（2）芯型过滤器；（3）颗粒状过滤器；（4）多孔陶瓷过滤器。

1978 年美国的 F. R. Mollard 和 N. Davidson 在钢铁浇注系统中应用泡沫陶瓷过滤器获得成功[30]。日本、德国等国采用了"Selee"过滤器[31]，并开展了过滤铝液时其使用效率的研究。以后，这种过滤技术逐步由铸造铝合金的大生产推广到钢铁铸造行业。表 5-12 所示为冶金中使用过滤器的典型用途。

表 5-12 冶金中过滤器的典型用途

系统	所用金属种类	安装位置
在线连续系统	铝	熔炉与保温炉之间
	优质合金、不锈钢、碳钢	连铸中间包内
间歇浇注系统	铝、铜合金、锌合金、铸铁、铸钢	底部浇注流槽中
	优质合金	铸锭上部的中间包内

5.5.1 钢液用过滤器的主要类型

20 世纪 80 年代初，美国人首先将陶瓷过滤器技术用于高温合金的净化，使产品的质量有了很大改进。1983 年，日本开始开发过滤技术在炼钢中的应用，并在普碳钢连铸中进行半工业试验，试验规模达 200t 以上，脱氧效率达 40% 以上，其后钢液过滤技术在世界范围受到广泛的关注[32-34]。

国内近年来也开展了陶瓷过滤器的开发，针对泡沫陶瓷过滤器的材质选择、制造技术等开展了大量研究，已研制成功多孔泡沫陶瓷过滤器，并在高温合金和连铸钢液中试用，取得较好的效果。此外，董履仁等研究了 CaO 质直通孔型过滤器在连铸生产中的应用，也取得了较好的效果[35]。

和有色金属及铁水相比，钢液浇注温度高，过滤器工作条件更加恶劣；另外钢液浇注时间长，生产规模大，因此钢液过滤器必须满足下列工艺要求：

（1）耐高温。能在 1600℃ 高温下正常使用，能承受钢液通过过滤器时产生的热应力和机械冲击应力。

（2）浇注过程中能够抵抗渣的化学侵蚀，做到与中间包寿命同步。

（3）既要有效地去除夹杂物，完成过滤的任务；又要减少对钢液的阻力，以保证较高的生产率。

（4）保持温度稳定性，避免钢液通过过滤器后温度过度下降，以保证正常生产。

（5）安装使用方便，成本较低。

目前国内外实际用于钢液的过滤器的结构主要有两大类，即直通孔型[36]、线圈式和泡沫型[37]，其中线圈式和泡沫型属于一类。

直通孔型过滤器的形状如图 5-28 所示，用两层 100mm 厚的 CaO 过滤器叠合砌筑在 200mm 厚的挡墙上，形成上游 φ50mm、下游 φ40mm 的直通流道。当钢液流过直通流道时，可吸附其中的夹杂物。直通孔型过滤器安装在中间包内的挡墙上，兼有对钢液流动导向的作用。

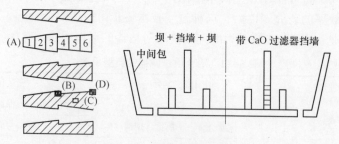

图 5-28　直通孔型过滤器

线圈式（图 5-29）或泡沫式过滤器都为深层过滤器。它们的共同特点是气孔率高，可达 60%~80%，比表面大，钢液流经的通道长，过滤效果比较显著。泡沫式过滤器能去除 65% 以上的 Al_2O_3 夹杂物；然而其阻力大，容易引起堵塞。因此，这种过滤器只能用于已去除大部分夹杂物的较清洁钢液，进一步去除微型夹杂物。

直通孔型过滤器的孔径一般在 10~50mm，由于孔径大，对钢液流动阻力小，所以具有理想的钢液通过速度，因此直通孔型过滤器一般能用于正常生产。然而也正是由于孔径大，孔隙的迷宫度小，所以其去除夹杂物的能力不如泡沫式过滤器。

过滤器的材质主要从过滤器的高温性能、成本以及对夹杂物的去除效率来考虑。目前泡沫陶瓷过滤器应用较多的材料是锆铝质过滤器（图 5-30）[38]。氧化锆是具有良好耐高温性和耐化学侵蚀性的耐火材料，但抗热冲击性能不好，添加少量的 CaO 或 MgO 可以改进其抗热震性能。此外在氧化锆中添加 35%的氧化铝制成的过滤器，具有极好的抗热震性能和耐火度。在 Al_2O_3 中加入一定量的氧化锆，也可形成锆强化氧化铝，改善氧化铝的抗热冲击性和耐火度，用以制成过滤器。

图 5-29 线圈式过滤器

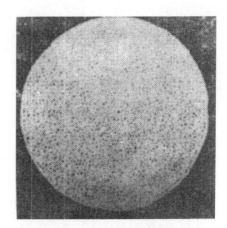

图 5-30 用于钢液过滤的
氧化锆-三氧化二铝泡沫型过滤器

氧化钙有很好的抗热震性能，对 Al_2O_3 夹杂物有强化学吸收作用，是一种理想的钢液过滤器材料。但氧化钙的缺点是易水化，通常加入 Fe_2O_3 等稳定剂后，可以提高氧化钙的稳定性。采用有效的防水化措施后，氧化钙将以其较高效率、低廉的价格成为一种理想的过滤器材质。

莫来石有较高的耐火度和很好的抗热震性，也可用来制造过滤器。

表 5-13 为常用的泡沫陶瓷材料的性能。选择过滤器材质还要考虑和中间包包衬材质，特别是挡墙材料的相互配合。

表 5-13 常用的泡沫陶瓷材料的性能

材质	莫来石	氧化铝	稳定 ZrO_2	Al_2O_3+ZrO_2
化学成分	. $3Al_2O_3 \cdot 2SiO_2$	≥99%Al_2O_3	ZrO_2+CaO（MgO）	35%Al_2O_3，65%ZrO_2

材质	莫来石	氧化铝	稳定 ZrO_2	$Al_2O_3 + ZrO_2$
最高使用温度/℃	1538	≥1649	1760	1704
抗热震性	很好	较好	好	很好

注：泡沫陶瓷材料的空隙率为 82%~90%，比表面积为 $1000cm^2/cm^3$。

5.5.2 钢液应用过滤器去除夹杂物原理

为了更好地发挥过滤器去除钢中非金属夹杂物的作用、在冶金生产中合理应用过滤器，需对过滤器特点和去除夹杂原理应进行深入研究。泡沫型过滤器去除夹杂物的能力强，但尚不适合连续生产，适宜应用于对清洁度要求特别严而产量不大的钢和合金；直通孔式过滤器可应用于连铸中间包，但其过滤效率还不够高。因此，对过滤器去除夹杂物的原理需要更全面研究。

5.5.2.1 泡沫陶瓷过滤器过滤原理

泡沫陶瓷过滤器去除钢中非金属夹杂物的原理为：

（1）对微小夹杂物的吸附作用。当金属液流经结构复杂的泡沫陶瓷过滤器内部时，被分割成许多细小的液流，增大了钢液中夹杂物与过滤介质的接触面积和接触机会，由于过滤介质表面对夹杂物的润湿性能好，超过钢液和夹杂物间的润湿作用，夹杂物有自发脱离钢液的趋势，再加上过滤通道是极微小的凸凹面，对夹杂物有很好吸附截留作用。

（2）滤饼作用。当钢液通过过滤器时，由于过滤器的机械分离作用，可把大于过滤器表面孔径的夹杂物滤除，并使之沉积于过滤器表面。随着夹杂物在过滤器表面堆积数量的增多，逐渐形成一层"滤饼"，使流通孔道进一步变细，因而在新增过滤介质表面可滤除更为细小的夹杂物。与此同时，过滤作用也在贯穿于陶瓷体中的众多小孔隙中，有的呈现微小狭缝，有的存在盲孔，这些不同的区域都是截留夹杂物的可能位置。

泡沫陶瓷过滤器的过滤过程是非常复杂的，既有机械阻挡去除，又有夹杂物在过滤器孔内通过碰撞、聚合和沉积等机理与过滤器壁结合，同时也有固态夹杂物与过滤器壁的碰撞烧结，及滤饼效应等。由于这种过滤器通道窄小，而且随着过滤的进行，孔径进一步减小，通道阻力逐渐增大，经过不很长的时间可能被堵塞，这时就需要更换过滤器或停止浇注。因此，泡沫过滤器适用于间歇式生产操作。

5.5.2.2 CaO 直通孔过滤器过滤原理

CaO 直通孔型过滤器作为去除钢液中非金属夹杂物的有效手段，目前已应用于连铸中间包。一般来讲，中间包中钢液过滤器去除夹杂物的机理可分为两类（图5-31）：一类是过滤器本身的过滤作用，即直接去除夹杂物；另一类是过滤器通过改善钢液流动状况来促使夹杂物碰撞、聚合、上浮而去除，是间接去除夹杂物。

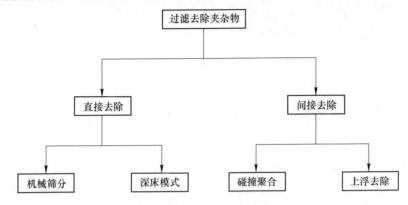

图 5-31　过滤去除夹杂物方式的分类

（1）化学反应的作用。钢液通过 CaO 直通孔式过滤器时，被分成了众多的管流，增大了钢液中的夹杂物与 CaO 壁面接触的机会。首先，由于钢液流动的径向脉动速度，推动钢中非金属夹杂物向过滤通道壁面扩散。另外在过滤通道中，液液的速度梯度大，夹杂物间容易产生梯度碰撞而长大，增强向过滤器表面扩散的趋势。特别是通道处于水平状态时，长大的夹杂物容易浮升到通道表面。夹杂物到达过滤器表面后，与过滤器材质 CaO 发生化学反应，可生成低熔点的复合氧化物，如铝酸钙夹杂物[14]。液态夹杂物进一步凝并长大，反应产物脱离过滤器壁面而进入钢液中，上浮分离；或沉积在过滤器表面上而脱离钢液。图 5-28 所示的 CaO 过滤器在使用后，分别分析（A）处 1~6 部分 Al_2O_3 的含量，结果表明其 Al_2O_3 平均含量由使用前的 0.5%，提高到 1.6%。同时在（B）、（C）、（D）各点取试样，分析发现表层 10mm 的 Al_2O_3 含量比原始含量高 3%~4%，用电子探针检测为 $12CaO \cdot 7Al_2O_3$，证明 Al_2O_3 夹杂确实是吸附在 CaO 过滤器通道表面上[35]。

由于高温下化学反应速率较快，因此其过滤效果主要取决于夹杂物向壁面的扩散以及反应产物的去除。

（2）流动控制作用[39]。直通孔过滤器安装在中间包内的挡墙或隔墙上，成为钢液的导流孔洞，对包内钢液流动状态有很大影响。由于隔墙或挡墙的阻碍，在过滤器上游区域加强了钢液流动的湍动能，促使夹杂物的碰撞长大；经过过滤器后，钢液流动趋于平稳，减少了液面波动，有利于夹杂物的上浮。对过滤器直通孔的大小和布置方法，可利用数学模型和物理模型研究，设计出符合需要的钢液流动方向，使之更适合于夹杂物去除的要求，以及较理想的各个水口出流的条件。这种流动控制作用，已在第4章做了详细的讨论。

5.5.3　钢液过滤器的使用效果

以前钢液过滤技术主要在电炉冶炼合金钢的模铸时使用。而在连铸中间包内，尤其在生产纯净度要求较高的钢种时，石灰质直通孔型过滤器的应用范围不断扩大，效果不断提高。表 5-14 综合了各种钢液过滤器的使用情况[40]。

表 5-14　各种钢液过滤器的使用情况

材质	结构	安装	过滤钢液量/t	效　果
铝锆质	泡沫 25PPI	水平	0.025	总氧去除 90%
铝锆质	泡沫 5PPI	水平	50	总氧去除 40%
铝锆质	陶瓷条	水平	0.025	总氧去除 72%~84%
$Al_2O_3+ZrSiO_4$	多孔 $\phi21mm$	水平	13.3	总氧去除 23%，夹杂减小 31%
铝锆质	多孔 10、15、25 目	垂直	220	总氧降到小于 10^{-4}%
铝锆质	$\phi5mm$ 陶瓷条	垂直	0.4	酸不溶铝去除 20%
铝锆质	$\phi2mm$ 陶瓷条	垂直	0.4	酸不溶铝去除 80%
石灰质	直通孔	垂直	350	夹杂物去除 20%~40%
石灰质	直通孔	垂直	9240	夹杂物去除 4.0%~33.3%
石灰质	直通孔	垂直	14	夹杂物去除 4.0%~36.96%
石灰质	填充床		1	夹杂物去除 50%~70%

新日铁的涂嘉夫对钢液过滤效果进行了较系统的研究[41]，图 5-32(a) 所示为实验室装置，图 5-32(b) 所示为工业试验装置；图 5-33 所示为去除夹杂物的效果及其和流速的关系，图中还给出了由于浮力、拦截和惯性等作用引起的夹杂去除率的变化。η_g 表示浮力产生的过滤效率，η_t 表示拦截形成的过滤效率，η_i 表示惯性引起的过滤效率。由图可见，流速低（<2cm/s）由浮力产生的过滤能力相当大，而高流速时，理论上拦截在总过滤效率中所起作用最大。图 5-34 所示为使夹杂物颗粒附着在过滤器上的六种可能的力。除图 5-34 中的可能的三种力外，还有表面张力、扩散和流体力学效应等，但主要的是浮力、拦截和惯性三种。实际试验数据表明，在流速 2~8cm/s 时去除夹杂效率最低。流速 10cm/s 可达到理论上的过滤效率。

总之，过滤技术无疑是去除钢液中夹杂物的有效手段，在中间包挡墙上安装 CaO 直通孔式过滤器，是同时改善钢液流场和去除夹杂物的有效措施。虽然其过滤效率尚不够高，但比仅仅采用坝和挡墙等控流装置优越。而陶瓷过滤器，其过滤效果是肯定的。但是不应期望应用过滤器去除大量的夹杂物，应当用其他措施尽可能多去一些夹杂物，剩余的难去除的夹杂物，如小型氧化铝夹杂，再通过陶瓷过滤器去除。如能解决在线更换问题，泡沫陶瓷过滤器的应用范围能进一步扩大。

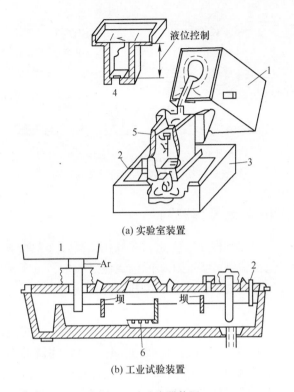

(a) 实验室装置

(b) 工业试验装置

图 5-32　过滤器装置

1—钢包；2—热电偶；3—结晶器；4—陶瓷过滤器；5—中间包；6—挡墙和过滤器

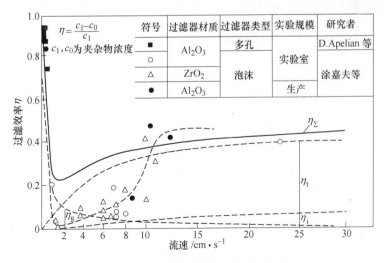

图 5-33　泡沫过滤器去除夹杂物的效果

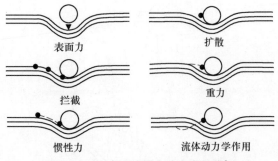

图 5-34   深床过滤器去除夹杂物模型

5.6   中间包内钢液卷渣及其控制

为了在连铸过程中起到保温、防止二次氧化、吸收夹杂物等冶金作用，连铸生产必须使用中间包覆盖剂。但是在中间包浇注过程中，也常常发生钢液卷渣现象，在钢中形成大型夹杂物，因此有必要开展防止在浇注过程中发生卷渣现象的技术研究。

影响中间包钢液卷渣的主要流动因素有：（1）钢渣界面流动的剪切力和表面波，主要是钢包注流的冲击引起的表面波动；（2）注流冲击区的湍流，由于注流形成的液液射流的影响，将表面渣卷入钢液内部；（3）中间包水口处的汇流旋涡。汇流旋涡的生成是使中间包覆盖剂卷入结晶器内的重要原因，尤其是在中间包液位较低时。因此，减少中间包卷渣的主要方法为：（1）降低钢包注流对中间包液面的冲击扰动，减少表面覆盖渣的卷入；（2）改善中间包内流动，使被卷入的渣在中间包中上浮分离；（3）减轻汇流旋涡的有害作用。

5.6.1   采用长水口或套管向中间包注入钢液

中间包保持正常液位时，钢包为敞开浇注，注流有极大的流速，产生冲击力引起液面强烈波动，沿钢渣界面产生剪切力，把渣子卷入钢液。当中间包的注流采用长水口或套管保护时，注流引起的液面表面波动明显减轻，钢渣界面剪切力减弱，钢液卷渣明显减少。本课题组对国内某厂中间包注流卷渣进行研究，研究结果表明，若上水口钢流过大，渣面被冲开区域较大（图 5-35(a)），使表面钢水发生二次氧化现象；上水口钢流适当减小时，渣面被冲开区域会有所减小（图5-35(b)）。

5.6.2   保持一定的液面深度

汇流旋涡是产生中间包钢液卷渣的主要原因，由前面分析可知，产生汇流旋涡有一定的临界高度，低于其临界高度必然产生汇流旋涡。这一点在更换钢包时

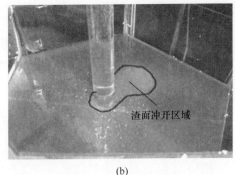

(a)　　　　　　　　　　　　　　　　(b)

图 5-35　冲击区水流大小和渣面冲开区域的比较

（a）冲击区水流过大时，渣面冲开区域较大；（b）冲击区水流减小时，渣面冲开区域减小

尤其需要注意。本课题组利用物理模拟的方法研究了国内某厂中间包浇注结束时的卷渣行为，研究结果表明，在图 5-36（a）所示浇注结束注入区油水界面降到80mm，即挡坝上沿时，渣全部进入浇注区，挡坝后渣钢界面运动剧烈，易造成卷渣；且在继续浇注过程中，两挡坝间钢液不能流到浇注区，形成大量残钢。在图 5-36（b）所示浇注区油水界面降到68mm处时，塞棒处出现活动渣滴，会严重影响进入结晶器钢液质量。

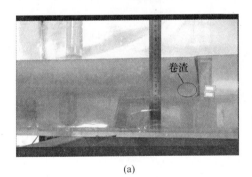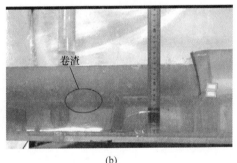

(a)　　　　　　　　　　　　　　　　(b)

图 5-36　产生汇流旋涡的钢液临界高度的物理模拟

（a）中间包油水界面降到80mm；（b）中间包油水界面降到68mm

为了减少钢液卷渣，必须保证钢液面高于产生旋涡的临界高度。对于质量要求特别严格的钢种，中间包液面应该比上述高度还要高出许多，因为在显著的旋涡漏斗形成前，在钢液内已有多次不稳定的涡丝生成。对于质量要求一般的钢种，中间包液面也不能低于上述临界高度。我国许多小连铸机的中间包容量很小，液面高度不够，特别在换包时极易卷渣。如厂房、设备有可能，应该增加中间包熔池深度；或采用局部性降低包底，以增大水口区钢液深度的方法。

5.6.3　旋涡控制装置

为了减少夹渣，减弱以致消除汇流旋涡的产生，可以选用下述几种较典型的抑制汇流旋涡装置。

5.6.3.1　浮游阀法

浮游阀（floating valve）的作用机理类似于转炉出钢时使用的挡渣球或挡渣塞。如图 5-37 所示[42]，在中间包水口上方设置一个浮游阀，阀体的密度介于钢液与熔渣之间，材质为氧化铝质浇注料，带铁芯。在注毕 10min 前将浮游阀投入水口正上方，随液位的下降，浮游阀也不断下降，待钢液浇注完毕，阀体将水口堵塞，借此可有效地减少卷入中间包渣的数量。此法可提高更换钢包时的两包交接处的铸坯清洁度，其效果如图 5-38 所示。值得注意的是，使用该方法时，应与中间包滑动水口配合使用，阀体应与水口尺寸较好配合。目前阀体有盘状、圆锥和棱锥等各种形式。

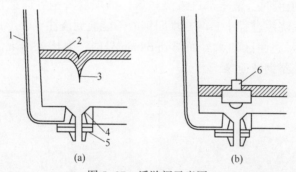

图 5-37　浮游阀示意图

1—包壁；2—渣层；3—汇流旋涡；4—水口；5—滑板；6—浮游阀

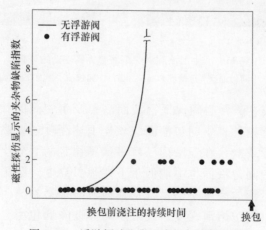

图 5-38　浮游阀减少卷入中间包渣的效果

5.6.3.2 旋转阀

旋转阀[43,44]（rotary valve）是英国钢铁公司与索尔陶瓷公司共同研制成功的一种新型中间包钢流控制系统，如图5-39所示。

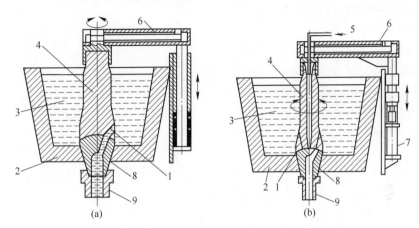

图 5-39 旋转阀示意图

1—棒孔；2—中间包；3—钢液；4—旋转塞棒；5—吹氩管；6—升降机构；

7—液压缸；8—圆顶水口；9—浸入式水口

该系统由两个耐火材料构件和一套操纵机构组成。其特点是下部圆形水口固定，而通过旋转塞棒控制钢液流量大小，其出钢口上口开在旋转塞棒侧面。水模型实验表明，旋转阀能够有效地抑制旋涡的产生。实验证明，钢轨钢中氧化物夹杂的含量，用旋转阀浇注比用定径水口浇注时降低44%。

5.6.3.3 旋转管阀

旋转管阀[45]RTV（revolving tube valve）是德国Didier耐火材料公司开发的一种新型中间包控流装置，其安装与工作原理如图5-40所示。

该系统由两个均开有水平侧孔的同心耐火材料管组成，下管固定在中间包包底，而上部管通过操纵机构做升降运动，与下管实现连接或分离。在浇注过程中通过上管旋转运动完成开闭以及钢液流量的调控。由于水平出流不形成汇流旋涡，RTV装置可有效地消除旋涡的影响，减少卷渣危害，提高钢的收得率和洁净度。

5.6.3.4 双功能塞棒

北京科技大学黄晔开发研究的双功能塞棒DFS[46]如图5-41所示。按照对水口上方流速分布的测试结果，塞头直径应比水口内径大2倍以上，塞头上有抑制旋涡的结构。这种塞棒也可有效地降低产生汇流旋涡的临界高度，减少钢液的卷渣危害。

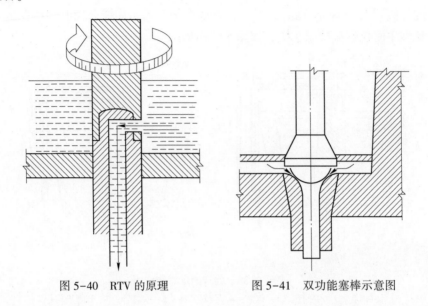

图 5-40　RTV 的原理　　　　图 5-41　双功能塞棒示意图

5.6.3.5　钢流卷渣的检测

上述各种抑制汇流旋涡的措施，设备较复杂，而且在浇注后期由于钢液的侵蚀磨损，抑制功能下降。所以早期检测出钢流混渣的现象，及时停止浇注，对保证钢坯质量十分重要。早期的卷渣都包裹在钢流中心，目测无法看出，必须使用仪器。最值得注意的是电磁检测法，其原理如图 5-42 所示。在钢流周围放置两个单匝线圈或双匝线圈，由于钢和渣的透磁性相差很大（近 1000 倍），产生的感应电流电压有很大差别，将输出信号放大后，可发出声光报警信号并启动阀门将注流关闭。

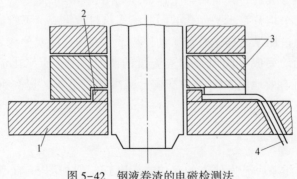

图 5-42　钢液卷渣的电磁检测法
1—包底；2—传感器；3—座砖；4—导线

电磁检测有不同的类型，其中在国际上应用最广的是 AMEPA 型。它是德国亚琛工业大学与 Didier 耐火材料公司合作开发研制的商品，包括传感器和仪表。传感器包括产生和接收信号的线圈，封装在圆形容器内，可直接安装在水口座砖下部或上滑板附近，通过电缆将信号输送给仪表。据 1994 年统计，有 1022 个钢包和 125 个中间包装有 AMEPA 系统。因为导致二次氧化的 FeO+MnO 是从钢包进入中间包的，所以控制好钢包注入中间包的钢液卷渣，必然能降低钢水的总氧量，提高连铸坯的纯净度。

5.7 夹杂物形态控制

多年来对喷射冶金的研究已知，向钢中加入 Ca 或者加入 CaO 基的合成渣，使 Al_2O_3 夹杂转变为含高 CaO($\geq 50\%$) 的钙铝酸盐，如形成 $12CaO \cdot 7Al_2O_3$，其熔点为 1450℃，在钢液中为液态，容易上浮，可提高钢的清洁度。即使部分 $12CaO \cdot 7Al_2O_3$ 夹杂仍残留在钢中，由于它的硬度比 Al_2O_3 低，且为球状，对钢的危害较小。

加钙措施多在钢包精炼时进行。如果将钢包成分微调技术应用于中间包，在中间包加入的易氧化元素（如 Ti、Al、Ca）或微量元素（如 B、V），那么与污染源（如渣、包衬、空气）接触的机会和时间相对较短，有利于这些提高元素的收得率。但是使用这些技术时，必须考虑中间包作为连续式冶金反应器的特点。

目前，已有人在中间包中应用包覆线喂丝技术，其优点是合金的二次氧化损失比钢包喂丝时小。比利时 CRM 对这方面技术做了系统研究，并在意大利塔兰托钢厂推广了喂硅钙钡丝控制夹杂物成分和形态的技术，在特尔尼钢厂完成了喂铝线进行微合金化的工作[47]。硅钙钡线在中间包内喂入，由于中间包熔池浅（0.4～0.6m），钢液停留时间不长，所以在喂线时利用盘形导管将包覆线卷成螺旋形，如图 5-43 所示。

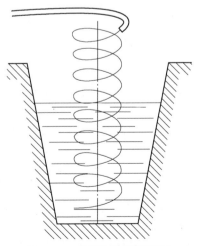

图 5-43　中间包中喂丝装置

包覆线中粉剂含 $15\% \sim 20\% Ca$、$14\% \sim 18\% Ba$、$55\% \sim 60\% Si$。包覆线直径有 9mm 和 11mm 两种。卷成螺旋的外径 250mm、螺距 100mm，其大小可根据中间包熔池深度、钢水成分和温度进行调整。喂线速度 $20 \sim 30m/min$，可加入 Ca 达 $0.15 \sim 0.23 kg/t$。由于加入钙钡后夹杂物变成球形的铝酸钙，钢板的横向性能有所改进，故可满足管线用钢 API-X75 的要求。

中间包喂丝法进行微合金化，具有二次氧化轻微、合金收得率高等优点；但是准确控制成分较困难。在中间包用喂钙丝使 Al_2O_3 夹杂改变形态，减轻水口堵塞，在一些没有条件实行保护浇注的钢厂，还是有可能应用的。在采用中间包喂丝技术前，应先通过改进中间包设计，改善均匀性。

5.8 本章小结

本章对中间包中钢液的二次氧化和夹杂物控制进行了系统的分析和阐述。通过论述夹杂物的来源，为更好地从源头减少夹杂物提供了依据。对夹杂物在中间包钢液中运动规律的研究，可以为我们更好地在中间包中控制夹杂物、充分发挥中间包冶金的功能提供帮助。

本章中关于弥散微小气泡的产生和去除微小夹杂物的机理研究，不但为中间包中去除微小夹杂物提供了一个新的思路，也为在整个炼钢过程中去除和控制微小夹杂物提供了一个新方法。气幕挡墙的系统试验研究工作，也是本书的特色之一，能够为中间包冶金的研究者提供一些参考和依据。

钢液过滤技术也是作者关注和研究的内容之一，虽然由于炼钢生产的大批量性，使过滤技术在中间包冶金中的应用受到限制，但是从传统过滤技术引伸出的其他过滤新技术一定会不断发展的。

关于中间包中钢液卷渣现象，已经受到了广泛关注，与其相关的中间包冶金技术今后会不断推广应用。但是中间包中夹杂物形态控制技术目前还受到一定限制，需要进一步开发变形合金的加入技术和均匀化技术。

参 考 文 献

[1] 张乐辰，包燕平，王敏，等. TP347H 精炼渣二次氧化控制及夹杂物变性处理 [J]. 工程科学学报，2016，38（S1）：1-7.

[2] 王敏，包燕平，赵立华，等. 钢液中夹杂物粒径与全氧的关系 [J]. 工程科学学报，2015，37（S1）：1-5.

[3] 王毓男，包燕平. BN 型易切削钢中夹杂物的控制及对切削性能的影响 [J]. 钢铁研究学报，2017，29（5）：382-390.

[4] 王皓，包燕平，王敏，等. 夹杂物对厚规格 X80 热轧钢带 DWTT 性能的影响 [J]. 工程

科学学报，2018，40（S1）：1-10.

[5] 郭宝奇，包燕平，林路，等.提高 20Mn2 钢洁净度的关键技术［J］.炼钢，2015，31（2）：9-12.

[6] 陈霄，包燕平，李任春，等.IF 钢开浇阶段铸坯洁净度分析［J］.钢铁研究学报，2017，29（4）：281-286.

[7] Wang, Bao, Cui, et al. Surface cleanliness evaluation in Ti stabilised ultralow carbon（Ti-IF）steel［J］. Ironmaking & Steelmaking, 2011, 38（5）: 386-390.

[8] 长隆郎ら.表面活性成分を含む溶铁の窒素吸收速度にする研究［J］.鉄と鋼，1968，54：19-34.

[9] 城田良康.高纯度钢溶制のための连续铸造技术［C］.第143，144回西山纪念讲座，1992.

[10] 吴宗双，包燕平，刘建华，等.长水口氩封保护浇注对车轮钢 $\phi450mm$ 圆坯质量的影响［J］.特殊钢，2007（2）：54-55.

[11] 曲英.流动熔体中非金属夹杂物的运动和碰撞现象［C］.见：庆祝林宗彩教授八十寿辰论文集.北京：冶金工业出版社，1996：59-65.

[12] 杨伶俐，包燕平，刘建华，等.连铸中间包覆盖剂冶金效果分析［J］.炼钢，2007（2）：34-37.

[13] Cramb A W, Byrne M. Tubdish slag entrainment at Bethlehem's Burns Harbor Slab Caster［C］. Steelmaking Conference Proceedings, 1986：719-735.

[14] Zhang L F, Cai K K, Qu Y. Mathematical model of collision and coagulation between solid inclusion of steel in tundish of continuous casting［C］. International Symposium on Multiphase Fluid, Non-Newtonian Fluid and Physicochemical Fluid Flow, Beijing, 1997：3-40.

[15] Zhang L, Taniguchi S. Fundamentals of inclusion removal from liquid steel by bubble flotation［J］. International Materials Reviews, 2000（2）：59-82.

[16] Davies J T. Turbulence Phenomena［M］. Academic Press, 1972：127-129.

[17] 唐复平，刘建华，包燕平，等.钢包保护套管中弥散微小气泡的生成机理［J］.北京科技大学学报，2004（1）：22-25.

[18] 包燕平，刘建华，徐保美.一种在中间包钢液中产生弥散微小气泡的方法［P］.CN1456405，2003.

[19] Bao Y P, Liu J H, Xu B M. Behaviors of fine bubbles in the shroud nozzle of ladle and tundish［J］. Journal of University of Science and Technology Beijing（English Edition），2003，10（4）：20-23.

[20] 崔衡，包燕平，冯美兰，等.气幕挡墙及挡坝结构对中间包流场的影响［J］.铸造技术，2012，33（2）：189-191.

[21] 包燕平，唐复平，崔衡，等.一种连铸中间包气幕挡墙去除非金属夹杂物的方法［P］.CN101121199，2008.

[22] 包燕平，李怡宏，王敏，等.一种用于去除中间包钢液夹杂物的吹气精炼装置及方法［P］.CN102764868A，2012.

[23] Wang L H, Lee H, Hayes P. Prediction of the optimum bubble size for inclusion removal from

molten steel by flotation［J］. ISIJ International, 1996, 36（1）: 7-16.

［24］Sevik M, Park S H. The splitting of drops and bubbles by turbulent fluid flow［J］. Journal of Fluids Engineering, 1973（1）: 53-60.

［25］Evans G M, Jameson G J, Atkinson B W. Prediction of the bubble size generated by a plunging liquid jet bubble column［J］. Chemical Engineering Science, 1992（13-14）: 3265-3272.

［26］Clift R, Grace J R, Weber M E. Bubbles, Drops, and Particles［M］. Academic Press, 1978: 130-131.

［27］Wang L, Hae-Geon L, Hayes P. A new approach to molten steel refining using fine gas bubbles［J］. ISIJ International, 1996, 36（1）: 17-24.

［28］Peebles F N, Garber H J. Studies on the motion of gas bubbles in liquids［J］. Chemical Engineering Progress, 1953, 49（2）: 88.

［29］Apelion D. A critical review and update［C］. Electric Furnace Conference Proceedings, 1988: 375-388.

［30］Mollard F R, Davidson N. Ceramic foam—A unique method of filtering molten aluminum in the foundry［C］. AFS Conferences, 1978.

［31］Jones S C. Effects of process parameters on the removal efficiency of inclusions from steel using selee ceramic foam filters［C］. Electric Furnance Conference Proceedings, 1988: 407-416.

［32］Ali S, Mutharasan R, Apelian D. Physical refining of steel melts by filtration［J］. Metallurgical Transactions B, 2007（4）: 725-742.

［33］Cummings M A. Application of ceramic foam filters in continuous casting［C］. Continuous Casting. Electric Furnace Conference Proceedings, 1988: 445-452.

［34］山田桂三, 渡部十四雄, Fukuda K, et al. Decreasing of non metallic inclusions in tundish with ceramic filter（Steelmaking, The 110th ISIJ Meeting）［J］. Tetsu-to-Hagane, 1985, 71（12）: S992.

［35］蒋伟. 中间包挡墙使用 CaO 过滤器钢中夹杂物行为研究［C］. 全国第八届炼钢年会论文集, 1994.

［36］Noguchi K. Reduction of inclusion by CaO-filter tundish dam［C］. Electric Furnace Conference Proceedings, 1988: 403-406.

［37］Uemura K. Filtration of Inclusion in Steel［C］. Electric Furnace Conference Proceedings, 1988: 453.

［38］Wieser P F. Fundamental Considerations in Filtration of Liquid Steel［C］. Steelmaking Conference Proceedings, 1986: 969.

［39］Gairing R W, Bosomworth P A, Cummings M A. Inclusion filtration technology applied to strand cast steels［C］. Steel making Conference Proceedings, 1992.

［40］周智清. 中间包流体流动及夹杂物去除的研究［D］. 北京: 北京科技大学, 1997.

［41］涂嘉夫, ほか. ヤラミックフィルターによるアルミキルド钢の介在物除去［J］. 鉄と鋼, 1986, 72: S205.

［42］妙中隆之ら. 取锅スラダ流入防止技术开发の开发［J］. 鉄と鋼, 1986, 72: S259.

［43］Purdie J, McPhersom N A. The development and operational experience of rotary valve for tundish flow control ［C］. Steelmaking Conference Proceedings, 1988: 447-451.

［44］ McPherson N A, Lee S J. Continuous casting refractories for improved operating and quality performance ［J］. Ironmaking & Steelmaking, 1990, 17: 43-45.

［45］ Berhdt M. Revolving tube valve-experience with a new teeming system. ［J］. MPT, 1993 (4): 98-100.

［46］ 黄晔. 防止盛钢桶和中间罐出流中卷渣的装置 ［P］. CN1067597, 1993.

［47］ Tolve P. A. Perspectives on tundish metallurgy ［C］. Steelmakintg Conference Proc, 1986: 689-697.

6　中间包钢液温度控制及加热技术

随着连铸技术的发展，中间包内钢液温度的控制越来越重要。中间包钢液的恒温低过热度浇注技术，不仅是控制连铸坯凝固组织和质量的最重要因素之一，也是保证连铸坯质量稳定性的重要保证。通过控制中间包内部流动着的钢液温度以及过热度不仅能使得生产效率提高，同时还能达到改进凝固组织、提高钢材成品质量的目的。但是，在浇注过程中，存在着固有的温度损失，特别是钢包和中间包的熔池表面与耐火材料包壁的热损失，导致钢包到中间包内钢液的温度是不断变化的。因此，如何有效地控制钢液在中包内的温度分布及钢液过热度，成为控制铸坯结构和质量的一个重要参数。

本章阐述了中间包内钢液温度控制，并对中间包加热技术进行了讨论。

6.1　中间包内钢液温度控制

中间包内钢液温度的基础是浇注温度的确定，以及对热量损失的定量分析，本节对此进行论述。

6.1.1　对中间包内钢液温度的要求

中间包是储存、分配钢液的最后一个耐火材料容器，中间包流出的钢液温度就是钢的浇注温度。作为冶炼与连铸的中间环节，中间包在钢的生产过程中起着承上启下的作用，中间包中钢液温度调整作用越来越被人重视。中间包中钢液温度过低，会造成连铸后期钢液流动性差，钢中夹杂物增多，甚至产生水口堵塞等事故。而钢液温度过高，一方面会迫使出钢温度提高，增加生产成本；另一方面会导致铸坯中心偏析加重，坯壳较薄而出现裂纹，耐火材料损耗严重等影响钢质量；此外，还限制了连铸机拉速的提高，增加了拉漏危险等。因此，中间包中钢液温度是连铸操作制度的核心，是提高连铸坯质量的重要保障。

合格的钢液温度是指出钢时符合工艺要求的温度。出钢温度的制定，要根据中间包钢液的目标温度（所生产钢种的液相线温度加上合适的过热度）并考虑到出钢至浇注过程各环节的温降来确定。钢液过热度过高或过低对钢的生产都不利。表6-1为中间包中钢液过热度过高或过低对连铸的影响。

在装备水平和管理水平较差的炼钢车间，由于对出钢后的温降难以准确把握，虽然也知道高过热度浇注不利于钢质量，但为了保证生产顺行，往往倾向偏高的钢液过热度。这导致耐火材料侵蚀严重，钢的二次氧化加剧，钢中夹杂物增多。考虑到多炉连浇和多水口浇注的操作，钢液过热度还应保持稳定。总之，应使钢液过热度无论在空间上或在时间上都近于稳定状态。因此，对中间包钢液温度的变化规律及其控制的研究就显得尤为重要。

表6-1 中间包钢液过热度对连铸操作及钢质量的影响

高过热度	低过热度
降低拉速	拉速可以提高
增加拉漏危险	拉漏几率较小
柱状晶发达，中心等轴晶区小	柱状区小，等轴晶区大
中心偏析严重	中心偏析减轻
夹杂物容易上浮，但二次氧化倾向严重	夹杂物不易上浮

6.1.2 中间包钢液热损失的途径

在中间包内钢液的热损失包括以下三个方面：

（1）包衬的吸热；

（2）通过包壁向外界传导等方式传热；

（3）钢液（渣）表面的辐射和对流传热。

李顶宜[1]对中间包储钢期和浇注过程中各项热损失进行了计算，见表6-2和表6-3。

表6-2 中间包储钢期钢液热损失分布

工况	包衬蓄热/%	上表面辐射/%	上表面对流/%	包壁散热/%	总散热/%	钢液温度/℃
冷包（20℃）	52.27	45.72	2.01	0	100	1520.0
温包（100℃）	51.64	46.00	2.02	0.34	100	1520.5

表6-3 中间包浇注过程中钢液热损失分布

工况	包衬蓄热/%	上表面辐射/%	上表面对流/%	包壁散热/%	总散热/%	吨钢温降/℃
炭化稻壳保温	63.20	29.00	7.10	0.70	100	8.81
无盖无保温	12.62	82.69	4.36	0.33	100	43.35

职建军[2]也计算了中间包各项热损失在浇注过程的分布情况。包衬为黏土砖，钢液面用炭化稻壳保温，上表面平均温度500℃。计算所得结果见表6-4。

两个计算数据虽有差异，但是有共同的规律：

（1）包衬蓄热所占热损失的比例最大，是钢液温降的主要原因；在浇注期内需要靠钢液带入的热来补偿。

（2）钢液面上无保温层覆盖时，其辐射热损失也很大；浇注期不加保温剂覆盖，只是为了说明问题的一种假定计算；但储钢期不及早加保温剂覆盖，其辐射热损失也很可观。

（3）炭化稻壳是一种有效的保温剂，含固定碳 45% ~ 55%，密度 70 ~ 100kg/m³，热导率 0.023 ~ 0.035W/(m·K)，而且价格便宜。

（4）包衬耐火材料的传导传热引起的热损失所占比例很小，见表6-4。

表6-4　连铸过程各时间的中间包钢液热损失

浇注时间/h	包衬蓄热/%	上表面辐射/%	上表面对流/%	包壁散热/%	总散热/%
1	90.28	4.95	2.65	2.12	100
2	85.94	7.17	3.83	3.06	100
3	83.94	8.23	4.40	3.43	100
4	82.00	9.18	4.90	3.92	100
5	80.45	9.97	5.32	4.26	100
6	79.15	10.63	5.68	4.54	100

6.1.2.1　中间包包衬的热工特性

材料的蓄热能力由其密度、比热容和所在位置的内外温度差决定。减小耐火材料的密度可以降低包衬的蓄热。为此目的研制的绝热板砌筑中间包，是减少包衬蓄热的有效方法。但绝热板存在强度较低，对钢质量有影响等缺陷，有的中间包仍然用耐火砖砌筑，有的则用不定型耐火材料制造。

中间包包衬的蓄热和传热是同时进行的，同样是降低钢液温度的因素。因此把两种热损失综合来考虑，称之为包衬的热工特性。对包衬热工特性的研究，可在包衬不同深度处埋热电偶，以记录不同层面的温度变化，作出判断。图6-1所示为热电偶埋入情况的一例。

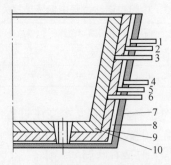

图6-1　中间包衬内埋入热电偶示意图

1~6—热电偶；7—钢壳；8—保温层；9—永久层；10—工作层

　　李顶宜对小方坯连铸中间包的热工特性进行了研究[1]。包衬工作层用绝热板，热电偶埋设两层，一层位于绝热板和砂层界面，另一层位于砂层和永久层界面。图6-2所示为连浇两包钢时测量和计算的包衬温度分布。浇注初、中、末期分别指开浇后5min、35min、70min。由图可见，中间包开浇初期，包衬温度上升缓慢；在第一包浇注末期以后，绝热板和砂层、砂层和永久层交界面温差250～300℃，中间包外壳温度即使连浇三包也只有100℃左右。这表明硅质绝热板和砂层的绝热效果很好，而且包衬蓄热已近饱和。

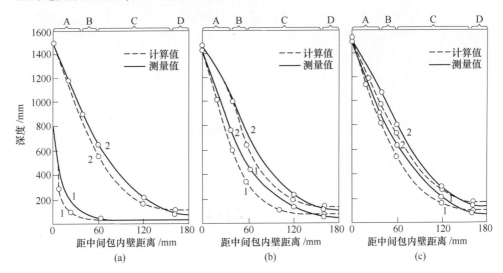

图6-2　连浇两包钢时测量和计算的包衬温度分布
（a）浇注初期；（b）浇注中期；（c）浇注末期
1—外层热电偶；2—内层热电偶
A—硅质绝热板；B—砂层；C—耐火混凝土；D—钢板

　　职建军[2]对板坯连铸中间包包衬的热工特性做了研究。工作层为黏土砖，其热物理性质为 $\lambda = 1.40W/(m \cdot K)$，$\alpha = 6.6 \times 10^{-7} m^2/s$。埋入热电偶四组，每组三层，最深的层面距钢液70～80mm。测定结果表明，整个浇注过程内各点温度均呈上升趋势。在连浇8炉后，包衬蓄热仍未饱和。上述两个测定结果有出入，可能和包衬材料有关，也可能和测定方法有关。由于包衬热工特性对钢液浇注温度控制的重要意义，以及各厂的中间包条件各异，针对自己的情况进行中间包包衬热工特性的测定和研究是很必要的。

　　对于非绝热板砌筑的中间包，使用前进行烘烤是改善其热工特性的必要措施。烘烤时间和温度对钢液温度有影响。倪满森认为[3]，砖衬的烘烤状况应以工作砖衬与永久砖衬界面的温度来衡量，不应单从包衬表面温度判断。他们同时都肯定提高烘烤温度对减少钢水温降有益。

6.1.2.2　钢液通过覆盖渣层的热损失

炭化稻壳有良好的绝热特性，用它作为钢液覆盖层保温效果好。但为了吸收浮出的夹杂物和减轻钢液二次氧化，钢液面应覆盖渣层，理想的状态应该是上层为颗粒态，中层半熔融态，下层为液态。

计算渣层传热涉及相变，通常均要做简化处理。张再华[4]将它作一维不稳态导热处理，在顶部边界用无限大平板辐射计算其热辐射量，且忽略对流传热量。这种方法较简单，可用于计算炭化稻壳覆盖层的传热。J. Szekely[5]以空腔辐射计算其传热量，将渣层按粉状、半熔融态和液态三层结构处理，求解渣厚与传热的关系，用来计算钢包中通过渣层的热损失，认为在渣层厚为 152.4~203.4mm 时，钢液冷却速率与渣钢界面传热速率相近，据此提出了最小渣层厚度。藤井等应用该法来计算中间包顶渣层的传热。所应用的方程为：

$$\lambda_s \left(\frac{\partial^2 T_s}{\partial y^2} \right) = \frac{\partial H}{\partial t}, \ 0 \leqslant y \leqslant L_1 \tag{6-1}$$

焓是温度的函数，可改写为：

$$\lambda_s \left(\frac{\partial^2 T_s}{\partial y^2} \right) = \left(\frac{\partial H}{\partial T_s} \right) \left(\frac{\partial T_s}{\partial t} \right) \tag{6-2}$$

初始条件：

$$t = 0, \ T_s = T_i, \ T_M = T_i \tag{6-3}$$

边界条件：

$y = 0$（渣层上界面）

$$\lambda_s \left(\frac{\partial T_s}{\partial y} \right) = h(T - T_a) + \sigma_0 \varepsilon (T^4 - T_a^4) \tag{6-4}$$

液化层，$y = L_1$　　$$\lambda_s \left(\frac{\partial T_s}{\partial y} \right) = (L_1 - L_2) \rho_M c_{pM} \frac{\partial T_M}{\partial t} \tag{6-5}$$

式中　λ_s——渣层的热导率；

　　　y——从渣层上表面开始的距离；

　　　H——单位体积渣层的热焓，只是温度的函数；

　　　T_s——渣的温度；

　　　T_M——钢液温度；

　　　T_i——假定的熔渣、钢液两相的初始温度；

　　$y = 0$——固态渣层与空气接触面；

　　$y = L_1$——液态渣层与钢液接触面；

　　$y = L_2$——钢液底面；

　　　h——渣层与空气之间的对流传热系数；

ε——热辐射系数;

σ_0——玻耳兹曼常数;

ρ_M——钢液密度;

c_{pM}——钢液比热容;

T_0——温度转换系数,值为 273K。

6.1.3 浇注温度的确定

6.1.3.1 中间包钢液目标温度的确定

中间包钢液目标温度是由所浇注钢种的液相线温度 T_L 加上相应钢种规定的过热度来确定的。各钢种的液相线温度有所不同,它由各种元素的浓度和所引起的凝固点下降量决定。不同的研究者给出了各不相同的计算方法。几种具有代表性的计算方法包括经验公式,如式(6-6)~式(6-8)所示;FactSage 数据库计算结果如图 6-3 所示、ProCast 计算等:

(1)普碳钢、低合金钢:

$$T_L = 1537 - (88[\%C] + 8[\%Si] + 5[\%Mn] + 30[\%P] + 25[\%S] + 5[\%Cu] + 1.5[\%Cr] + 4[\%Ni] + 2[\%Mo] + 2[\%V])$$

$$(6-6)$$

$$T_L = 1536 - (100.3[\%C] + 22.4[\%C]^2 - 0.61 + 13.55[\%Si] - 0.64[\%Si]^2 + 5.82[\%Mn] + 0.3[\%Mn]^2 + 4.2[\%Cu] + 1.59[\%Cr] - 0.007[\%Cr]^2 + 4.18[\%Ni] + 0.01[\%Ni]^2)$$

$$(6-7)$$

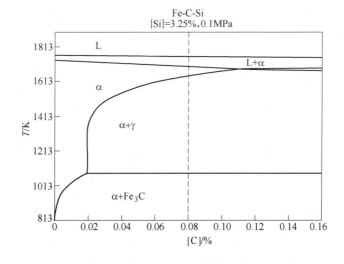

图 6-3　FactSage 计算钢液温度

（2）高合金钢：

$$T_L = 1536 - (90[\%C] + 6.2[\%Si] + 1.7[\%Mn] + 28[\%P] + 40[\%S] +$$
$$2.6[\%Cu] + 1.8[\%Cr] + 2.9[\%Ni] + 5.1[\%Al])([C] < 0.6\%)$$

(6-8)

过热度 ΔT 的确定，通常因钢种不同而异。对于厚板材，为减少内部裂纹和中心偏析，ΔT 以偏低为好（5~20℃）；对表面质量要求较高的冷轧薄板，ΔT 以偏高为好（20~30℃），国内钢厂根据实践经验，按照钢种、铸坯断面及浇注条件，在操作规程中对最大过热度 ΔT_{max} 做了规定，表6-5为其一例。

表6-5　中间包钢液最大过热度选取值[6]　　　　　　　　　（℃）

浇注钢种	板坯、大方坯	小方坯
高碳钢、高锰钢	+10	15~20
合金结构钢	+5~10	15~20
铝镇静钢	15~20	25~30
不锈钢	15~20	20~30
硅钢	10	15~20

由表6-5可见，浇注钢种的碳含量低、铸坯断面小，过热度较高。钢中碳、硅、锰含量高，铸坯断面大，过热度较低。

需要指出的是，在常规连铸条件下，达到表6-5所列的过热度是有难度的，但使用中间包加热技术完全有可能将中间包内钢水温度脉动控制在目标温度±5℃内。对任何钢种，浇注速度随过热度降低而提高；在同一过热度下，碳钢的浇注速度比合金钢高；在同一浇注速度下，合金钢应比碳钢以更低的过热度浇注；最佳浇注速度是受过热度、浇注断面、二次冷却和钢种成分等控制。如使中间包的钢水能控制在低过热度的恒温状态，即目标温度的±5℃范围内，则达到最佳浇注速度理论上是可能的。

6.1.3.2　中间包钢液目标温度控制对策

中间包钢液温度的控制目的，是在浇注时不仅过热度合适，而且过热度达到稳定。通常在炼钢车间中可以调节钢液温度的装置往往距中间包较远。当车间中有可再加热的二次精炼设备时，二次精炼炉是中间包之前调节钢液温度的重要设备；如果车间没有可加热的二次精炼设备，钢液温度的调节只能在转炉（或电炉）出钢时完成。由炉后到达中间包这段时间内，钢液温度可能有很大变化。

根据不同情况，中间包钢液目标温度控制对策有：

（1）最大能量损失原则。转炉高温出钢，通过二次精炼调温（主要是加废钢冷却降温，有时也吹氧升温等）来达到中间包目标温度值。

（2）优化能量损失原则。即严格按温度损失决定出钢温度，在精炼站既不降温也不加热就可以达到中间包目标温度值。

（3）最小能量损失原则。即按预定的较低温度出钢，在精炼站或中间包补充能量以达到中间包目标温度值。

第一种方法是不可取的，出钢温度过高会造成转炉和钢包耐火材料的寿命低，对钢质量影响也不好。第三种方法可以提高炉衬寿命，能准确控制中间包钢液温度，但需要向钢包或中间包输入外加能量，因此需要安装加热设备，投资、使用费用也较高。第二种方法是按照炼钢过程能量优化原则决定出钢温度，因而要求完整准确地掌握从出钢到浇注全过程中各工序点及各工序间的温降情况，并严格管理；同时要求用计算机根据生产过程的实际时间节奏及其他影响因素准确地在线计算出出钢温度和全过程各阶段的温度值。

从更宽阔的视野考察冶金反应工程学问题，不妨把从转炉到连铸连轧的生产线看作一个准连续的反应器，按照活塞流原则组织生产[7]。以钢包的运转为例，钢包的经由路线、运动速度和等待时间等决定了它的停留时间分布，也就决定了钢液到达中间包以前的温度变化。这种停留时间分布不仅和生产调度管理有关，还取决于炉子和连铸机的数目、相互间的距离、车间跨数等，需要从设计时就有所考虑，在生产后借助计算机进行管理。田乃媛等[8]所做的生产过程物流学的系列研究，在这方面已经有了良好的开端，所开发的炼钢厂温度–时间优化匹配系统可以按时间调控方案进行钢液温度的预测。V. I. Addes 和 J. D. Sabol 应用统计数学的 Pareto 分析方法[9]，对许多生产因素，如钢包炉的中期温度、钢包炉加热和冷却速率、中间包预热时间、钢包炉到连铸机的运输时间、钢包寿命次数、注速、浇注流数、碳的命中率等，对钢液过热度的影响做了细致研究，并开发了数学模型，使过热度的周平均值达到目标值的±1.4℃的优异水平。

在整个连铸生产过程中，要经历多个工艺步骤，期间将使用钢包、中间包、结晶器等，针对钢液温度控制不稳定的问题，目前世界各个钢厂及科研机构开发了各种应对措施，从而保证稳定的温度控制，主要包括：

（1）稳定过热度浇注条件下钢包采取的措施。钢包良好的保温性能是稳定控制连铸过热度的基本前提，如果对钢包的保温效果不了解，就难以预见浇注过程中可能的温降。各大钢厂目前主要在以下几个方面减少钢水温降：完善钢包烘烤制度、提高钢包周转率、细化钢包分类标准从而稳定钢包热工状况、钢包内钢水加热等。

（2）稳定过热度浇注条件下中间包采取的措施。在之前的讨论中已经介绍了中间包内过热度高直接影响结晶器内钢水过热度、铸坯的等轴晶分布等质量问题。经过多年连铸经验，各大企业主要采用以下措施应对中间包钢水温降：完善中间包烘烤制度、浇注过程中间包加盖及钢水表面加覆盖剂、中间包外部加热等。

（3）稳定过热度浇注条件下结晶器采取的措施。对于结晶器而言，要想实现低过热度浇注，主要采用调整结晶器保护渣的理化指标来实现。

6.2　中间包内钢液温度的变化规律

6.2.1　中间包不同区域钢液温度的分布

中间包钢液温度分布直接关系到浇注过程中的各水口流出的钢液温度，因而研究中间包钢液温度控制就必须搞清包内钢液温度的分布情况。

李顶宜等[1]在中间包上安装热电偶实际测量了中间包钢液温度分布。图 6-4 所示为热电偶的安装位置，图 6-5 所示为所测得的连铸浇注过程中不同深度的钢液温度的变化曲线。测量结果表明：

（1）中间包中上部温度在浇注过程中波动较小；

（2）底部存在低温区，高低温钢液的温差达 20℃ 左右；

（3）顶部也存在低温层，这与钢液面散热过大有关。

然而沿中间包水平方向也有钢液的强烈循环流动，以及注入钢流的稳定性随时间有所变化，此测量结果只反映了安装热电偶部位某一时刻钢液温度在垂直方向上的变化。

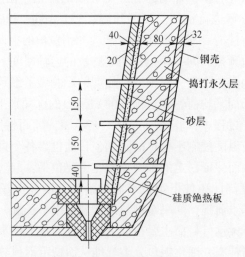

图 6-4　热电偶的安装位置

对中间包传热过程分析可知：在靠近渣面处，由于钢液向覆盖渣传热，使渣-钢界面的钢液侧存在低温区；同时由于渣面的对外传热和包衬的热传导，导致钢液沿包壁产生自然对流，在中间包底部形成低温区域；中间包内中上部钢液则

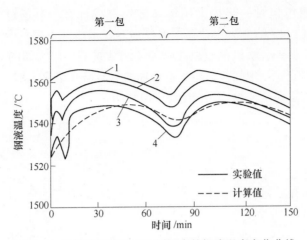

图 6-5　连铸浇注过程中不同深度的钢液温度变化曲线

1—钢包注流温度；2—中层钢液温度；3—上层钢液温度；4—下层钢液温度

构成了高温区。其他研究者的研究结果也表明[2]，中间包钢液在包中上部温度均匀，为等温区；底部存在低温钢液区；顶部存在低温钢液区。

小方坯连铸常用多流中间包，外侧水口流出的钢液温度往往偏低，甚至发生开浇困难，这是因为钢液流过的途径长、热损失较大的缘故。藤井等对 4 流水口中间包的温度分布做了研究[10]，该中间包注入钢流靠近左边的第一个水口，第二、三、四水口依次远离注入钢流（图 6-6(a)），各水口钢液在中间包内的停留时间分布函数用 Au198 加入注入钢流作示踪剂，测量各水口钢流放射强度的变化而求得。中间包的流动模型如图 6-6（b）所示。各水口钢流的停留时间分布函数依次为：

$$E_1(\theta) = \eta e^{-\theta} + 4(1 - \eta) e^{-4\theta} \tag{6-9}$$

$$E_2(\theta) = \eta e^{-\theta} + 12(1 - \eta)(e^{-3\theta} - e^{-4\theta}) \tag{6-10}$$

$$E_3(\theta) = \eta e^{-\theta} + 12(1 - \eta)(e^{-2\theta} - e^{-3\theta} + e^{-4\theta}) \tag{6-11}$$

$$E_4(\theta) = \eta e^{-\theta} + 12(1 - \eta)(e^{-\theta} - 3e^{-2\theta} + 3e^{-3\theta} - e^{-4\theta}) \tag{6-12}$$

其中：

$$\theta = \frac{Qt}{V} \tag{6-13}$$

式中　$E_i(\theta)$ ——i 水口的停留时间函数，$i = 1, 2, 3, 4$；

　　　　Q——钢液体积流量，m^3/s；

　　　　t——时间，s；

　　　　V——中间包体积，m^3；

　　　　η——中间包体积内全混流区域所占比例；

　　　$1 - \eta$——注入钢液经由短路顺序流到各水口的比例。

经过实验测算，$\eta \approx 0.85$。

通过对中间包包衬的热损失用传导传热方程计算，对通过渣层的散热用 J. Szekely 和 R. G. Lee 的方法[5]计算，再分别对各水口区根据各个 $E_i(\theta)$ 进行热平衡计算，计算得到各水口钢液温度降和实测结果的比较，如图 6-6(c) 所示。这是一个早期的研究，中间包结构是不合理的。但研究结果表明，距注入流较远的水口和较近的水口浇注温度可能有 8~10℃ 的差别，再加上注入钢流的温度波动，外侧水口浇注温度过低是必然的。

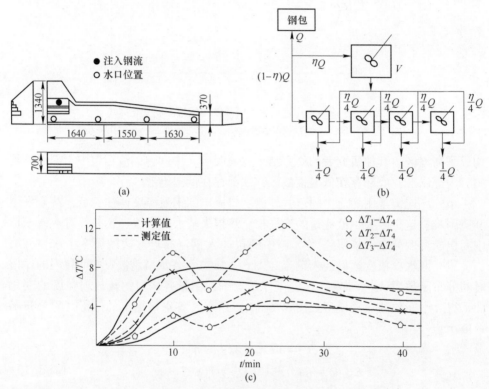

图 6-6　4 流中间包内钢液温度分布
(a) 中间包构造；(b) 流动模型；(c) 各流钢液温度差值

对此，本课题组的研究工作表明，对于多流水口中间包，各水口间钢流的温差可通过设置挡墙来调整[11-15]。以国内某钢厂 7 流圆坯中间包为例，对有无控流装置温度分布中间包温度分布进行数值模拟，有无控流装置温度分布如图 6-7 所示。

由图 6-7 可以看出，无控流装置下中间包内温度分布极其不均匀，中部的 4 流水口区域温度较高，两侧的第 1 流和第 7 流附近区域温度较低，从第 4 流到第 1 流呈现明显的温度下降关系，出现明显的温度分层。无控流装置下钢液从 4 流到 1 流依次流过，动能依次降低，上部钢液极其不活跃。各流的水口温度差距较

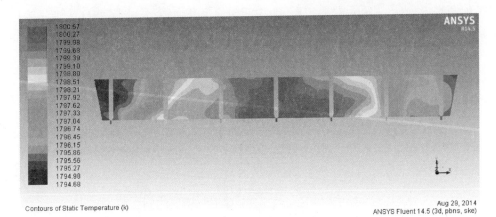

(a)

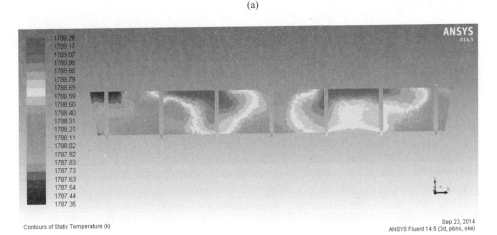

(b)

图 6-7 温度云图

（a）无控流装置；（b）湍流抑制器+U 形隔流挡墙

大，其中 1 流出口温度为 1795.6K，2 流出口温度为 1798.9K，3 流出口温度为 1799.3K，4 流出口温度为 1800.4K。1、4 流的温差相差 4.8K。

加入湍流抑制器和 U 形隔流挡墙后，钢液从导流孔流出后呈现上升流流向第 3 流水口上方处后沿着钢渣界面向两侧运动，因此，第 3 流上方钢液温度最高，第 2 流和第 3 流间的区域温度较高。各流水口的温度差异减小，其中，第 1 流出口温度为 1787.8K；第 2 流出口温度为 1788.3K；第 3 流出口温度为 1788.7K；第 4 流出口温度为 1788.3K。第 2 流和第 4 流温度相同，第 3 流水口温度比第 1 流水口处温度高 0.9K。加入控流装置后，中间包两侧左上角依然出现了明显的低温区域。

在上述研究基础上，对两种不同的中间包模型温度分布进行分析，其几何模型如图6-8所示。图6-8(a) 所示为中间包原型几何模型，图6-8(b) 所示为中间包优化的几何模型。

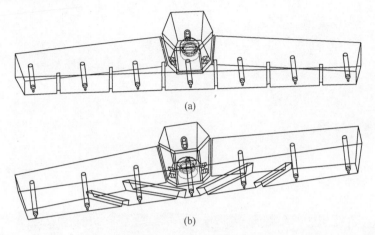

图 6-8 中间包几何模型
(a) 原型的几何模型；(b) 优化的几何模型

  图6-9对比了优化前后中间包温度场的分布。优化前中间包内第2流和第3流间的区域温度较高，第1流附近温度偏低，第1流和第4流之间温差最高达到2℃；同时中间包的左上角存在明显的低温区，整个中间包不均匀度较大。而在现场调研中，正常生产情况下，第1流的水口经常由于钢液温度偏低而截流。优化后的中间包内温度场有了极大的改善，尤其在第1流附近，明显的低温区消失。对比优化前后中间包底部温度分布可以看出，原型中间包第1流和第7流附近，钢液温度整体低于其他位置，与其他几流的温度差异性较大。采用斜挡墙的优化方案后，第4流附近区域的温度最低，说明挡墙对于钢液的导流作用明显，各流温度分布较优化前有很明显改善。

(a)

(b)

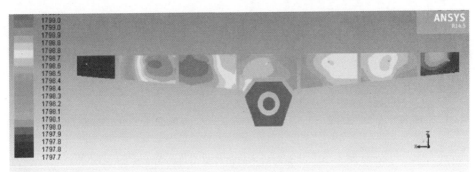

(c)

(d)

图 6-9 优化前后中间包温度场的分布

（a）原型中间包温度场分布；（b）优化后中间包温度场分布；

（c）原型中间包底部温度分布；（d）优化后中间包底部温度分布

优化前后中间包各流出口处温度波动如图 6-10 所示。原型中间包中第 2~6 流的温度均匀性相对较好，温度的差异性在 0.5~1℃ 之间。但是第 1 流和第 7 流与其他各流之间的差异性较大，最大温差达到 2℃。由于第 1、7 流远离冲击区，此处区域钢液的流动不活跃，控流装置并不能将新流入中间包的高温钢液及时补充到此区域。这也说明了原型中间包的配置方案并不理想，第 1、2 流之间的挡墙起不到很好导流作用。优化后各流出口处温度依次为：第 1 流 1798.6K，第 2 流 1798.5K，第 3 流 1798.6K，第 4 流 1798.0K，第 5 流 1798.5K，第 6 流 1798.5K，第 7 流出口温度 1798.4K，各流最高温差为 0.6K。优化后最高温差由 2℃ 下降到 0.6℃，中间包内温度的均匀性得到很好的改善，各水口指标趋于一致。

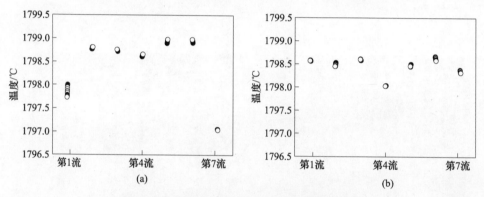

图 6-10 优化前后中间包各流出口处温度波动
(a) 原型中间包；(b) 优化中间包

对 4 流水口中间包的温度分布做了研究，由于研究对象为第 4 流 T 形对称中间包，因此，在研究过程中只取对称一半进行计算。中间包整体温度分布如图 6-11 和表 6-6 所示，原型中间包内整体温度分布均匀性较差，在边部塞棒处存在明显的温度死区，包内整体最高温度和最低温度相差 40℃；优化方案 1 和方案 2 都有着良好的温度优化效果，明显减小了温度死区的体积，同时将中间包内的最大温度差降低到 30℃。

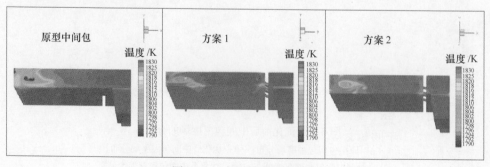

图 6-11 中间包内整体温度

表6-6 数值模拟计算中间包内整体温度

方案	最高温度/K	最低温度/K	最大温差/K
原型	1835	1795	40
方案1	1835	1805	31
方案2	1835	1804	30

截取中间包内 $z=0$ 的截面上温度场（沿浸入式水口方向），该截面上的温度场分布情况如图6-12所示。原型中间包两流的温差为5K，在原型中间包内1号塞棒处存在明显的温度死区且温度死区的比例较大，中间包内整体温度分布不均匀；对比两个优化方案中间包内整体温度分布趋于均匀，同时两流之间的温度差异减小，方案2的优化效果更为明显，两流之间的温度差异小于1K。

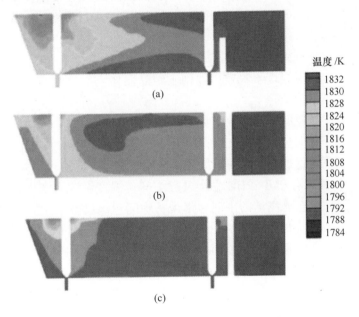

图6-12 中间包内 $z=0$ 的截面上温度场
(a) 原型中间包；(b) 方案1；(c) 方案2

采用对原型和方案2分别进行工业测温试验，试验测温结果见表6-7。从工业试验的结果可以看出，方案2对中间包内温度场的优化效果十分显著，两流之间最大温差为2K，且各流钢液温度的均匀性明显好于前者。可见，合理设置挡墙有效改善了中间包各水口钢流温度的差异。通过在挡墙上设置不对称的导流孔，也能改进各水口停留时间分布的差异，因而也能减轻各水口钢流温度的差异。

表6-7 原型中间包及优化中间包两流测温记录

方案	炉次	第1流温度/℃	第2流温度/℃	测温时间/min
原型	第三炉	1809	1815	第5
	第三炉	1820	1825	第20
	第三炉	1816	1819	第35
方案2	第三炉	1828	1830	第8
	第三炉	1831	1833	第20
	第三炉	1827	1828	第40

6.2.2 浇注过程中中间包钢液温度随时间的变化

为了保证连铸工艺的顺利进行，对中间包内钢液温度制度最重要的要求就是在连铸整个过程中中间包钢液过热度尽量少波动，钢液过热度的大范围波动带来的害处是：

(1) 钢液温降过大，开浇时造成水口凝钢，甚至使开浇失败；

(2) 中间包钢液温度不稳定，加剧了结晶器坯壳生长的不均匀性，严重时会导致拉漏；

(3) 不利于拉速的稳定，难以实现高速连铸作业；

(4) 不利于中间包钢液中夹杂物的上浮分离；

(5) 使结晶器保护渣壳厚度不足，损害铸坯表面质量。

高福彬[16]对邯钢公司SPHC生产过程中间包温度影响因素进行了分析。在一个浇次内，对于连续浇注的中间包来说，中间包温度波动主要受精炼出站温度、钢包周转状况、中间包烘烤质量、钢包钢水出站等待等因素的影响。

连铸过程中，当钢液开始由钢包注入中间包时，由于中间包包衬耐火材料吸热，使得钢液过热度降低很多；随着浇注过程的进行，过热度逐渐回升。在浇注过程的后期，因钢包内冷钢液的注入，中间包内钢液过热度也随着下降。图6-13所示为60t中间包内钢液过热度变化过程的一个例子[17]。大多数情况过热度的波动在±10℃范围以内，尚属于比较正常的情况，但是也有超过该波动范围的，最高值曾达到36℃，已经过高了。更换钢包期间，中间包钢液温度有所下降，过热度往往低于目标值。

图6-14所示为7t中间包内钢液温度变化进行了实测结果[5]。钢液温度变化可分为：

(1) 开浇期：由于中间包包衬吸热，钢液温度下降10~15℃。

(2) 正常浇注期：经过10~15min后，因中间包散热大体与注入钢液补充的热相等，钢液稳定在目标温度值。

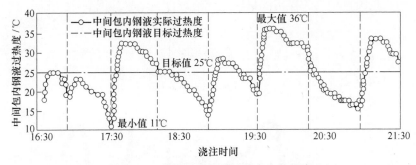

图 6-13 中间包内钢液过热度变化幅度

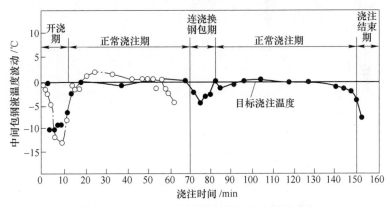

图 6-14 中间包内钢液温度在各浇注期的变化

（3）连浇换钢包期间：中间包液面下降，钢液温度降低 5~10℃。

（4）正常浇注期：同（2）。

（5）浇注结束期：浇注剩余的中间包钢液，钢液温度降低 10~15℃。但是有 5~10℃的过热度，钢液可顺利浇完。

60t 中间包内钢液在多炉连浇过程中的温度变化的测定结果如图 6-15 所示[18]。测定时应用 Heraeus 连续测温装置，测温头置于浇注水口上方、钢液面下 300mm 处；为了比较，在该中间包另一个与之对称的水口上方用快速插入式热电偶做了间断式测量。可见两种测量值相近、规律相同。在浇注每包钢液过程中，中间包内的温度同样经历了低—高—低的变化规律。图 6-15 中还记录了相应的钢包钢液的温度，可见钢包内钢液温度的变化，使中间包内钢液温度相应发生变化，或升高或降低。但是在更换钢包时，中间包内钢液温度总是达到最低点。钢液温度的这些变化，不仅形成过热度的波动，而且也使得中间包内产生不同程度的自然对流现象。中间包内钢液的自然流动的存在可从 40t 中间包钢液温度连续测定得到证实。测定也应用 Heraeus 测温装置，测温头有两个，上层探头位于钢液面下 200mm 处，下层探头位于包底上方 200mm 处，测量位置在水口附近，同时钢液注入点附近用另一探头测量注入钢液温度，结果如图 6-16 所示。

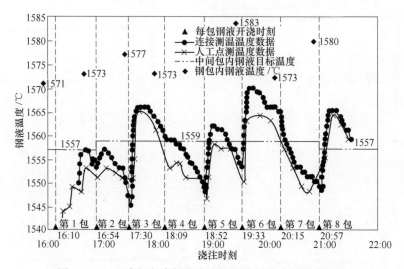

图 6-15 60t 中间包内钢液在多炉连浇过程中的温度变化

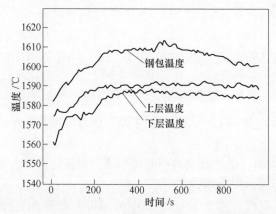

图 6-16 40t 中间包（无控流装置）上下层钢液温度

从测定结果可知，中间包上下层钢液温度相差 5~20℃。由于中间包没有设置挡墙和坝，注入的钢液并非借助坝的阻碍作用向上流动，只有可能靠自然对流流向上方。

从测定的结果还可以看出，钢包内温度波动对中间包钢液温度的变化是具有关键意义的。改进从出钢到开始浇注过程中钢包内钢液温度的控制，包括钢包运转过程中的温度控制，对于中间包内钢液温度及过热度的稳定有很重要的作用。

6.3 中间包加热技术

近来国内外对中间包加热技术都非常关注，但是对加热必要性的认识却有很大差别，归纳起来，大致有三种出发点：

（1）为了保证钢坯质量，特别是为了减轻中心偏析，钢液浇注温度应保持稳定，希望限在±5℃以内。但由于浇注过程中间包有散热损失，利用加热技术进行弥补是必要的。

（2）把炼钢和浇注作为大系统来考虑，应有合理的温度配置，为了降低不必要的高出钢温度，应该在钢包及中间包加热钢液。

（3）对于设备容量小、热损失大、钢液温度不好控制的炼钢车间，中间包是液态钢的最后一站，在该处加热容易见效。这实际上是把中间包加热看作弥补钢液散热损失的做法。

我们认为主要应从第一种出发点考虑中间包加热问题，而不是简单地选用和评价某一项加热技术。并且，近年来的连铸技术发展的实践表明，低过热度的恒温浇注对改善铸坯质量和稳定操作起着重要的作用；而控制中间包的钢水温度或过热度是提高生产率、改进凝固组织、提高产品质量的最有效的方法之一。然而，由于开浇时中间包包衬的吸热、换钢包时和浇注末期中间包内无高温钢水的供给以及整个浇注过程中通过钢包和中间包熔池表面及耐火材料包壁损失的热量，中间包内钢水温度不可避免地存在着较大的波动（可能高达30℃左右）。因此，寻求外部热源补偿中间包钢水的温降、精确地控制最佳过热度、使进入结晶器的钢水温度稳定，越来越引起人们的重视。近年来，中间包冶金技术的发展也需要用外部热源作为补偿中间包钢水温降的手段[1,2]。因此，近几十年来已开发出多种形式的中间包加热技术，其中包括电弧加热技术、电渣加热、氮气流加热技术、等离子体加热技术和通道式感应加热技术等。

6.3.1 等离子加热技术

等离子加热在国外，特别是钢铁工业发达的国家，如日本、美国、德国等都在积极研究、使用和推广该技术。而我国等离子加热技术起步较晚，衡阳钢管厂、武钢、宝钢、唐钢、抚钢等钢铁企业先后引进了等离子加热技术。

中间包等离子加热系统采用大功率、大电流设计，等离子发生器在极高温度状态下连续工作，因而系统设备较为复杂。主要工作设备包括等离子体枪、升降机构、加热室、气体系统、冷却水系统、回流阳极、电路系统及电控系统。其中，等离子枪作为系统的核心设备，是实现电能向等离子体能转换、对中间包钢水实施加热的工具。

6.3.1.1 工作原理

等离子加热以等离子枪和被加热钢水作为电流的两极，通电后，等离子枪通过电极放电使气体（氮气或氮气，氩气混合气）处于电离状态，产生高能量的电弧，通过电子辐射和离子化气体运动的结合而产生的对流，将热量传入中间包钢水内，提高了钢液熔池的温度。它是一种洁净无污染的钢水加热方法，其加热效率大约为 60%~80%，其中来自加热室墙壁的间接热辐射达 50% 以上。采用等离子加热装置可实现低过热度浇注，中间包内钢液温度可控制在 ±5℃，相应地，炼钢过程的出钢温度可降低 15~20℃。由于实现了低过热度（15~20℃）和恒温（±5℃）浇注，铸坯的内部质量（中心偏析和中心疏松等）和生产率得到了很大的提高。

6.3.1.2　技术特点

中间包等离子加热就是通过将电能转换为高能等离子流，然后以辐射和对流传热方式将热量传输给钢水的加热方法。该方法具有以下技术特点：

（1）等离子弧的熔值高、能量集中，能获得高温热源，通常弧心温度达12000℃ 以上。

（2）气氛可控，可以根据不同钢种选择工作气体，如 Ar、N_2、$Ar+N_2$ 等；能保持钢水成分不变，并在钢液面上方能形成清净的氛围，不仅不会污染钢水，而且能有效地防止钢水二次氧化。

（3）控制性良好，等离子体枪将电能转换成热能，加热响应快，加热功率能自由地设定且调节范围宽，能提供较精确的温度控制。

（4）操作性和维护性好，等离子体枪和加热室设置在中间包的上方，不会影响中间包的容量和连铸作业；等离子体枪与中间包和钢包完全分离，维护性良好。

（5）等离子体枪产生的热量通过三个途径加热钢水：从等离子弧柱向钢液面的直接辐射加热，约占 18%；从加热室壁面反射到钢液面的间接辐射加热，约占 52%；由弧柱中的电流经钢水到达阳极的电压降，即利用钢水电阻的直接加热，约占 30%。

（6）等离子加热的热损失主要有三部分：等离子体枪外套筒和阴极的冷却水带走的热量，工作气体的氩气带走的热量，加热室壁面耐火材料的蓄热及经壁面的传热。

6.3.1.3　等离子加热技术作用

表 6-8 为部分用户采用等离子中间包的加热效果总结。从表中可以看出，等离子加热技术的主要作用包括：

（1）对中间包内钢水进行快速热补偿，控制中间包温度波动，实现恒速浇注，以稳定操作，保证铸坯质量，减少拉速变化而可能带来的缺陷和事故。

（2）实现了接近液相线上温度浇注，可以降低出钢温度和过程温度，中间包钢水温度可以控制在目标温度的±5℃内。

（3）由于中间包内钢水可以进行热补偿，从而减少冷钢堵塞水口的发生率，减少中间包系统事故的发生次数，减少水口堵塞，堵塞的炉次由3.2%减少到2.0%。

（4）降低出钢温度，提高中间包使用寿命，增加了产量。

（5）防止二次氧化，提高了钢水纯净度，可促进夹杂物上浮，板坯的夹杂物指数减小45%，即从1.0减小到0.55；有利于提高产品质量。

表6-8 部分用户采用等离子中间包加热效果[18,19]

工厂	投产日期	操 作 效 果
Nippon Steel （2流板坯）	1992年5月	提高拉速15%；出钢温度减少15℃；夹杂物指数降低50%；由于铸坯表面无缺陷和拉速恒定，实现了直接热送轧制；消除了水口堵塞
Sarrstahl. AG （4流大方坯）	1992年	在过热度为12±2℃情况下生产线材；生产高质量线材；消除了由于偏析而引起的质量降级
Nucor （3流小方坯）	1992年	中间包过热度减少20℃；拉速提高了15%；避免70炉回炉；在LF节省了4min的通电时间；可生产特殊钢；水口堵塞导致断浇的炉数小于总炉数的1%
台湾中钢 （4流大方坯）	1995年	中间包过热度从原来的25~40℃减少到12~18℃；LF温度降低了15℃；内裂从1.05%减少到现在的0.5%；消除了19%的由于偏析而造成的质量降级；现在直接进行轧制

6.3.1.4 等离子加热技术发展与研究现状[19]

中间包等离子加入技术于20世纪80年代末由英国TRD公司首先开发，随后美国、日本、意大利等国相继开发和引进了该技术。目前，英国TRD公司和美国等离子能源公司（PEC）安装的等离子中间包加热装置已经进入商业性应用阶段。等离子加热技术首先在日本广畑厂和美国查帕拉尔钢厂应用，取得了很好的效果；随后，BGH Edelstahl钢铁厂在水平连铸机上采用了等离子加热器。直流等离子枪的加热弥补了钢水在中间包内的热量损失，并可以将钢水加热到所要求的温度。NKK京浜钢铁厂采用14MW直流转移型等离子弧加热，可将中间包内的钢水温度控制在目标温度±10℃之内。在钢包更换期间，等离子加热可将中间包内钢水的温降控制在5℃之内，通过精确地控制中间包内的钢水温度，产品的中心偏析现象消失，生产率提高。美国纽柯钢铁公司3流33.8万吨/h的方坯连铸机使用等离子加热装置后，使中间包钢水过热降低12℃。由于降低了过热度使拉速提高，一年多产钢约2.4万吨；当年收回全部投资，年综合经济效益达

1540 万美元。

　　表 6-9 和表 6-10 分别为英国 TRD 公司和美国 PEC 在国外安装的中间包等离子加热装置情况。就加热方式而言，PEC 公司技术首先加热等离子枪内的气体，然后利用热气体将能量传递给钢水；TRD 公司则采用热辐射加热钢水，要求对中间包进行改造并增设中间包盖，以保持钢水中的热量并避免等离子弧紫外强光的辐射。

表 6-9　英国 TRD 公司中间包等离子加热装置

工厂	投产日期	等离子枪参数	钢种	连铸机类型
日本新日铁广畑厂	1987 年	1MW，5000A	优质钢，低合金钢	单流大方坯
日本爱知钢公司	1988 年	320kW，1600A	优质钢，低合金钢	单流大方坯
日本钢管公司京滨厂	1989 年	1.4MW，7000A，2 支枪	优质低碳钢，不锈钢	2 机 2 流板坯
日本钢管公司福山厂	1990 年	1.1MW，5000A	优质低碳钢，不锈钢	2 流板坯
日本钢管公司京滨厂	1990 年	1.4MW，7000A，2 支枪	优质低碳钢，不锈钢	2 机 6 流板坯
瑞典安瓦尼巴厂	1990 年	1.1MW，5000A	不锈钢粉末	用于气体雾化

表 6-10　美国 PEC 公司中间包等离子加热装置

工厂	等离子枪功率/MW	中间包容量/t	连铸机类型
查帕拉尔钢公司	1.0	15	2 流方坯
密西西比第一钢公司	1.0	15	2 流方坯
萨尔钢公司	1.25	18	6 流方坯
新日铁公司	2×2.0	40	2 流方坯
格雷厄姆公司	0.5	14	2 流方坯
纽科尔钢公司	1.0	15	2 流方坯

　　我国冶金工作者在 20 世纪 80 年代末至 90 年代初就已经注意到了日、美等国在中间包冶金领域的动向，特别是中间包钢水等离子加热技术。首先是 1991 年衡阳钢管厂从英国 TRD 公司引进了热阴极等离子中间包钢水加热技术，接着唐钢和武钢也分别从英国 TRD 和美国 PEC 分别引进该技术，马钢依靠国内技术进行了开发，随后兰钢、宝钢也引进了 PEC 技术。表 6-11 为国内部分企业等离子中间包加热装置应用情况。

表 6-11　国内等离子中间包加热装置应用情况

厂家	等离子枪类型	加热功率/MW	中间包容量/t	连铸机类型
唐钢炼钢厂	TRD 交流阴极枪	1.0	10	方坯
武钢二炼钢	PEC 直流阳极枪	1.0	10	板坯

厂家	等离子枪类型	加热功率/MW	中间包容量/t	连铸机类型
马钢三炼钢	中科大 TRD 枪	1.0	12	板坯
济钢板厂	清华 PEC 枪	0.5	8	板坯
台湾中钢	PEC 直流阳极枪	1.0	35	方坯

此外，国内也曾自行研发过等离子体加热技术。但是到目前为止，无论引进的还是国产的中间包钢水等离子加热技术都没有发挥其应有的作用。首先应该肯定的是中间包钢水等离子加热技术本身是成熟的，这已被日本、美国等运行的设备证明，问题的核心是一种技术的应用必须有相应的条件和环境支持。

中间包等离子加热技术应该是一种在铁水预处理、炉外精炼和连铸技术充分发展的基础上，进一步提高钢的生产质量和效率的手段。中间包钢水等离子加热技术的核心在于实现钢水的恒温和低过热度浇注，来获得高质量和高效率，在炼钢生产中对钢水冶炼起一种"微调"的作用。在许多相关技术和管理水平没有达到一定程度的情况下，中间包钢水等离子加热技术很难起到应有的作用。总结国内的中间包钢水等离子加热技术，影响其发挥作用的主要相关因素如下：

（1）炉渣对中间包等离子加热的影响。在唐钢二炼钢和武钢的实践表明，在中间包内炉渣较少时，使用等离子装置对钢水加热能够获得很好的调控钢水温度的效果，但在炉渣变厚时等离子加热升温效果明显下降。一般在中间包浇注前三炉钢水时进行等离子加热效果较好，之后随着浇注炉次的增加，中间包内炉渣逐渐增厚，在浇注第 6 炉钢水后炉渣厚度可以达到 150mm 以上，严重影响等离子加热的调温效果。

（2）需要开发适合等离子加热的长寿命中间包和返回电极。由于国内大多数中间包等离子加热装置都是使用一支直流转移弧等离子枪，所以必须在中间包底部安装底电极，才能形成闭合的供电回路。从国外引进的中间包等离子加热技术中介绍的底电极主要有两种形式：一种是用钢板焊接成；另一种是采用导电耐火材料。实践证明，由于绝热板在等离子体高温辐射和空气氧化作用下，强度会很快下降，特别是用作加热室的隔墙，往往使用 1~2h 就会坍塌，所以不适合在具有等离子加热功能的中间包上使用。日、美等国的中间包大多采用整体浇注和表面喷涂耐火涂料的方法，加热室的隔墙采用浇注料预制，在中间包喷涂前安装固定，在每次中间包倒包后更换隔墙。这种中间包适合使用第二种方式的底电极，根据底电极的侵蚀情况定期维护和更换。虽然这种中间包解决了加热室挡墙坍塌的问题，但是增加了底电极的安装和维护的难度，并且要求导电耐火材料具有良好的低温导电性。

（3）中间包等离子加热生产自动化问题。由于一些原因，目前国内连铸中间包等离子加热不能实现完全自动化，主要是由于中间包钢水液面自动检测设备不配套。尽管可以认为等离子加热是洁净的，不会对钢水造成污染，但是由于等离子体释放出强烈的高温弧光和中间包内溢出的大量烟尘，对手动操作等离子加热的工人的健康产生威胁；另外，等离子枪与石墨电极不同，不能采用短路起弧，只能通过非转移弧实现非接触起弧，因此实现中间包等离子加热的自动操作是必要的。

除此之外，在等离子加热装置的一些现场使用中还存在的一些起弧困难的问题：由于中间包钢水液面控制不稳，等离子体弧难于维持，导致熄弧；使用时噪声大，使人难以承受；等离子体产生的电磁辐射对弱电系统有比较大的干扰；加热效率较低。因此，尽管国际上还有不断完善使用这一技术的报道，但国内多家钢铁企业已经停用、拆除早期引进的这种加热方式。

6.3.2　中间包感应加热技术

与等离子体加热相比，通道式感应加热技术具有投资小、利于中间包内钢水夹杂物上浮、加热均匀以及工作环境安全系数较高等优点，并且由于感应加热技术加热平稳均匀、高效、设备简易、操作维护简便，适合应用在现有中间包冶金工艺技术的改造上，近年来已经得到了大量的推广和应用。

6.3.2.1　加热原理

感应加热中间包的加热原理与感应电炉的相同，感应加热中间包的加热设备存在有芯感应与无芯感应加热的区别。由于无芯感应远没有有芯感应的效率高，采用无芯感应的加热方式逐渐遭到淘汰，现役的感应加热设备主要以有芯加热为主。图 6-17 所示为有芯感应加热中间包示意图。

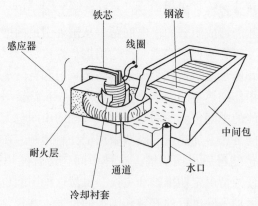

图 6-17　有芯感应加热中间包示意图

中间包感应加热的基本工作原理（图 6-18）为：多匝线圈相当于变压器中

的一次回路，双通道和注入室组成的回路在钢液流通过程中相当于二次回路。当线圈施加单相工频交变电流时，交变电流在导磁体闭合磁路中产生交变的磁通 Φ，交变的磁通 Φ 在通道内的钢水中产生感应电动势。由于钢液具有良好的导电性，所以在钢水中会产生感应电流，感应电流在钢液中形成回路。这样所产生的焦耳热就可以很好地加热钢液，对钢液进行升温。因此通道式感应加热中间包具备很好的加热效率。经过通道的钢液升温幅度大，导致浇注室内钢液的温度就会升高。

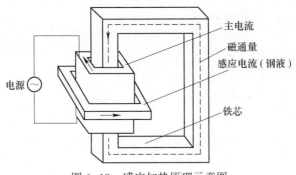

图 6-18　感应加热原理示意图

6.3.2.2　技术特点

（1）加热效率高。由于通道式感应加热是基于电磁感应原理，直接向钢水内加热，其损失小，故加热效率一般可高达 90% 以上。

（2）加热的响应性和控制性好。通道式感应加热能将电能直接转换成热能，输入功率和钢水加热同步进行。此外，输入功率可以根据钢包的钢水量、时间间隔、浇注条件等因素借助电气控制，再配以连续测温技术，可防止中间包内钢水温度的波动。

（3）钢水无污染。借助流经通道中的感应电流的焦耳热来加热钢水，无需气氛控制。

（4）有利于去除夹杂物。高温作用下，钢液内会形成热对流；同时，箍缩效应也会对钢液的流动和去除夹杂物产生良好的效果。

（5）作业环境良好。由于配置加热装置，不会对操作空间造成大幅度的制约；又因感应线圈可以采用风冷，完全避免了冷却水与钢水的接触，故安全性高。

（6）安装维护方便。尽管感应器铁芯上下贯通安装在中间包上，但因其分上下两部分，感应器与中间包很容易装卸，操作方便。

不足之处是设备上有一定程度的制约，因为需要在中间包上安装感应加热器、通道和风冷管道等，需要占用中间包及其小车的一定空间；此外，中间包容量也会有所减小，特别是中间包与钢包回转台之间的距离较短，这些都制约了现有中间包采用通道式感应加热技术。表 6-12 为等离子加热与感应加热技术的比较。

表 6-12 感应加热与等离子体加热技术比较[20,21]

序号	比较内容	等离子体加热	感应加热
1	加热机理	通过易电离气体（Ar）产生的等离子体弧柱，将电能转化成钢水的热能	通过电磁感应将电能转化成钢水的热能
2	加热途径	主要靠热辐射加热钢水表面，其中弧柱直接辐射加热约占 18%，加热室炉壁辐射加热占 52%；少部分靠弧电流经钢水传导加热，约占 30%	借助在钢水中感生的感应电流，将焦耳热加于流经通道的钢水的体积内
3	温控精度	输入功率由等离子体弧柱长度决定，可控性稍差一些。温控精度为目标温度的±5℃	加热的响应性和可控性好。温控精度为目标温度的±(2~3)℃
4	加热功率和效率	加热功率通常为 1000kW 加热效率为 60%~70%	加热功率通常为 1000kW 加热效率≥90%
5	加热设备维护	等离子体矩中阴极的钍钨材料需经常更换	基本不需维护
6	对钢水的污染	由于气体的离解和电离作用，易造成钢水增氮达 6ppm	无污染
7	对环境的影响	噪声大、电磁辐射强	基本无噪声和电磁辐射
8	中间包改造	基本不改变中间包外形，但需要增设专门的加热室，在中间包底部或侧壁埋设电流返回阳极	需要上下贯通的专门区域安装加热用感应器及其两侧的耐火材料通道，中间包改造相对较大
9	对耐火材料要求	因等离子体弧柱温度高达 3000℃，加热室内衬的耐火材料的耐高温要求较高，否则易于剥落成夹杂物	由于通道中钢水流动引起的侵蚀性磨损，对通道耐火材料的耐磨损要求较高
10	对转炉或精炼炉出钢温度的影响	降低出钢温度 10~20℃，可延长转炉和精炼炉的使用寿命，同时节约能源	降低出钢温度 10~20℃，可延长转炉和精炼炉的使用寿命，同时节约能源
11	对运行操作要求	需要执行起弧、拉长弧柱等程序，操作较复杂且要求较高，操作不当容易熄弧	操作简单，只需调节加热功率等级
12	其他相关配置	连续测温和连续液面检测	连续测温

序号	比较内容	等离子体加热	感应加热
13	其他辅助手段	为使被加热钢水从表面转移到母液中，需要借助堰或吹 Ar 促进钢水流动	基本不需要
14	适用领域	大尺寸中间包（40t）、大通钢量、较长浇注周期的板坯和大方坯连铸	小尺寸中间包（30t）、小通钢量、较长浇注时间的小方坯和大方坯连铸
15	运行费用	运行费用较高	运行费用较低

6.3.2.3　感应加热夹杂物去除机理

中间包通道式电磁精炼技术之所以能去除钢水中的夹杂物，特别是小型夹杂物，基于两个机理：一是与通道中感应电流产生的加热效应相伴生的电磁箍缩效应；二是由箍缩效应助推的中间包中钢水的上升流动。

电磁箍缩效应示意图如图 6-19 所示。电磁箍缩效应即在通道内的感应电流与其自身激发的感生磁场相互作用产生指向通道中心的箍缩力。箍缩力是体积力，作用在钢水体积元上会使钢水名义密度增加，导致与夹杂物的密度差增大，由斯托克斯碰撞公式可知，轻相的夹杂物就更容易向通道壁泳动而被通道壁吸附去除。

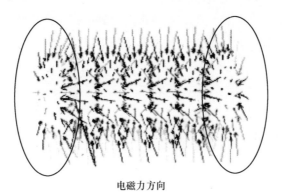

电磁力方向

图 6-19　电磁箍缩效应示意图

被加热的流动钢水借箍缩力的助推加速由通道口喷入中间包，由于与中间包中原有钢水的温度差而形成上升流，其中的夹杂物在上浮过程中因碰撞而使其粒径变大，促使其快速上浮到自由面被覆盖剂吸收去除。

杨滨[22]对电磁感应加热过程中电磁场作用下自由表面、顶渣、中间包通道、壁面等对夹杂物去除的贡献进行了计算。图 6-20 所示为不同条件下夹杂物出口处体积浓度。从图中可以看出，在只考虑壁面吸附、通道吸附和自由液面渣层的吸附三种条件下，自由液面渣层对夹杂物的去除效果最好，而壁面和通道吸附相差不大，可以看出自由液面渣层对夹杂物的去除起到了至关重要的作用。

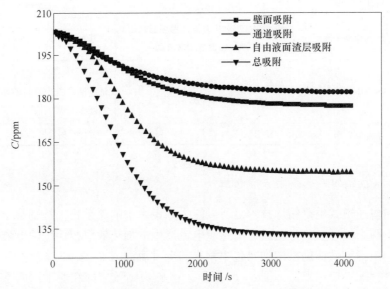

图 6-20　不同条件下中间包浇注口处夹杂物体积浓度

图 6-21 所示为各部位对夹杂物去除的贡献。可以看到，自由液面渣层、通道和壁面对去除夹杂物的贡献依次为 51.29%、21.84% 和 26.87%。通道部分虽然空间有限，但是对夹杂物去除和加热钢液起到了很大的作用，说明通道式感应加热中间包对夹杂物的去除能发挥有效地作用。

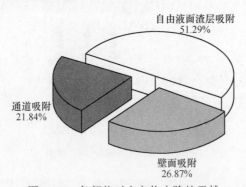

图 6-21　各部位对夹杂物去除的贡献

6.3.2.4　感应加热技术国外发展与研究现状

通道式感应加热技术在一些公司尤其是日本的川崎、新日铁、大同特钢、住友等公司进行了较深入的研究和应用，取得了较好的效果。现将日本几家钢厂及邢钢的使用效果简述如下。

A 川崎公司

川崎公司千叶制铁所在 1 号连铸机上进行了实机试验和应用。

主要参数：

钢种	SUS304、SUS430
中间包容量	8t
加热通道形式	包外单通道
加热功率	最大 1000kW，50Hz；多级可调。
主要效果	中间包内温降由未加热时 10~20℃ 降低到加热时的 0~5℃；温控精度为目标温度的 ±25℃；SUS304 板坯皮下（0~20mn）的大型夹杂物与不加热时比较减少 1/4~1/12；非正常浇注期的板卷表面质量可以借助加热提高到正常浇注期的水平

B 大同特钢公司

大同特钢公司知多厂在 1 号大方坯连铸机上进行实机应用。

主要参数：

钢种	汽车用低合金钢、轴承钢和不锈钢
中间包容量	20t
加热通道形式	包外单通道
加热功率	1000kW
主要效果	升温速度：在拉速 0.6m/min 下，输入加热功率 950kW，在 10min 内升温 17℃；温控精度为目标温度的 ±3℃

C 住友公司

住友公司在和歌山制铁所的第一制钢厂 2 号大方坯连铸机上使用感应加热装置。

主要参数：

钢种	高碳钢、轴承钢、渗碳钢
中间包容量	13t
加热通道形式	包内双通道
加热功率	1000kW，50Hz
主要效果	温控精度：（15~16）±5℃；在低于 10℃ 的低过热度和 MENS 下，对于 C<0.1% 的大方坯无中心缩孔和中心偏析；在低于 20℃ 的低过热度和 MENS 下，对于 C>0.45% 的大方坯无中心缩孔和中心偏析；由于低过热度，不仅能获得大的等轴晶区，而且晶粒细化

D 新日铁公司

新日铁八幡厂在大方坯连铸机上进行了提高中间包钢水清洁度等的试验和应用。

主要参数：

钢种	铝沸腾钢
中间包容量	30t
加热通道形式	包内双通道
加强功率	1000kW
主要效果	升温速度：2℃/min；加热前后中间包内钢水清洁度大幅度提高；加热后薄板材的表面缺陷降低到加热前的40%

6.3.2.5 感应加热技术国内发展与研究现状

由于中间包感应加热技术在降低过热度、提高钢液洁净度、改善铸坯中心缩孔和偏析方面的作用，国内部分企业安装了感应加热装置，国内部分八字形通道感应加热与精炼装置应用情况见表6-13。

表6-13 中间包八字型通道感应加热与精炼装置应用情况

厂家	连铸机类型	铸坯断面	中间包容量/t	钢种	感应加热器功率和频率
首钢贵阳特钢公司	2机2流大方坯连铸机	410mm×530mm 470mm×620mm	20	中碳钢、合金钢等	1000kW，高压工频
首钢贵阳特钢公司	4机4流大方坯连铸机	410mm×530mm	36	中高碳钢、合金钢等	1000kW，高压工频
江阴兴澄特钢公司	7机7流大圆坯连铸机	圆坯：φ600mm 方坯：210mm×240mm	50	轴承钢、帘线钢等	1000kW，高压工频
邢台钢铁公司	4机4流方坯连铸机	方坯：280mm×350mm	30	轴承钢、帘线钢等	1000kW，高压工频
新冶特钢	立式特厚板坯连铸机	500/600/700mm ×1100、1500mm	25	碳素结构钢、合金结构钢	1000kW，高压工频
江苏联峰能源装备公司	4机4流大圆坯连铸机	φ380/500/600/700/800/900mm	40	中高碳钢、合金	1000kW，高压工频

根据邢钢一年半的在线工业运行实践，监测连铸各个环节的能耗及经济效益，进行初步分析。使用该项技术后，据初步测算，其收益部分大致为：降低大包钢水上线温度10℃所节约的能耗与耐火材料消耗；轴承钢、帘线钢平均连浇

炉数由 10 炉增至 11 炉；提高拉速 10%；水口冻结率及造成的非计划停浇率由 2.2%降低至 1.2%；提高连铸收得率，节约 5t 钢坯与废钢的差价；提升钢材品质，其中合格产品中的优质品率由 65%增加至 80%。其消耗部分大致为：实测感应加热的电耗 2kW·h/t；感应加热增加的通道耐火材料成本 2.4 元/t。综合计算，邢钢采用中间包通道式感应加热与精炼技术能额外创造经济效益 77 元/t。

6.3.2.6 感应加热技术应用案例[23]

以某钢厂大方坯连铸机感应加热实际应用效果为例，连铸机感应加热装置主要参数为：（1）试验钢种：GCr15 轴承钢；（2）铸坯断面尺寸：370mm×490mm；（3）钢包容量：100t；（4）弧形半径：16.5m；（5）矫直方式：多点矫直；（6）中间包类型：H 形通道加热中间包；（7）中间包容量：30t；（8）通道类型：双通道；（9）感应加热最大电力：1080kW·h；（10）温控精度为目标温度的 ±3℃。图 6-22 所示为感应加热设备的安装示意图。图 6-23 所示为感应加热中间包砌筑图。

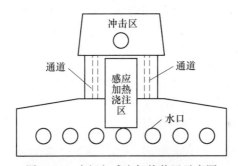

图 6-22 中间包感应加热装置示意图

图 6-23 感应加热中间包砌筑图

A 感应加热对钢液洁净度影响

图 6-24 所示为感应加热技术应用前后中间包不同位置夹杂物指数对比。可以看出采用通道式感应加热后，夹杂物指数有明显降低，冲击区夹杂物指数由

0.64 降低到 0.51，浇注区夹杂物指数由原来的 0.55 降低到 0.36。同时由于对中间包感应加热技术的成功应用和实践，某钢厂轴承钢产品质量得到大幅度提升，高端高碳铬轴承钢氧含量稳定控制在 2.3~5.3ppm；碳偏析指数不大于 1.05；夹杂物控制达到 A 类、B 类不大于 0.5 级，C 类为 0 级，Ds 不大于 0.5 级。

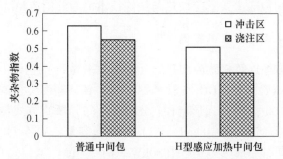

图 6-24 感应加热应用前后中间包夹杂物指数对比

B 感应加热对温度影响

分别采集了中间包感应加热使用前的 236 炉和使用后的 199 炉过热度数据，如图 6-25 所示。采用感应加热技术后中间包平均过热度由之前的 26℃ 下降到 15℃ 以下。

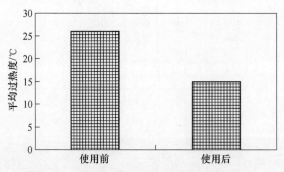

图 6-25 感应加热投用前后平均过热度对比

通过每炉钢水实际过热度 $\Delta T_{实际}$ 与工艺要求的目标过热度 $\Delta T_{目标}$ 的差值 ΔT 来衡量过热度的稳定效果。由图 6-26 可以看出，中间包感应加热技术投入使用后过热度温度波动由原来的 ±6℃ 降低到了目标温度 ±3℃ 以内，极大降低了温度波动范围，最低过热度由原来的 17℃ 降到 8℃。

C 感应加热对凝固组织影响

a 感应加热对铸坯 C 偏析影响

图 6-27 对比了施加感应加热和未施加感应加热对于铸坯中偏析度的影响。可以看出，施加感应加热后最大偏析度由原来的 5.98% 降低到 4.08%；平均偏析度由原来 1.66% 减小到 0.87%，降低了 47.8%，改善效果明显。

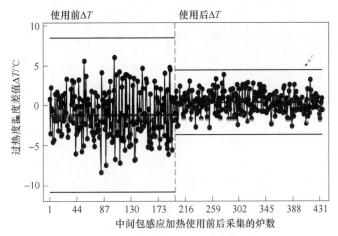

图 6-26 感应加热投用前后过热度波动对比

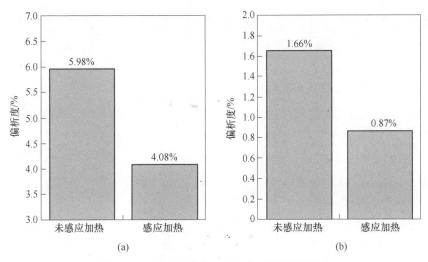

图 6-27 感应加热与未感应加热偏析度对比

(a) 最大偏析度；(b) 平均偏析度

通过分析偏析方差来对比从内弧到外弧对角线各位置碳含量的均匀性，如图 6-28 所示。结果表明，采用感应加热后在距离整体偏析度都有所降低，中心偏析几乎消失。

b　感应加热对二次枝晶的影响

凝固组织的二次枝晶臂间距与冷却速率之间呈现负相关性，同时过度发达的树枝晶和粗大的枝晶间距同样是导致偏析的重要原因。因此，可以通过铸坯的二次枝晶臂间距间接判断感应加热对于凝固组织的影响，尤其是柱状晶和等轴晶比例以及二次枝晶间距的差异性，图 6-29 和图 6-30 所示分别为未施加感应加热和

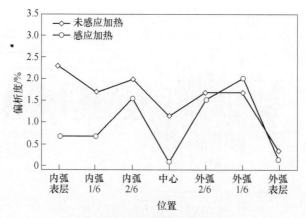

图 6-28 不同位置偏析度对比

采用感应加热后铸坯从内弧到外弧不同位置的枝晶结构。

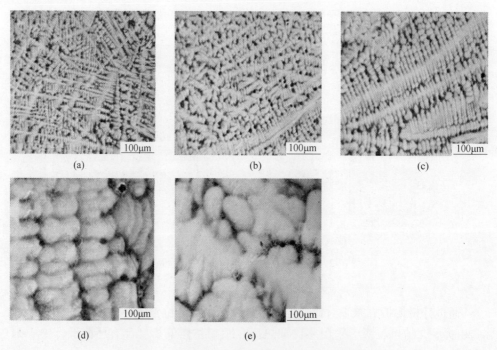

图 6-29 未感应加热炉次铸坯不同位置枝晶结构

(a) 内弧表层；(b) 距内弧边缘 5mm；(c) 距内弧边缘 10mm；

(d) 距内弧边缘 15mm；(e) 距内弧边缘 55mm

采用感应加热和未采用感应加热炉次铸坯不同位置二次枝晶间距对比如图 6-31 所示。结果表明，外弧侧二次枝晶间距大于外弧侧。实际生产过程中，内外

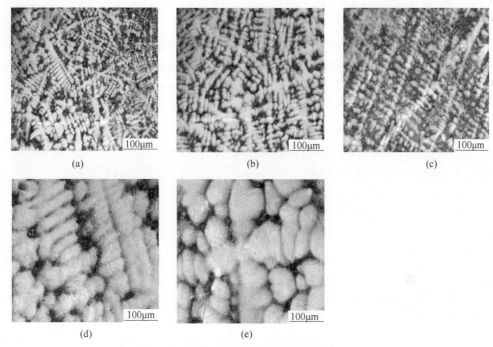

图 6-30　感应加热炉次铸坯不同位置枝晶结构

（a）内弧表层；（b）距内弧边缘 5mm；（c）距内弧边缘 10mm；

（d）距内弧边缘 15mm；（e）距内弧边缘 55mm

弧侧结晶器和二冷区域的冷却水量一般是相当的，而连铸坯内弧侧的比水量大于外弧侧的比水量，使内弧侧的冷却强度大于外弧侧，导致连铸坯内弧侧的二次枝晶间距小于外弧侧；另外，由钢液冲刷凝固前沿形成的碎枝晶在重力作用下沉积在外弧侧，抑制柱状晶的生长，中间包加热技术降低了钢液的过热度，均匀了温度和成分，有利于减小铸坯的二次枝晶臂间距，促进等轴晶发展，降低元素偏析。

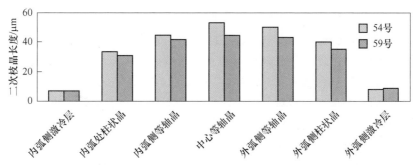

图 6-31　感应加热和未感应加热炉次铸坯二次枝晶间距对比

6.3.3　其他加热法

虽然等离子加热、感应加热方法已经在中间包成功运用，但它们也各有自己的弱点。因此，人们还在继续研究其他的中间包加热方法，如电阻加热、电渣加热法、石墨电极电弧加热以及高温氮气流加热等。这些加热技术有些还处于试验阶段[24]。

中间包钢液电阻加热是利用以 MgO 为基的高温半导体复合材料与电极作用产生热量，安装在中间包上方加热钢液。因受陶瓷材料的制约，目前尚处于实验室研究阶段。

中间包钢液电渣加热是利用电流通过熔融渣时产生的电阻热，将热量传给钢液加热。这一方法借鉴了电渣重熔过程的基本原理。1991 年，欧洲瑟德福什粉末公司已试运转一台用于 7t 中间包的双电极电渣加热器。电渣加热中间包钢液的特点是：

（1）电能转化为渣阻热直接输入渣层，因而热效率高，且钢液温度易控制。

（2）高温熔渣的存在使钢液与大气隔离，从而防止了大气对钢液的污染，且熔渣可起精炼钢液的作用。

（3）加热电极既可以是非消耗性石墨电极，也可以是消耗性钢制电极。使用石墨电极，电极消耗量为 0.15 ~ 0.40kg/t。当加热超低碳钢时可以采用与钢水成分相近的钢制电极。这种电极可用小方坯的切头切尾等废钢料制作，不但节省了电极的制作费用而且还提高了金属收得率，因此具有经济性。

（4）渣具有活性，在加热过程中可进行脱硫、脱氧处理，同时还具有溶解非金属夹杂（如 Al_2O_3）的作用，因而有助于减少连铸时水口堵塞的发生率；在处理含硫钢时，可以使用中性渣以避免过脱硫。

（5）可以保持恒定的浇注温度，可在略高于液相线温度浇注，提高了连铸坯质量。

日本开发了氮气流加热技术，旨在保持循环使用操作中的中间包容器内部的热量和不活跃气氛。该系统采用一种存储型换热器（蓄热器），向中间包吹入加热至 1500℃ 的氮气流，即使经过 20h 的等待，中间包温度仍可保持在 900℃ 以上，同时中间包内氧含量降至 30ppm 以下。川崎公司水岛厂的 4 号板坯连铸机应用喷射高温氮气加热，结果表明，与使用密封气体等待较长时间的情况相比，初始炉次的中间包钢水的总增氧量降低了 50%，有效控制了中间包钢水的再氧化，提高了钢水的清洁度；钢材中夹杂相关缺陷的发生率降为过去水平的 1/5 ~ 1/3。同时，加热中间包有利于防止浸入式水口堵塞。

将 LF 钢包精炼炉技术移植到水平连铸中间包加热系统中，结合钢水精炼和连铸这两道工艺为一体，采用三相电极埋弧加热技术，有效控制在钢种允许的最低过热度下实现恒温、恒速浇注;同时进行底吹氩搅拌钢水,使中间包内钢水温度均匀、成分均匀、排除钢水内有害气体和杂质,改善铸坯铸态组织,提高铸坯质量;连铸起铸成功率高,连铸过程参数稳定。

6.4 本章小结

恒温和低过热度浇注是中间包冶金的关键技术,也是中间包中钢液温度控制的核心内容。温度控制的要求,一方面要保证多流浇注过程中,各流之间温度的均匀性,这方面可以通过中间包内部挡墙结构的优化达到各流温度的均匀化;另一方面要保证较低和温度的过热度,这方面目前可以通过中间包加热技术来保证。

中间包加热技术是非常有前景的中间包冶金新技术,从目前的应用情况看,感应加热已经是比较成熟的技术,也得到了比较广泛的应用,国内兴橙特钢、邢钢等企业已经成功地应用在生产中。等离子加热技术也有了新的进展,目前国内的企业已经开始试用,也表现出一定的应用前景。

参 考 文 献

[1] 李顶宜,王志道.六流小方坯连铸不同结构中间包的热工特性研究 [J].冶金能源,1988 (4):21-26.

[2] 职建军.连铸中间包热状态测试、分析及钢水温度的研究 [D].北京:北京科技大学,1999.

[3] 倪满森,郭小星,梁严,等.连铸过程中间罐的热工分析 [J].钢铁研究学报,1988 (3):1-6.

[4] 王志道,张再华.110吨钢水罐热损失测定及分析 [J].冶金能源,1986,6:43-48.

[5] Szekely J, Lee R G. The effect of slag thickness on heat loss from ladles holding molten steel [J]. Trans. Met. Soc. of AIME, 1968, 242:961-965.

[6] 陈雷.连续铸钢:[M].北京:冶金工业出版社,1994.

[7] 曲英.从更宽的视野观察与思考冶金反应工程学问题 [J].东北大学学报,1998,19 (S1):1-3.

[8] 徐安军,田乃媛,许中波,等.炼钢厂钢水温度-时间优化匹配系统开发 [J].钢铁研究,1997 (3):3-6,56.

[9] Addes V I, Sabol J D. Development and implementation of the process model for controlling casting superheat temperature [C].79th Steelmaking Conference, 1996:330-340.

[10] 藤井毅彦,大井浩.连续铸钢におけるタンデッシュ内溶钢温度の変动のモデル解析 [J].鉄と鋼,1971,57 (10):1645-1653.

[11] 谢文新,包燕平,王敏,等.改善多流中间包均匀性研究 [J].北京科技大学学报,

2014, 36 (S1)：213-217.

[12] 苑品，包燕平，崔衡，等．板坯连铸中间包挡坝结构优化的数学与物理模拟 [J]．特殊钢，2012，33 (2)：14-17.

[13] 崔衡，包燕平，刘建华．中间包气幕挡墙水模与工业试验研究 [J]．炼钢，2010，26 (2)：45-48.

[14] 李怡宏，包燕平，赵立华，等．双挡坝中间包内钢液的流动行为 [J]．钢铁研究学报，2014，26 (12)：19-26.

[15] 李怡宏，包燕平，赵立华，等．多流中间包导流孔对钢液流动轨迹的影响 [J]．钢铁，2014，49 (6)：37-42.

[16] 高福彬，李建文，关会元．薄板坯连铸中间包温度优化工艺实践 [C]．宝钢学术年会，2015.

[17] 陈怀彬．宝钢炼钢厂基于物流管制的中间包内钢水温度稳定控制 [D]．北京：北京科技大学，1998.

[18] 田建英，张雪良，李京社，等．连铸中间包等离子加热技术综述 [J]．宽厚板，2017 (2)：45-48.

[19] 毛斌，张桂芳，李爱武．连续铸钢用电磁搅拌的理论与技术 [M]．北京：冶金工业出版社，2012：326.

[20] John W. Troutman C，David P，Comachoraleigh N. 纽柯公司内布拉斯加州钢厂中间包等离子加热 [J]．武钢技术，1996 (8)：42-48.

[21] Wang Q，Li B K，Tsukihashi F. Modeling of a thermo-electromagneto-hydrodynamic problem in continuous casting tundish with channel type induction heating [J]．ISIJ International，2014，54 (2)：311-320.

[22] 杨滨．通道式感应加热中间包内夹杂物碰撞长大和去除行为 [D]．沈阳：东北大学冶金学院，2016.

[23] 谢文新，包燕平，王敏，等．特殊钢连铸生产中 30t 中间包感应加热的应用 [J]．特殊钢，2014，35 (6)：28-31.

[24] 孙海轶，李成斌，李丽影，等．近年来中间包技术的发展 [J]．材料与冶金学报，2002 (1)：36-40.

7 中间包冶金的数值模拟

计算流体力学（CFD）是使用计算机进行数值模拟计算以分析流体流动情况和传热情况等物理现象的技术。随着近 20 多年以来计算机计算能力的大幅度提高，CFD 技术也飞速发展，适合当前计算机计算能力的湍流模型和计算方法也被开发出来，以加速解决流动和传热相关问题。

中间包内钢液的流动形态复杂，不仅存在物理作用，还会发生化学反应。中间包内流动形态一般分为短路流、活塞流、全混流和死区。物理模拟常用于研究中间包内的流动情况，可以将不可见的流体状态用流场图像或者 RTD 曲线进行表征。然而物理模拟是冷态模拟，难以获得中间包内温度变化情况，并且难以反映化学反应。尽管中间包内温度变化和化学反应可以通过中间包实际生产过程中的实验进行观察和检测，但是高温下的中间包仍属于黑匣子，不能对中间包内的流体状态进行完全的解析。而数值模拟方法可以通过对中间包内的物理作用和化学反应进行数学建模来描述中间包内流体的状态，是解析中间包的良好手段。

随着 CFD 技术的快速发展，越来越多学者采用数值模拟方法对中间包进行研究，包括中间包冶金的各个方面：流体动力学[1-13]、停留时间分布[14,15]、夹杂物和热量传输[16-20]、电磁搅拌[21,22]、湍流现象[23-25] 等。国内也有许多学者[26-31]在中间包研究中应用数值模拟方法，研究了控流装置对中间包实现冶金功能的影响。

本章讨论中间包钢液流动和传热的数值模拟，介绍数值模拟的基本方法，并以本课题组的成果为案例，具体介绍中间包数值模拟在中间包实际生产过程中的应用。

7.1 中间包数学模型的建立

7.1.1 基本假设

在实际生产过程中，中间包内的钢液流体流动状态十分复杂，不仅存在物理作用，还会发生化学反应。在模型建立的过程中，很难完全考虑所有的因素并在模型中体现，否则会大大增加计算的难度。在保证结果准确性的条件下，为了简化计算过程，缩短计算时间，对中间包内流体流动状态做以下假设[32]：

(1) 中间包内的流体流动为三维稳态黏性不可压缩流动；

(2) 中间包内流体均按均匀相介质处理；

（3）中间包顶面为自由液面，不考虑表面波动，以及覆盖剂和渣层对流动的影响；

（4）中间包内流体的传热过程为稳态传热；

（5）忽略温度对钢液密度的影响，认为钢液密度为常数。

7.1.2　基本方程

7.1.2.1　流动模型

中间包内的流动控制方程由连续性方程、动量方程（Navier-Stokes 方程）组成。而描述钢液流动的湍流模型主要包括 Spalart-Allmaras 模型、k-ε 模型和 k-ω 模型，现在应用最成熟及最广泛的是 Launder 和 Spalding[33] 提出的 k-ε 模型。

k-ε 模型包括标准 k-ε 模型、RNG k-ε 模型、Realizable k-ε 模型[34]。标准 k-ε 模型应用较多，运算速度较快，稳定性和计算精度较高，适用于高雷诺数湍流，但不适用于循环流动、近壁面流动等各向异性较强的流动；RNG k-ε 模型适用于低雷诺数湍流，强化了强旋流动的计算精度；Realizable k-ε 模型适用于预测中等强度的旋流，与 RNG k-ε 模型基本一致。许多学者对湍流模型进行了研究对比，曲英和王利亚[35] 在 1985 年采用了涡量传输方程和有效黏度经验公式描述了中间包内的流体流动状态，并与 k-ε 模型计算结果进行了比较，确定了计算方法的可行性。R. Schwarze 等[36] 在 2001 年使用标准 k-ε 模型、RNG k-ε 模型分别预测中间包内的流场和分散相行为，两种计算方法所得结果相差不大，但是平均湍流量相差不小，与实验数据相比发现 RNG k-ε 模型更接近具有高曲率流线的湍流流动情况。K. J. Pradeep 和 K. D. Sukanta[37] 在 2002 年运用标准 k-ε 模型、RNG k-ε 模型（Yahkot，Orszag，1992）以及低雷诺数 Lam–Bremhorst 模型（1981）对中间包内示踪剂浓度进行了数值模拟，并与水模型实验结果进行了比较，发现标准 k-ε 模型与水模型实验结果匹配程度比另外两种模型更好，并且标准 k-ε 模型的运算时间更短。

这里采用 k-ε 模型、连续性方程、动量方程（Navier-Stokes 方程）描述中间包内流动状态[38]。

连续性方程：

$$\frac{\partial \rho}{\partial t} + \frac{\partial(\rho u_i)}{x_i} = 0 \tag{7-1}$$

动量方程（Navier-Stokes 方程）：

$$\frac{\partial(\rho u_i u_j)}{\partial x_i} = -\frac{\partial p}{\partial x_i} + \frac{\partial}{\partial x_j}\left[\mu_{\text{eff}}\left(\frac{\partial u_i}{\partial x_j} + \frac{\partial u_j}{\partial x_i}\right)\right] + \rho g_i \tag{7-2}$$

湍动能（k）方程：

$$\rho u_i \frac{\partial k}{\partial x_i} = \frac{\partial}{\partial x_i}\left(\frac{\mu_{eff}}{\sigma_k} \times \frac{\partial k}{\partial x_i}\right) + G - \rho\varepsilon \tag{7-3}$$

湍动能耗散率（ε）方程：

$$\rho u_j \frac{\partial \varepsilon}{\partial x_j} = \left(\frac{\mu_{eff}}{\sigma_\varepsilon} \times \frac{\partial \varepsilon}{\partial x_j}\right) + \frac{c_1 \varepsilon G}{k} - \frac{c_2 \rho \varepsilon^2}{k} \tag{7-4}$$

其中，$k\text{-}\varepsilon$ 方程中：

$$G = \mu_t \frac{\partial u_i}{\partial x_j}\left(\frac{\partial u_i}{\partial x_j} + \frac{\partial u_j}{\partial x_i}\right) \tag{7-5}$$

$$\mu_{eff} = \mu + \mu_t \tag{7-6}$$

$$\mu_t = \rho c_\mu \frac{k^2}{\varepsilon} \tag{7-7}$$

式中　u_i——流体在坐标轴方向上的速度，m/s；

　　　ρ——流体的密度，kg/m³；

　　　μ——流体的黏性系数，kg/(m·s)；

　　　μ_t——流体的附加黏性系数，kg/(m·s)；

　　　k——湍动能，m²/s²；

　　　ε——湍动能耗散率，m²/s³。

对于系数 c_1、c_2、c_μ、σ_k、σ_ε，本书采用计算流体力学通用的数值：$c_1 = 1.44$，$c_2 = 1.92$，$c_\mu = 0.09$，$\sigma_k = 1.0$，$\sigma_\varepsilon = 1.3$。

7.1.2.2　能量传输模型

钢液密度为常数时，描述钢液在中间包内湍流传热的能量传输方程如下所示[39]：

$$\frac{\partial}{\partial x_i}(\rho H u_i) = \frac{\partial}{\partial x_i}\left(k_{eff} \frac{\partial T}{\partial x_i}\right) \tag{7-8}$$

$$k_{eff} = \frac{\mu_t}{\sigma_{t,T}} + \frac{\mu}{\sigma_T} \tag{7-9}$$

式中　H——钢液的热焓；

　　　T——钢液的温度；

　　　k_{eff}——有效传热系数；

　　　$\sigma_T = 1.00$；

　　　$\sigma_{t,T} = 0.9$。

7.1.3　边界条件

根据中间包浇注时的运行情况，将中间包数学模型中的边界条件分为入口、出口、顶部液面、壁面四个部分，对中间包数学模型的边界条件进行以下设置。

7.1.3.1　钢包水口入口边界条件

中间包的入口设置为速度入口，钢液的流速根据实际拉坯速度、铸坯横截面积及钢包水口横截面积计算得到：

$$v_{\text{inlet}} = \frac{SVn}{\pi r^2} \tag{7-10}$$

式中　v_{inlet}——入口速度，m/s；

　　　r——中间包出口半径，m；

　　　S——铸坯横截面积，m²；

　　　V——拉坯速度，m/s；

　　　n——中间包流数。

入口的湍动能及湍动能耗散率根据以下公式计算：

$$k = 0.01 v_{\text{inlet}}^2 \tag{7-11}$$

$$\varepsilon = \frac{2k^{1.5}}{D_{\text{inlet}}} \tag{7-12}$$

式中　D_{inlet}——钢包水口直径，m。

7.1.3.2　中间包出口边界条件

中间包浇注过程中，铸坯拉速基本恒定，认为为常数，设为自由出口。

7.1.3.3　中间包液面边界条件

中间包的液面设为自由表面，其剪切力设为零，流场的变量梯度为零。

7.1.3.4　中间包壁面边界条件

中间包的固体壁面处的速度为零，设为无滑移边界。

7.1.3.5　对称边界条件

若中间包为以钢包水口入水口为中心对称中间包，则可以使用对称边界条件减少计算量、提高计算精度，对称面上的所有变量的梯度为零：

$$\frac{\partial u}{\partial y} = \frac{\partial v}{\partial y} = \frac{\partial w}{\partial y} = \frac{\partial k}{\partial y} = \frac{\partial \varepsilon}{\partial y} = 0 \tag{7-13}$$

在计算中间包的温度场时，需要使用钢液的物性参数，一般认为在一定温度下的钢液物性参数为常数，钢液在1773K时的物性参数见表7-1。对于具有不同成分的钢液，其物性参数略有不同，但相差不大，对计算结果影响不明显。一般认为钢包水口入水口钢液的温度恒定。对于中间包各个部位的散热情况，通常对其热通量赋值或估算，常用的中间包各边界的散热强度见表 7-2。

表 7-1 钢液物性参数

密度/kg·m⁻³	黏度/Pa·s	比热容/J·(kg·K)⁻¹	传热系数/W·(m·K)⁻¹	入口浇注温度/K
7000	0.0064	816	35.36	1773

表 7-2 中间包各边界散热强度 (W/m²)

自由液面	横向侧墙	纵向侧墙	底面
15000	3800	3200	1400

7.1.4 计算方法

7.1.4.1 流场计算方法——SIMPLER 算法

SIMPLER 算法由求解为得到压力场的压力方程和求解校正速度用的压力校正方程构成，运算顺序如下。

(1) 用试探的速度场开始。

(2) 计算动量方程的系数，然后由式 (7-14)~式 (7-16) 的方程组用邻近的速度值 u_{nb} 代入求出假速度（试探速度）$\bar{u}$，$\bar{v}$ 和 $\bar{w}$：

$$\bar{u} = \frac{\sum a_{nb}u_{nb} + b}{a_u} \tag{7-14}$$

$$\bar{v} = \frac{\sum a_{nb}v_{nb} + b}{a_v} \tag{7-15}$$

$$\bar{w} = \frac{\sum a_{nb}w_{nb} + b}{a_w} \tag{7-16}$$

(3) 计算压力方程式 (7-17) 的系数，并求解它以得到压力场，把这个压力场记为 p^*：

$$a_P p_P^* = a_E p_E^* + a_W p_W^* + a_N p_N^* + a_S p_S^* + a_F p_F^* + a_B p_B^* + b \tag{7-17}$$

其中：

$$b = (\bar{u}_w - \bar{u}_e)\Delta y\Delta z + (\bar{v}_s - \bar{v}_n)\Delta x\Delta z + (\bar{w}_b - \bar{w}_f)\Delta x\Delta y \tag{7-18}$$

(4) 将求得的 p^* 压力场再代入动量方程式 (7-17)，求出速度值，把这个速度场记为 u^*，v^*，w^*：

$$a_u u^* = \sum a_{nb}u_{nb}^* + b_u + A_u(p_W^* - p_P^*) \tag{7-19}$$

$$a_v v^* = \sum a_{nb}v_{nb}^* + b_v + A_v(p_S^* - p_P^*) \tag{7-20}$$

$$a_w w^* = \sum a_{nb}w_{nb}^* + b_w + A_w(p_B^* - p_P^*) \tag{7-21}$$

（5）用式（7-19）~式（7-21）计算出的速度 u^*，v^*，w^*，重新计算式（7-18）中的 b 项，然后再计算压力场，并把这个压力场记为 p'：

$$a_P p'_P = a_E p'_E + a_W p'_W + a_N p'_N + a_S p'_S + a_F p'_F + a_B p'_B + b \qquad (7-22)$$

$$b = (u^*_w - u^*_e)\Delta y \Delta z + (u^*_s - u^*_n)\Delta x \Delta z + (u^*_b - u^*_f)\Delta x \Delta y \qquad (7-23)$$

（6）利用上式计算的压力场校正速度场：

$$u = u^* + d_u(p'_W - p'_P) \qquad (7-24)$$

$$v = v^* + d_v(p'_S - p'_P) \qquad (7-25)$$

$$w = w^* + d_w(p'_B - p'_P) \qquad (7-26)$$

（7）求解 k-ε 的离散化方程。

（8）回到第（2）步，重复计算直到速度场收敛为止。

7.1.4.2 温度场计算方法

中间包温度场计算流程如图 7-1 所示。

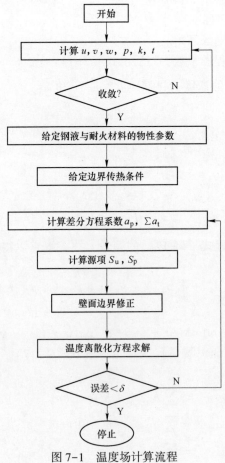

图 7-1 温度场计算流程

7.2　中间包内钢液停留时间数值计算

钢液在中间包内停留时间分布函数和平均停留时间是研究中间包内钢液流动过程的一个重要指标，也是常常被用来分析中间包内型好坏的一个重要参数。本节介绍利用数学模型计算钢液在中间包内流动的停留时间、方法及示踪剂在中间包内的浓度随时间的分布，这也可以视为新鲜钢液在中间包内流过的流动过程。

7.2.1　基本假设

计算中间包钢液流动的停留时间分布，是在钢液稳定流动状态下，在中间包的入口处加入示踪剂，计算示踪剂在中间包内浓度分布随时间变化的浓度值，由此计算出钢液停留时间分布及平均停留时间。亦即钢液流动过程被视为稳态流动，而示踪剂的流动过程是一个非稳态传质过程。

描述中间包内湍流传质过程的微分方程如下：

$$\rho \frac{\partial c}{\partial t} + \rho U_J \frac{\partial c}{\partial x_J} = \frac{\partial}{\partial x_J}\left(\rho D_{eff} \frac{\partial c}{\partial x_J}\right) \tag{7-27}$$

式中，D_{eff}称为湍流有效扩散系数，近似地可以取为：

$$\frac{\mu_{eff}}{\rho D_{eff}} = 1 \tag{7-28}$$

7.2.2　浓度边界条件

在中间包四周的固体壁面上，示踪剂的扩散流为零，即固体壁面内的示踪剂浓度为零，$c = 0$。

中间包内的对称面上，示踪剂浓度梯度为零：

$$\frac{\partial c}{\partial x} = \frac{\partial c}{\partial y} = \frac{\partial c}{\partial z} = 0 \tag{7-29}$$

对称面两边相邻网格节点上的示踪剂浓度相等。

中间包的液面是自由表面，处理方法与对称面相同。

7.2.3　中间包平均停留时间计算方法

示踪剂的浓度场可以和中间包内钢液流动速度场分开计算，首先计算稳态中间包速度场，得到收敛的流场后，再计算示踪剂的浓度场。根据示踪剂浓度场再计算出中间包平均停留时间。中间包平均停留时间计算的流程如图7-2所示。

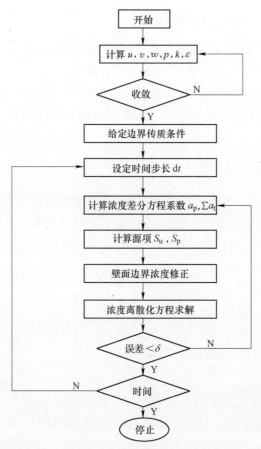

图 7-2　中间包内钢液平均停留时间计算流程

7.3　中间包内夹杂物去除和运动轨迹计算

7.3.1　夹杂物上浮排除率

通过分析一个微元体内夹杂物的质量衡算，可以得到中间包内钢液中夹杂物的传输方程：

$$\frac{\partial \rho c_i}{\partial t} + \frac{\partial \rho u c_i}{\partial x} + \frac{\partial \rho v c_i}{\partial y} + \frac{\partial \rho (w + w_{jz}) c_i}{\partial z} = \frac{\mu_{\text{eff}}}{\sigma_{c,i}} \left(\frac{\partial^2 c_i}{\partial x^2} + \frac{\partial^2 c_i}{\partial y^2} + \frac{\partial^2 c_i}{\partial x^2} \right) + S_i$$

(7-30)

式中　c_i——夹杂物的密度值，即单位体积内 i 粒子的数量；

　　　$\sigma_{c,i}$——粒子 i 的湍流施密特数，一般情况假设 $\sigma_{e,i} = 1$；

　　　w_{jz}——夹杂物的特征上浮速度，根据粒子的重力与摩擦力的平衡，由斯托克斯公式得：

$$w_{jz} = \frac{g(\rho - \rho_{jz})d_i^2}{18\mu} \tag{7-31}$$

d_i——夹杂物的粒子直径，m；

ρ_{jz}——夹杂物的密度；

ρ，μ——钢液的密度和黏度；

S_i——源项，由两项组成，一项是夹杂物的碰撞率，另一项是顶渣的捕获率。

假设夹杂物的形状是球形，两种夹杂物的粒子的碰撞率可用式（7-32）计算：

$$\dot{n}_{jz} = 1.3(r_1 + r_2)^3 c_1 c_2 \left(\frac{\varepsilon}{\nu}\right)^{0.5} \tag{7-32}$$

式中 r_1，r_2——两个粒子的半径；

c_1，c_2——两个粒子的数量浓度；

ε——钢液的湍动能耗散率。

上浮到中间包钢液液面的夹杂物，假设能够被顶渣全部吸收，顶渣捕获夹杂物的公式如下：

$$q_{jz} = c_{jz} w_{jz} \tag{7-33}$$

式中 c_{jz}——液面处单位体积内的夹杂物数量浓度；

w_{jz}——液面处夹杂物的上浮速度。

7.3.2 夹杂物运动轨迹

夹杂物的运动轨迹方程如下：

$$u = \frac{\partial x}{\partial t}, \quad v = \frac{\partial y}{\partial t}, \quad (w + w_{jz}) = \frac{\partial z}{\partial t} \tag{7-34}$$

对式（7-34）积分，有：

$$x_P = x_{p0} + u\Delta t \tag{7-35}$$

$$y_P = y_{p0} + v\Delta t \tag{7-36}$$

$$z_P = z_{p0} + (w + w_{jz})\Delta t \tag{7-37}$$

根据已经计算的流程和夹杂物的上浮速度，计算不同粒子直径的夹杂物在中间包内的运动轨迹。

7.4 常用商用软件

采用计算流体力学（CFD）解决实际问题时，一般分为三步：前处理、求解和后处理。

7.4.1 前处理

前处理的目的是将具体问题转化为求解器可以接受的计算域和网格。所以前处理过程即为建立计算域并划分网格的过程。计算域是指 CFD 分析的流动区域,这里是指中间包中钢液流过的体积,对计算域进行合理处理可以极大地减小计算量。网格是指将计算域划分为多个小单元,网格数量和质量很大程度上影响着求解的准确程度。

7.4.1.1 三维模型绘图软件建立计算域

建立计算域,即建立中间包钢液流动体积的三维模型是数值模拟计算过程的第一步,需要将中间包的尺寸、形状等内容以三维模型的方式进行描述。对于对称中间包,可以设置一个含对称面的计算域,以简化计算过程。一般我们常用以下软件来完成这项工作:

(1) Auto CAD。Auto CAD (autodesk computer aided design) 是 Autodesk (欧特克) 公司开发的自动计算机辅助软件,是国际上广为流行的绘图工具,可应用于二维绘图、基本三维设计等方面。

(2) Pro/Engineer。Pro/Engineer 操作软件是一款 CAD/CAM/CAE 一体化的三维软件,采用模块方式,可以分别进行草图绘制、零件制作、装配设计等,是主流的三维造型软件之一。

(3) SolidWorks。SolidWorks 软件具有强大的设计功能和易学易用的操作,这使得其成为主流的三维 CAD 解决方案。SolidWorks 采用的是 Windows 风格,能够实现常用的拖/放、点/击、剪切/粘贴功能,十分有利于熟悉微软 Windows 系统的用户使用。

7.4.1.2 前处理器划分网格

对计算域划分网格,一般是根据计算要求进行划分,需要保证足够多的网格数量,同时也不应过多,以精简计算过程。对于二维流动模拟,可以采用四边形网格;对于三维流动模拟,应该尽量使用六面体网格以提高求解精度。下面介绍两种常用的前处理软件:

(1) ICEM。ICEM CFD (the integrated computer engineering and manufacturing code for computational fluid dynamics) 是一种专业的 CAE (computer aided engineering) 前处理软件。它具有修复 CAD 模型、自动中面抽取的功能,独特的网格"雕塑"技术、网格编辑技术以及广泛的求解器支持能力,是常用的网格划分软件之一。

(2) GAMBIT。GAMBIT 可以简单便捷的完成模型建立、网格划分、指定模型区域大小的步骤，基本满足大部分模型的前处理过程。

7.4.2 CFD 求解器

求解器将描述流体流动、热传导等物理过程的数学公式转化为程序语言，并以各种软件的形式供用户使用，简化了求解过程。在使用过程中，将前处理完成的文件导入求解器，并根据计算要求设置好各项参数后，即可开始求解中间包内的流动和热传导情况。

下面介绍几种常用的 CFD 求解软件：

（1）FLUENT。FLUENT 用来模拟从不可压缩到高度可压缩范围内的复杂流动。FLUENT 软件包含基于压力的分离求解器、基于密度的隐式求解器、基于密度的显式求解器，多求解器技术使 FLUENT 软件可以用来模拟从不可压缩到高超音速范围内的各种复杂流场。FLUENT 软件包含非常丰富、经过工程确认的物理模型，由于采用了多种求解方法和多重网格加速收敛技术，因而 FLUENT 能达到最佳的收敛速度和求解精度。灵活的非结构化网格和基于解的自适应网格技术及成熟的物理模型，可以模拟高超音速流场、传热与相变、化学反应与燃烧、多相流、旋转机械、动/变形网格、噪声、材料加工等复杂机理的流动问题。

（2）FLOW-3D。FLOW-3D 是一款专业的多相流求解软件，是高效能的计算仿真工具。工程师能够根据需要自行定义多种物理模型，应用于各种不同的工程领域。

（3）CFX。CFX 是一款高性能计算流体动力学（CFD）软件工具，可快速稳健地为各种 CFD 和多物理场应用提供可靠精确的解决方案。CFX 一直因其出色的精确度、稳健性和高速度而被业界认可，可满足泵、风扇、压缩机、燃气涡轮和水力涡轮等旋转机械应用的需求。

（4）STAR-CD。STAR-CD 是基于有限容积法的通用流体计算软件，可与 CAD、CAE 软件接口，所以该软件在适应复杂区域方面的特别优势。STAR-CD 能处理移动网格，用于多级透平的计算；可计算稳态、非稳态，牛顿、非牛顿流体，多孔介质，亚声速、超声速，多相流等问题。

7.4.3 后处理

后处理通过对求解器计算得到的结果进行继续处理，以得到直观清晰的数据和图表，如速度矢量图、迹线图等，用于说明计算结果。一般商业求解器都自带后处理功能，也可以使用 Tecplot、FieldView 等专业后处理软件进行处理。

（1）Tecplot。Tecplot 是一款功能强大的数据分析和可视化处理软件。它提供了丰富的绘图格式，包括 x-y 曲线图，多种格式的 2-D 和 3-D 面绘图，和 3-D 体绘图格式。而且软件易学易用，界面友好。

（2）FieldView。FieldView 为针对计算流体力学专用的后处理工具，可以通过图形及动画的方式完整地表达模型内的流场以及物理行为，其友善的操作界面使使用者能快速地上手并轻易完成整个后处理工作，与其他 CFD 软体良好的结合性更减少了使用者在转档上的麻烦。

7.5   研究实例

7.5.1   60t 对称 2 流板坯中间包控流装置优化

某厂 60t 2 流板坯中间包内钢液停留时间较短，夹杂物上浮不充分，浇注区存在较大死区，温度分层，有效容积下降，其钢液洁净度、铸坯表面质量、铸坯收得率控制方面仍有很大提升空间。为了改善该中间包的冶金功能，应用数值模拟方法建立中间包流场数学模型，对现场中间包钢液流动状态进行模拟及定量分析，考察不同的湍流抑制器和挡坝设置情况对中间包内流场的影响，并确定了最佳配合方案。实际中间包的工艺参数及尺寸见表 7-3。

表 7-3   实际中间包的工艺参数及尺寸

连铸机类型	立弯式
公称容量/t	60
包型	长梯形
流数	2 流
正常拉坯速度/m·min^{-1}	1.0~1.5
铸坯断面/mm	230×1400
长水口直径/mm	95
出水口直径/mm	67
控流装置	湍流抑制器+挡坝+塞棒

采用数值模拟方法对不同控流装置下的中间包钢液流场和温度场特性进行模拟[40]。

具体步骤如下：

（1）确定计算区域，建立研究对象的几何模型；

（2）几何模型的离散，即划分网格；

（3）建立数学模型，进行边界条件的设置；

（4）在划分网格的基础上，对离散化后的方程进行迭代求解，其中需要确定合适的迭代步数、迭代收敛标准，以保证计算精度；

（5）对求解结果进行后处理，提取所揭示的信息，用于指导工艺分析。

7.5.1.1 几何模型建立和计算参数设置

本次研究的 60t 2 流板坯中间包基本包型为几何对称结构，中间包钢水的流动状态同样具有对称性，同时对应物理模拟流场显示结果，取左半部分中间包为计算区域。模型计算中使用的中间包结构如图 7-3 所示。

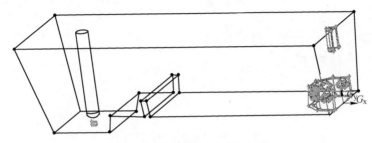

图 7-3 数学模型中中间包结构

计算域以湍流抑制器中心为坐标原点，分别以长、宽、高为 x、y、z 轴，建立直角坐标系。考虑到模型的几何形状不规则，为提高网格质量，本模型主要采用四面体网格，并在适当位置划分六面体、锥体和楔形单元。

中间包使用 A 型湍流抑制器时网格尺寸为 30mm，网格数为 32 万个；使用 B 型湍流抑制器时由于新湍流抑制器结构较复杂，为提高精度，网格尺寸 20mm，网格数 153 万个。

钢液流动的边界条件如下[41]：

（1）自由表面。忽略表面渣层影响，假设为墙面 wall，表面切应力很小，可以忽略不计，变量梯度为零。

（2）入口。速度入口。在入口处，假设流股为一维流动，其速度方向垂直于自由表面；假定入口截面上的速度分布都相同，推算出 v 得 1.2m/s；入口湍动能及湍动能耗散速率由入口速度确定，其表达式为 $k = 0.01v_{in}^2$，耗散率 $\varepsilon = k^{1.5}/0.5D_{in}$。

（3）出口。出口设为自由出口。

（4）包壁和水口壁。采用无滑移边界条件，壁面附近流场采用标准壁面函数计算。

（5）对称面。速度及其他变量的法向导数为零。

中间包壁和钢液表面的散热视为稳态过程，具体设置值如边界条件所示。

7.5.1.2 试验方案

（1）模拟中间包使用 A 型湍流抑制器时，不同结构挡坝下的中间包流场和温度场；

（2）模拟中间包使用 B 型湍流抑制器时，不同结构挡坝下的中间包流场和温度场；

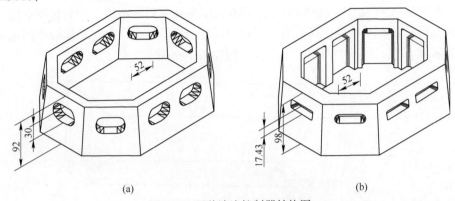

图 7-4　两种湍流抑制器结构图

（a）A 型湍流抑制器；（b）B 型湍流抑制器

中间包使用 A 方案挡坝浇注时（图 7-5），挡坝后易形成死区，且挡坝较低，流经挡坝的钢液向钢液面方向运动趋势不明显，且浇注结束时挡坝间钢液不能继续流向浇注区，中间包内所余钢液较多，钢水收得率较低。

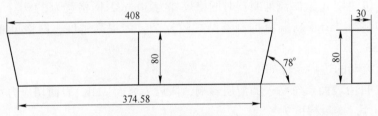

图 7-5　中间包 A 方案挡坝结构图（mm）

为降低挡坝后死区，降低浇注结束时两挡坝之间残余钢液量，在挡坝底部开孔或开槽，使浇注结束时钢液从挡坝底部流出，如图 7-6 所示。

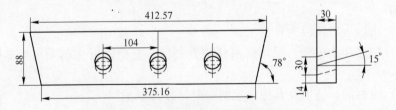

图 7-6　圆孔挡坝结构图（mm）

挡坝底部开孔后钢液可能会直接经过孔流向浇注区，钢液停留时间缩短，因此，圆孔带有向上角度，且挡坝高度增加到 88mm，以增大钢水向上运动趋势，促进夹杂物上浮进入渣层。

对挡坝底部开槽,并制作独立小挡坝,试验中进一步加高挡坝,进行对比试验,具体如图7-7所示。

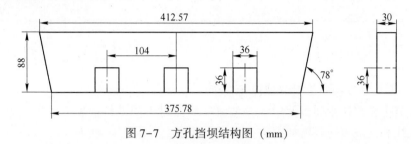

图7-7 方孔挡坝结构图(mm)

同时,还研究了中间包设置双挡坝的流场效果,其中小挡坝结构如图7-8所示。

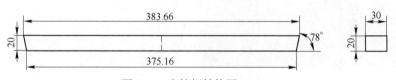

图7-8 小挡坝结构图(mm)

表7-4 中间包实验挡坝组合 (mm)

方案	大挡坝位置	大挡坝高度	大挡坝开孔情况	小挡坝位置	小挡坝高度
A	918	80			
B	918	88	3圆		
C	918	88	2圆		
D	798	88	2圆	918	20
E	798	88	2圆		
F	798	88	3圆	918	20
G	798	88	2方	918	20
H	798	88	2方		
I	918	88	2方		
J	798	88	3方	918	20
K	918	108	2圆		
L	798	108	2圆		
M	798	108	3圆	918	20
N	918	108	2方		
O	798	108	2方		
P	798	108	3方	918	20

续表7-4

方案	大挡坝位置	大挡坝高度	大挡坝开孔情况	小挡坝位置	小挡坝高度
Q	798	108	2方	918	20

7.5.1.3 试验结果分析

A A型湍流抑制器时钢液流场分析

本节主要对比中间包使用A型湍流抑制器时不同结构挡坝下的中间包流场，钢液流线和钢液流速具体如图7-9所示，速度上下限为0~0.1m/s。

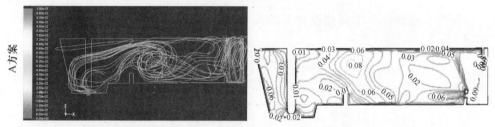

图7-9 中间包使用A型湍流抑制器和A方案挡坝时的钢液流场

从图7-9流场迹线可以看出，中间包使用A方案挡坝时，钢液从湍流抑制器流出后，大部分钢液沿中间包底部流动，且速度相对较大，在0.05~0.06m/s之间，钢液在湍流抑制器和挡坝之间运动时间短，夹杂物不能充分上浮。

钢液遇到挡坝后向钢液面运动，流速增大，形成钢液循环区，活跃了此区钢液流场；但挡坝后钢液运动缓慢，形成死区，同时挡坝高度较低，钢液向上运动趋势明显较弱，没有形成明显的贴近钢液表层的流动，新旧钢液混合不充分，易形成死区，对夹杂物在浇注区的进一步上浮去除不利。

由图7-10可见，圆孔双挡坝钢液流场情况也较好。

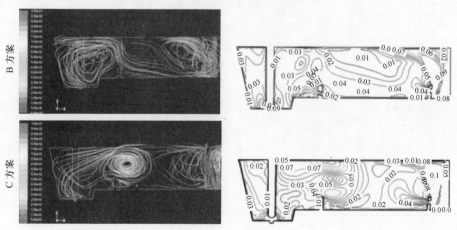

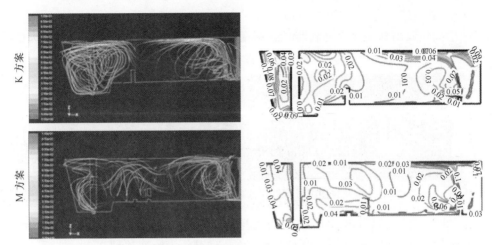

图 7-10　中间包使用改进圆孔挡坝时的钢液流场

　　如图 7-11 所示，中间包使用方孔挡坝，即 N 方案挡坝，通钢孔截面积大，通钢量大，且孔开在挡坝底部，没有向上角度，贴底流钢液受阻较小，流速大，流经挡坝前达到 0.08m/s，同时经过方孔后没有得到向上提升，而是直接流向中间包出水口，中间包内钢液流速整体较大。

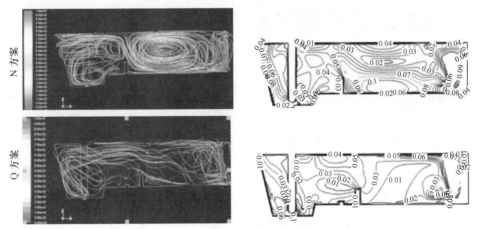

图 7-11　中间包使用方孔挡坝时的钢液流场

　　中间包使用方孔双挡坝，即 Q 方案挡坝，钢液有向上运动轨迹，整体流速较慢，钢液停留时间较中间包使用 N 方案长。

　　K、M、Q 方案挡坝流场效果较好。

　　根据萧泽强等[42]的研究表明，渣钢体系发生卷渣的临界表面钢液流速为 0.63m/s，喷吹气体时钢液顶面开始卷渣的临界钢液流速为 0.18~0.59m/s，本试验中不同结构挡坝的中间包钢液面流速基本在 0.1m/s 以下，都没达到临界卷渣值，钢液面不会产生卷渣。

B B型湍流抑制器时钢液流场分析

中间包改用B型湍流抑制器时的钢液流场如图7-12所示，速度上下限为0~0.3m/s。

图7-12 中间包使用B型湍流抑制器和A方案挡坝时的钢液流场

从图7-12可以看出，中间包用B型湍流抑制器后，注入区钢液激烈混合区（可视为高速注流区）较小，钢液流速变大，底部钢液流速达到0.3m/s。采用改进结构挡坝后中间包钢液流场如图7-13所示。

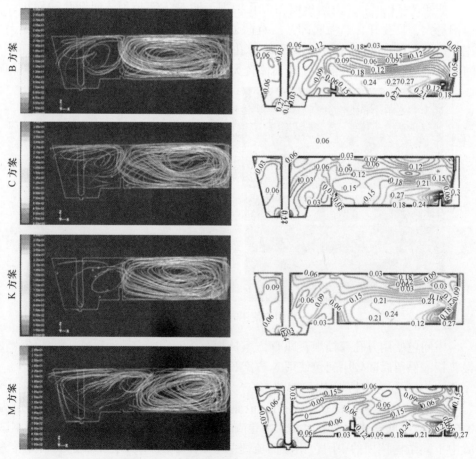

图7-13 中间包使用圆孔挡坝时的钢液流场

如图 7-14 所示，中间包使用圆孔或方孔挡坝后，底部钢液速度有所降低，但较使用 A 型湍流抑制器时速度仍较高，流场恶化。

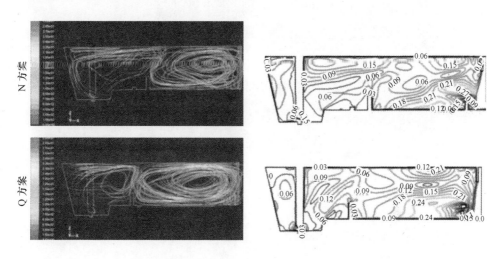

图 7-14 中间包使用方孔挡坝时的钢液流场

C 不同控流装置时钢液温度场对比

中间包使用不同湍流抑制器和不同结构挡坝时温度场如图 7-15 和图 7-16 所示，温度上下限为 1827~1833K。

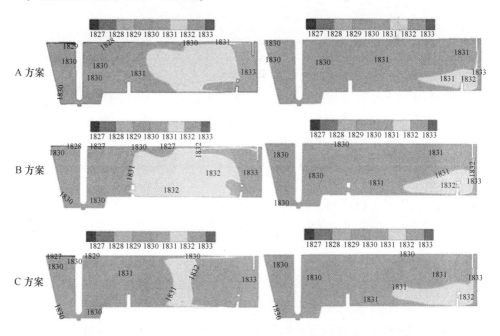

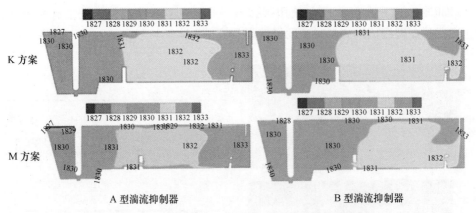

A 型湍流抑制器　　　　　　　　　　B 型湍流抑制器

图 7-15 中间包使用不同控流装置时的钢液温度场

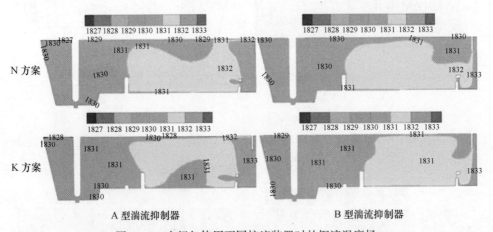

A 型湍流抑制器　　　　　　　　　　B 型湍流抑制器

图 7-16 中间包使用不同控流装置时的钢液温度场

中间包使用 A 型湍流抑制器时，A 方案挡坝较低，对钢液上扬作用不明显，浇注区钢液出现明显分层现象，钢液温度分布不均匀，易造成铸坯长度方向上成分性能不均匀。挡坝开圆孔并加高后，钢液向液面运动趋势明显，浇注区新旧钢液混合充分。如 K 方案，温度为 1832K 的区域明显增大，浇注区钢液温度分层现象基本消失。

中间包使用方孔挡坝时，挡坝和湍流抑制器间钢液出现分层及局部低温现象，效果不理想。同时，中间包使用 B 型湍流抑制器时，中间包温度整体偏低。

7.5.1.4 小结

通过分析中间包使用不同湍流抑制器和不同结构挡坝时钢液温度场，得出以下结论：

（1）中间包设置 A 型湍流抑制器情况下，A 方案挡坝高度较低，对流经钢液阻挡提升作用不明显，贴底流钢液流速为 0.05~0.06m/s，钢液向钢液面运动趋势较小；同时挡坝无孔，浇注区角部和挡坝后形成较大死区，钢液出现 1830~1831K 温度分层现象。

（2）改用 K 方案挡坝，钢液受较高挡坝阻挡，流速变慢，达到 0.01m/s，钢液流经挡坝后向钢液面运动趋势明显，夹杂物有更大机会上浮去除；同时挡坝开向上角度通钢孔，挡坝后和浇注区角部死区明显减少，浇注区钢液温度分层现象基本消失，大部分达到 1831K；中间包使用 M 方案和 C 方案挡坝效果也较为理想。

（3）中间包使用 A 型湍流抑制器时，钢液在湍流抑制器周围形成较大范围的混合区，此区钢液运动激烈，有利于夹杂物的碰撞聚集长大，钢液动能得到消耗；不同结构挡坝下，钢液流向浇注区时速度较低，都在 0.06m/s 以下，钢流形态可控。

中间包使用 B 型湍流抑制器时，钢液流速较大，最低在 0.09m/s，温度整体偏低，流场恶化。

7.5.2 非对称多流中间包均匀性评价及控流装置优化

随着钢铁产业规模的扩大，为了提高生产效率，多流中间包被广泛应用于连铸过程。相对于单流或双流对称中间包，多流中间包各流距钢包水口的距离存在明显的差异，导致各流的流动特性不一致，出口处的钢液成分、温度等均存在差异。不同流之间的温度差异会提高连铸控制难度，导致各流的铸坯质量不均匀，影响产品质量稳定性。所以对于多流中间包，不仅需要其实现去除夹杂物的功能，更需要考虑控制各流间的均匀性。

某厂小方坯连铸机使用的中间包是分体式 10 流不对称中间包，见表 7-5，分为左右独立两个 5 流不对称中间包，中间包公称容量为 35t。该中间包的钢包水口偏于一侧，导致钢包水口距离各浸入式水口的距离差异大，中间包内的流场和温度场不均匀，各浸入式水口处流出的钢液的成分和温度不均匀。

表 7-5 实际中间包的工艺参数及尺寸

公称容量/t	35
包型	分体式
流数	5 流
流间距/mm	1250
正常拉速/m·min^{-1}	1.8
铸坯断面/mm	160×160
长水口直径/mm	70
控流装置	挡墙+塞棒

对该厂铸坯质量进行跟踪检测发现，铸坯中夹杂物尺寸大于 20μm 的夹杂物

有 15%～25%，大型夹杂物的数量偏多，如图 7-17 和图 7-18 所示；各流之间大型夹杂物的数量存在一定的差异，各流之间过热度差异明显，存在明显的温降，温度差达到 8℃，见表 7-6，说明该中间包在使用现有控流装置的情况下，存在中间包内的温度场不均匀、流场不合理、各浸入式水口处流出的钢液成分不均匀的问题，所以有必要设计新的控流装置，改善中间包内的流场。

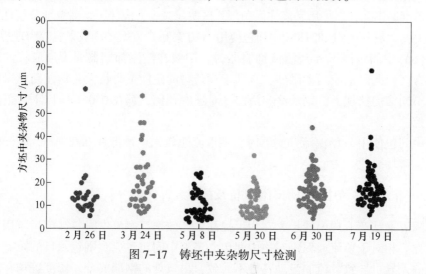

图 7-17　铸坯中夹杂物尺寸检测

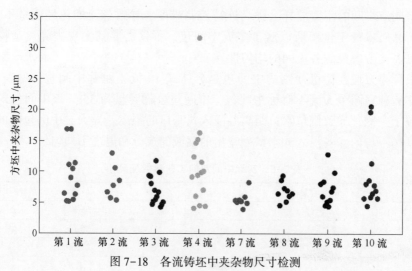

图 7-18　各流铸坯中夹杂物尺寸检测

表 7-6　各流之间过热度　　　　　　　　　　（℃）

测温位置	6~7 流	7~8 流	8~9 流	9~10 流
过热度	25	31	33	28

7.5.2.1　几何模型建立和计算参数设置

本节研究的 35t 小方坯中间包为 5 流不对称结构，其形状示意图如图 7-19 所示。

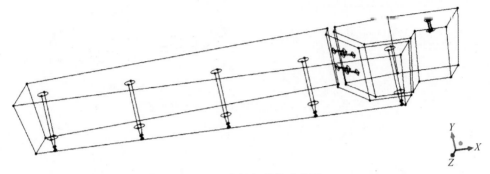

图 7-19　中间包形状示意图

根据中间包内流体的实际流动，对中间包数学模型的边界条件做以下处理：

（1）中间包的入口取速度入口，钢液的流速根据入口的体积流量除以长水口截面积得出，并通过入口速度计算入口的湍动能及湍动能耗散率；

（2）中间包出口处设为自由出口；

（3）中间包的液面设为自由表面，其剪切力设为零；

（4）中间包的固体壁面为无滑移壁面，近壁面处采用标准的壁面函数，法向上的梯度均为零。

对于中间包内流体为钢液的数值模拟，建立与原型尺寸相同的数学模型，入口流体的速度、湍动能及湍动能耗散率见表 7-7。

表 7-7　流体为钢液的入口条件

入口速度 v_{inlet}/m·s^{-1}	湍动能 k/m^2·s^{-2}	湍动能耗散率 ε/m^2·s^{-3}
0.9978	0.002352	0.003824

对中间包进行温度场的计算时，钢液的物性参数及中间包各边界的散热强度设置如 7.1.3 节边界条件所示。

7.5.2.2　实验方案

图 7-20 所示为模拟中间包使用 A 方案和 B 方案挡墙时，中间包的流场和温度场。A 方案挡墙为原中间包使用的挡墙，在使用这个挡墙时，第 5 流附近钢液不活跃，钢液更新速度慢，容易加剧第 5 流与其他流钢液的成分、温度不均匀。因此 B 方案中，在第 5 流处开导流孔，以改善第五流的钢液流动状态。

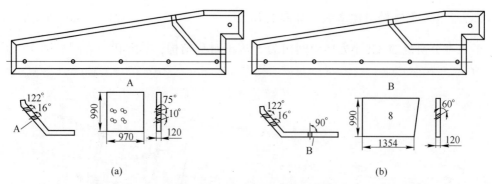

图 7-20   中间包挡墙示意图及安装位置

（a）A 方案；（b）B 方案

7.5.2.3   实验结果分析

A   挡墙对中间包温度场的影响

在使用 A 方案时，中间包的冲击区较小，钢液通过导流孔流出后沿着外壁向第 1 流流动，第 4 流、第 5 流不在钢液的冲击方向上，钢液受到出口的牵引作用才到达第 4 流和第 5 流。相对于钢液的动能，牵引作用相对较小，所以钢液到达第 4 流和第 5 流所需的时间较长。从图 7-21 中可以看到，使用 A 方案时，中间包整体温差为 22K，其中第 5 流的温度最低，其余 4 流的温度差不大。

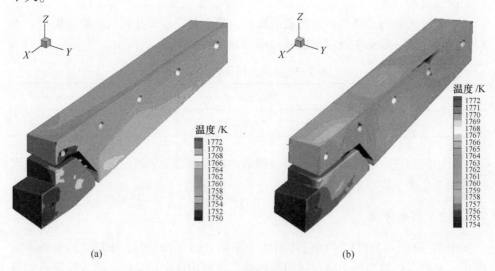

图 7-21   中间包整体温度分布图

（a）A 方案；（b）B 方案

在使用 B 方案时，较 A 方案中间包的冲击区有所扩大，钢液可以从两个面上的导流孔流出，使得 A 面流出的钢液的流速减小，第 1 流和第 2 流的温度相对有所降低，而 B 面的导流孔使得第 5 流的温度增高。中间包整体温差为 18K，较 A 方案有所减小，如图 7-21 和表 7-8 所示。

表 7-8 中间包整体温度情况

方案编号	最高温度/K	最低温度/K	温差/K
A	1772	1750	22
B	1772	1754	18

提取经过塞棒中心的平面，可以看到图 7-22(a) 中第 1 流处的温度最高，为 1767K，第 5 流处的温度最低，为 1758K，整体呈现出从第 1~5 流温度依次降低的趋势；而图 7-22(b) 中温度第 3 流处和第 4、5 流中间处温度最高，为 1767.5K，第 5 流处的温度最低，为 1764K，相对图 7-22(a) 来说，中间包内温差更小，温度分布更加均匀。

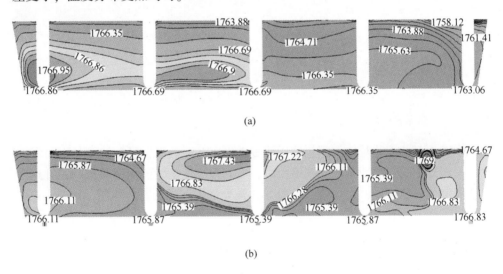

(a)

(b)

图 7-22 中间包内 $z = -0.19$ 截面上的温度场
(a) A 方案；(b) B 方案

B 挡墙对中间包流场的影响

提取中间包内 $y = 0.7$ 的平面，从图中可以看出，图 7-23(a) 中速度相对较大，在 0.0075~0.09m/s 之间，图 7-23(b) 中速度相对较小，在 0.0053~0.073m/s 之间，B 方案中夹杂物上浮时间更加充分。

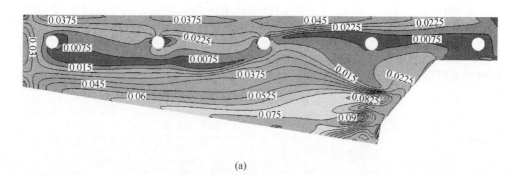

(a)

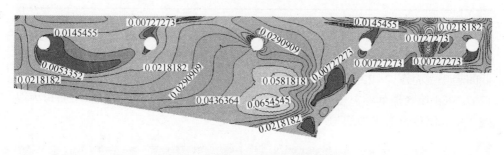

(b)

图 7-23　中间包内 $y = 0.7$ 截面上的流场
(a) A 方案；(b) B 方案

7.5.2.4　本节小结

本节中对 5 流非对称中间包使用两种挡墙方案时的温度场和速度场进行了对比，发现当中间包的冲击区面积增大时，中间包浇注区的流速有所减小；并通过在挡墙 B 面设置导流孔的方式，弥补第 5 流处的钢液不活跃的问题，使中间包各流间的不均匀性有所减小。

7.5.3　中间包内大颗粒夹杂物上浮去除机理研究

对于齿轮钢而言，大颗粒夹杂物严重危害其质量以及减少其服役寿命。本案例以国内某特钢厂所生产的齿轮钢 3420H 为研究对象，通过对其中的大颗粒夹杂物的特征解析发现，钢中大颗粒夹杂物的主要成分为表面光滑层片或三角锥形 Al_2O_3 夹杂物，主要粒径分布在 $140 \sim 300\mu m$；分析并建立大颗粒夹杂物运动方程，观察大型夹杂物在中间包内上浮去除情况及运动轨迹[43]。

本节以该厂 4 流中间包为例，介绍了中间包夹杂物去除的数值模拟算法。使用 FLUENT 进行离散相 DPM 模型模拟，模拟夹杂物的上浮去除率，并得到夹杂物粒子在不同包内结构内的运动轨迹和大颗粒夹杂物运动速度。

7.5.3.1 几何模型建立和计算参数设置

该中间包为几何对称结构，因此取左半部分中间包为计算区域，中间包计算域如图 7-24 所示。

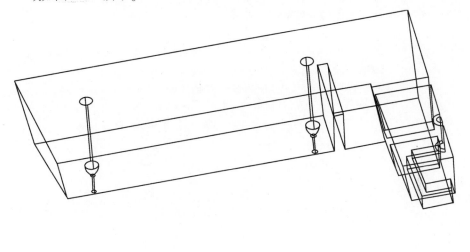

图 7-24 中间包模型示意图

钢液流动边界条件如下所示：

(1) 自由表面：设为 Trap 类型，认为粒子运动接触到中间包液面即视为上浮去除。

(2) 入口：速度入口具体值如表 7-9 所示。

(3) 出口：出口设为自由出口。

(4) 包壁和水口壁：采用无滑移边界条件，壁面附近流场采用标准壁面函数计算。

(5) 对称面：速度及其他变量的法向导数为零。

表 7-9 流体为钢液的入口条件

入口速度 $v_{inlet}/m \cdot s^{-1}$	湍动能 $k/m^2 \cdot s^{-2}$	湍动能耗散率 $\varepsilon/m^2 \cdot s^{-3}$
0.72326	0.001520	0.001783

钢液的物性参数及中间包各边界的散热强度设置如边界条件所示。计算过程中采用 Al_2O_3 的物性特征进行计算，夹杂物颗粒密度 $\rho_p = 3700kg/m$，夹杂物的初始速度 $v_p = 0m/s$。

7.5.3.2 大颗粒夹杂物受力分析及运动方程

图 7-25 所示为大颗粒夹杂物在钢液中的受力分析。钢液中夹杂物颗粒的受

力比较复杂，常见作用力包括重力、浮力和 Stokes 力，为了更加全面精确地表征大颗粒夹杂物在钢液中的运动，需要将不常见的力纳入考虑，如附加质量力、压力梯度力、Basset 力等其他作用力[44]。

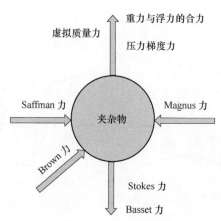

图 7-25 钢液中大颗粒夹杂物的受力分析

（1）只与颗粒本身特性有关的力，包括压力梯度力、重力以及浮力。其计算表达式如下：

1）重力和浮力。重力和浮力都表现在竖直方向上，其合力的矢量表达式为[45]：

$$F_G = \left(1 - \frac{\rho_m}{\rho_p}\right)g \qquad (7\text{-}38)$$

式中 ρ_m，ρ_p——分别表示钢液和夹杂物颗粒的密度，kg/m³；

g——夹杂物颗粒所受重力加速度矢量，m/s²。

2）压力梯度力。当流场中存在压力梯度时，还会受到压力梯度力的作用，其矢量表达式为[46,47]：

$$F_p = \frac{\rho_m}{\rho_p} \frac{\mathrm{d}\,v_m}{\mathrm{d}t} \qquad (7\text{-}39)$$

（2）流体对于颗粒作用力包括 Stokes 力、虚拟质量力和 Basset 力，其作用表达式如下[48,49]。

1）Stokes 黏性阻力：

$$F_D = C_D \frac{3\rho_m}{4\rho_p d_p} \mid v_m - v_p \mid (v_m - v_p) \qquad (7\text{-}40)$$

式中 ρ_m，ρ_p——分别表示钢液和夹杂物颗粒的密度，kg/m³；

d_p——表示夹杂物颗粒的直径，m；

v_p——Lagrange 坐标下夹杂物颗粒的瞬时速度矢量，m/s²。

2）虚拟质量力。当颗粒在流体中做加速运动时，颗粒表面附近的流体也将受颗粒运动的影响做相同加速的运动，这部分与颗粒运动形式相似的流体对颗粒的影响即为虚拟质量力。其表达式为[45,50]：

$$F_V = C_m \frac{\rho_m}{2\rho_p} \frac{d(\boldsymbol{v}_m - \boldsymbol{v}_p)}{dt} \tag{7-41}$$

式中 C_m——虚拟质量力系数。

3）Basset 力。由于颗粒在黏性流体中做变速运动时，颗粒表面会附加一层流动的流体，由于流体的惯性使颗粒受到一个随着时间不断变化的流体作用力，且与颗粒的加速历程有关。Basset 力的表达式为[50]：

$$F_B = C_B \frac{9}{\rho_p d_p} \sqrt{\frac{\rho_m \mu_{eff}}{\pi}} \int_0^t \frac{d(\boldsymbol{v}_m - \boldsymbol{v}_p)/dt}{\sqrt{t - \tau}} d\tau \tag{7-42}$$

式中 C_B——Basset 系数；

μ_{eff}——钢液的有效动力黏度，m/s；

t——计算时间步长，s。

（3）流体对运动颗粒其他作用力还包括 Saffman 力和 Magnus 力：

1）Magnus 力[51]。Magnus 力是指流体中由于夹杂物颗粒自身转动受到的作用力。其计算公式如下：

$$F_{LM} = C_{LM} \frac{3\rho_m}{4\rho_p d_p} | \boldsymbol{v}_m - \boldsymbol{v}_p| (\boldsymbol{v}_m - \boldsymbol{v}_p) \tag{7-43}$$

式中 C_{LM}——Magnus 力系数，一般情况下可取 1.0。

2）Saffman 力。当钢液流场的速度具有梯度时，粒子表面各处受到流体的速度也不一样，这样导致颗粒受到一个垂直于流体速度的作用力，称为 Saffman 力。其计算公式为[52,53]：

$$F_{LS} = C_{LS} \frac{6K_s \mu_{eff}}{\rho_p \pi d_p} \left(\frac{\rho_m \xi}{\mu_{eff}} \right)^{1/2} (\boldsymbol{v}_m - \boldsymbol{v}_p) \tag{7-44}$$

式中 ξ——垂直某一坐标方向上的钢液流体速度在此方向上的梯度；

K_s——Saffman 力系数，取 1.615；

C_{LS}——Saffman 力修正系数。

（4）Brown 力。Brown 虽然为微观作用力，但为了验证 Brown 力对大颗粒夹杂物的影响作用，需要对其进行验证计算。Brown 力在数值模拟过程中的计算公式为[53]：

$$F_{LR} = \frac{12\delta}{\rho_p} \sqrt{\frac{3\mu_{eff} k_B T}{\pi d_p^5 \Delta t}} \tag{7-45}$$

式中 k_B——玻耳兹曼常数，取 1.38×10^{-23} J/K；

T——钢液的热力学温度，K；

Δt——数值模拟时设定的时间步长，s；

δ——服从标准正态分布的随机变量的矢量形式。

根据夹杂物颗粒的受力分析以及牛顿第二力学定律，可以建立 Lagrange 模型下颗粒在流场中的运动方程：

$$\frac{d\boldsymbol{v}_{p}}{dt} = \left(1 - \frac{\rho_{m}}{\rho_{p}}\right)\boldsymbol{g} + C_{D}\frac{3\rho_{m}}{4\rho_{p}d_{p}}|\boldsymbol{v}_{m} - \boldsymbol{v}_{p}|(\boldsymbol{v}_{m} - \boldsymbol{v}_{p}) + \frac{\rho_{m}}{\rho_{p}}\frac{d\boldsymbol{v}_{m}}{dt} + C_{m}\frac{\rho_{m}}{2\rho_{p}}\frac{d(\boldsymbol{v}_{m} - \boldsymbol{v}_{p})}{dt} +$$

$$C_{B}\frac{9}{\rho_{p}d_{p}}\sqrt{\frac{\rho_{m}\mu_{eff}}{\pi}}\int_{0}^{t}\frac{d(\boldsymbol{v}_{m} - \boldsymbol{v}_{p})/dt}{\sqrt{t - \tau}}d\tau + C_{LM}\frac{3\rho_{m}}{4\rho_{p}d_{p}}|\boldsymbol{v}_{m} - \boldsymbol{v}_{p}|(\boldsymbol{v}_{m} - \boldsymbol{v}_{p}) +$$

$$C_{LS}\frac{6K_{s}\mu_{eff}}{\rho_{p}\pi d_{p}}\left(\frac{\rho_{m}\xi}{\mu_{eff}}\right)^{1/2}(\boldsymbol{v}_{m} - \boldsymbol{v}_{p}) + \frac{12\delta}{\rho_{p}}\sqrt{\frac{3\mu_{eff}k_{B}T}{\pi d_{p}^{5}\Delta t}} \tag{7-46}$$

采用复合梯形求积公式对 Basset 力中的积分项进行如下变换[54]：

$$\boldsymbol{F}_{B} = 0.5\left[\frac{G(0)}{\sqrt{t}} + 2\sum_{i=1}^{n-2}\frac{G(ih)}{\sqrt{t - ih}} + \frac{G(t - h)}{\sqrt{h}}\right] + [G(t) + G(t - h)]\sqrt{h}$$

$$\tag{7-47}$$

式中　$G(t) = \frac{d(\boldsymbol{v}_{m} - \boldsymbol{v}_{p})}{dt}$；

t——积分时间上限；

$h = \Delta t = \dfrac{t}{n}$——积分时间步长。

式（7-47）的代数精度为二阶精度 $O(\Delta t_{2})$，当积分步长趋于 0 时将会获得收敛于精确解的数值解，通过将式（7-46）和式（7-47）联立起来，使用四级四阶 Runnge-Kutta 法进行初值迭代，可以解出式（7-46）中的待求函数 $d\boldsymbol{v}_{p}/dt$，由数值分析理论可得，只要选定适当的时间步长 $\Delta t = 10^{-6}$ s，就可以保证式（7-47）的收敛性和精度[47]。

由于中间包内上浮区域的流体流动趋于平稳，竖直方向上的速度梯度可以忽略不计，因此可以在对夹杂物颗粒在钢液中的受力计算过程中，删除式（7-46）中的 Saffman 力和 Magnus 力。

大颗粒夹杂物（夹杂物颗粒直径大于 20μm）在钢液中几乎不受 Brwon 力的影响。当夹杂物颗粒尺寸大于 50μm 时，钢液分子的布朗运动不再影响夹杂物的受力，颗粒所受 Basset 力与 Stokes 力不再波动变化，而是逐渐变大并与质量力共同影响夹杂物颗粒的运动，对大颗粒夹杂物进行受力分析计算时必须考虑 Basset 力的影响。因此，对于大颗粒夹杂物运动的计算公式应为式（7-48）。

$$\frac{d\boldsymbol{v}_{p}}{dt} = \left(1 - \frac{\rho_{m}}{\rho_{p}}\right)\boldsymbol{g} + C_{D}\frac{3\rho_{m}}{4\rho_{p}d_{p}}|\boldsymbol{v}_{m} - \boldsymbol{v}_{p}|(\boldsymbol{v}_{m} - \boldsymbol{v}_{p}) + \frac{\rho_{m}}{\rho_{p}}\frac{d\boldsymbol{v}_{m}}{dt} + C_{m}\frac{\rho_{m}}{2\rho_{p}}\frac{d(\boldsymbol{v}_{m} - \boldsymbol{v}_{p})}{dt} +$$

$$C_{B} \frac{9}{\rho_{p} d_{p}} \sqrt{\frac{\rho_{m} \mu_{eff}}{\pi}} \int_{0}^{t} \frac{d(\boldsymbol{v}_{m} - \boldsymbol{v}_{p})/dt}{\sqrt{t - \tau}} d\tau + C_{LM} \frac{3\rho_{m}}{4\rho_{p} d_{p}} | \boldsymbol{v}_{m} - \boldsymbol{v}_{p} | (\boldsymbol{v}_{m} - \boldsymbol{v}_{p}) +$$

$$C_{LS} \frac{6K_{s} \mu_{eff}}{\rho_{p} \pi d_{p}} \left(\frac{\rho_{m} \xi}{\mu_{eff}} \right)^{1/2} (\boldsymbol{v}_{m} - \boldsymbol{v}_{p}) \tag{7-48}$$

7.5.3.3 粒子上浮去除情况及运动轨迹分析

对于固-液两相流的计算，由于本次实验中粒子体积占总体积小于10%，采用 ANSYS FLUENT 中 DPM 模型进行粒子追踪计算，同时根据大颗粒夹杂物上浮去除 方程对粒子轨迹方程进行修正。从钢包水口处加入粒子，齿轮钢 3420H 中含量最高 为 Al_2O_3 夹杂物，因此模拟粒子采用 Al_2O_3 的物性特征进行计算。直径范围见表 7-10，每种粒子加入量为 1000 颗，并在中间包出水口处对粒子流出量进行监测，统 计得到结果见表 7-10。可以看到，粒子直径越大，上浮去除率越大，直径大于 $50\mu m$ 的粒子上浮去除率达到 96.8%，基本大部分大型夹杂物均可被上浮去除。

表 7-10 中间包内夹杂物上浮去除率

加入粒子直径/μm	50	60	70	80	90	100	上浮去除率/%
出口粒子流出量/%	9.76	5.20	2.21	1.33	0.60	0.051	96.8

为了模拟粒子在中间包内上浮去除的运动轨迹，分析其上浮速度，在钢包水 口处加入粒径为 $150\mu m$ 的粒子，粒子加入量为 1000 颗，计算获得的夹杂物在中 间包内的运动为如图 7-26 所示。取 $x = -1.7m$ 的 $Y-Z$ 平面为研究基准面，通过 该面的粒子上浮速度如图 7-27 所示。粒子从冲击区进入浇注区后在中间包内沿 着远离塞棒的壁面顺时针运动，部分粒子接触渣层后被吸附去除，部分粒子随着 流股向前向上流动，最后被渣层捕获，没有粒子从出口处流出。

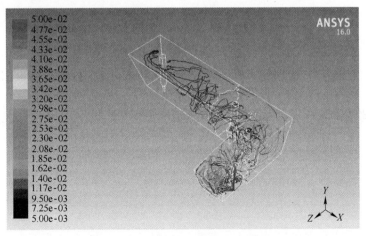

图 7-26 中间包内粒子运动轨迹

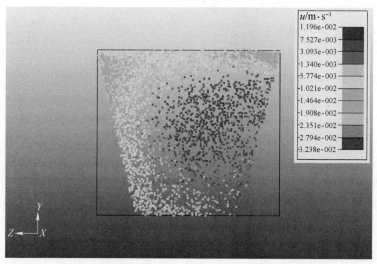

图 7-27　中间包 $x=-1.7\mathrm{m}$ 的 $Y\text{-}Z$ 平面粒子速度分布

7.5.4　本节小结

　　本节以 4 流中间包为例，模拟夹杂物的上浮去除率，发现粒子直径越大，上浮去除率越大，直径大于 $50\mu\mathrm{m}$ 的粒子上浮去除率达到 96.8%，大部分大型夹杂物可被上浮去除，并得到夹杂物粒子在不同包内结构内的运动轨迹和大颗粒夹杂物运动速度。

参 考 文 献

[1] Debroy T, Sychterz J A. Numerical calculation of fluid flow in a continuous casting tundish [J]. Metallurgical Transactions B, 1985, 16 (3): 497-504.

[2] He Y, Sahai Y. The effect of tundish wall inclination on the fluid flow and mixing: A modeling study [J]. Metallurgical Transactions B, 1987, 18 (1): 81-92.

[3] Fan C, Hwang W. Mathematical modeling of fluid flow phenomena during tundish filling and subsequent initial casting operation in steel continuous casting process [J]. ISIJ International, 2000, 40 (11): 1105-1114.

[4] More M V, Saha S K, Marje V, et al. Numerical model of liquid metal flow in steel making tundish with flow modifiers [J]. IOP Conference Series: Materials Science and Engineering, 2017, 191: 12021.

[5] Zhong Y, Zhu M, Huang B, et al. Numerical simulation study on design optimization of inner cavity dimensions of large-capacity tundish [C]. 10th International Symposium on High-Tem-

perature Matallurgical Processing, 2019: 51-61.

[6] Krashnavtar, Mazumdar D. Transient, multiphase simulation of grade intermixing in a tundish under constant casting rate and validation against physical modeling [J]. JOM, 2018, 70 (10): 2139-2147.

[7] Cwudziński A. Physical and mathematical simulation of liquid steel mixing zone in one strand continuous casting tundish [J]. International Journal of Cast Metals Research, 2017, 30 (1): 50-60.

[8] 俞赛健, 刘建华, 苏晓峰, 等. 非对称4流中间包优化数值模拟及冶金效果 [C]. 第十一届中国钢铁年会, 北京, 2017.

[9] 丁宁, 包燕平, 陈京生, 等. 首钢小方坯连铸机中间包数值模拟分析 [J]. 特殊钢, 2011, 32 (5): 8-10.

[10] 冯捷, 包燕平, 唐德池. 中间包数值物理模拟优化及冶金效果 [J]. 钢铁, 2011, 46 (7): 45-49.

[11] 唐德池. 单流板坯连铸中间包数学模拟优化 [C]. 第七届 (2009) 中国钢铁年会, 北京, 2009.

[12] 苑品, 包燕平, 崔衡, 等. 板坯连铸中间包挡坝结构优化的数学与物理模拟 [J]. 特殊钢, 2012, 33 (2): 14-17.

[13] 王霞, 包燕平, 金友林. 板坯连铸中间包流场数值模拟 [C]. 第五届冶金工程科学论坛, 2006.

[14] Ilegbusi O J, Szekely J. Fluid flow and tracer dispersion in shallow tundishes [J]. Steel Research, 1988, 59 (9): 399-405.

[15] Ferro S P, Principe R J, Goldschmit M B. A new approach to the analysis of vessel residence time distribution curves [J]. Metallurgical and Materials Transactions B, 2001, 32 (6): 1185-1193.

[16] Tacke K, Ludwig J C. Steel flow and inclusion separation in continuous casting tundishes [J]. Steel Research, 1987, 58 (6): 262-270.

[17] Chakraborty S, Sahai Y. Effect of holding time and surface cover in ladles on liquid steel flow in continuous casting tundishes [J]. Metallurgical Transactions B, 1992, 23 (2): 153-167.

[18] Joo S, Han J W, Guthrie R I L. Inclusion behavior and heat-transfer phenomena in steelmaking tundish operations: Part II. Mathematical model for liquid steel in tundishes [J]. Metallurgical Transactions B, 1993, 24 (5): 767-777.

[19] Sheng D Y, Jonsson L. Two-fluid simulation on the mixed convection flow pattern in a nonisothermal water model of continuous casting tundish [J]. Metallurgical and Materials Transactions B, 2000, 31 (4): 867-875.

[20] Warzecha M, Merder T, Warzecha P, et al. Experimental and numerical investigations on non-metallic inclusions distribution in billets casted at a multi-strand continuous casting tundish [J]. ISIJ International, 2013, 53 (11): 1983-1992.

[21] Chaudhary R, Ravi Kumar K, Seden M, et al. Electromagnetic devices for continuous steel casting tundishes [C]. 8th International Conference on Electromagnetic Processing of

Materials, Cannes, France, 2015.

[22] Abiona E, Yang H, Chaudhary R, et al. Development of plasma heating and electromagnetic stirring in tundish [C]. 8th International Conference on Electromagnetic Processing of Materials, Cannes, France, 2015.

[23] Chakraborty S, Sahai Y. Role of near-wall node location on the prediction of melt flow and residence time distribution in tundishes by mathematical modeling [J]. Metallurgical Transactions B, 1991, 22 (4): 429-437.

[24] Ilegbusi O J. Application of the two-fluid model of turbulence to tundish problems [J]. ISIJ International, 1994, 34 (9): 732-738.

[25] Gardin P, Brunet M, Domgin J F, et al. An experimental and numerical CFD study of turbulence in a tundish container [J]. Applied Mathematical Modelling, 2002, 26 (2): 323-336.

[26] 薛军柱, 沈明科, 王落霞, 等. 中间包气幕挡墙技术的工业化应用 [J]. 耐火材料, 2011, 45 (6): 436-439.

[27] 崔衡, 苑品, 包燕平, 等. 气幕挡墙及挡坝结构对中间包流场的影响 [J]. 铸造技术, 2012, 33 (2): 189-191.

[28] 唐德池, 高圣勇, 李永林. 中间包温度场数值模拟研究 [J]. 上海金属, 2012, 34 (6): 56-60.

[29] 陈洋, 刘卫东, 赵大同, 等. 三流方坯连铸中间包结构优化的数值模拟和应用 [J]. 特殊钢, 2019, 40 (1): 7-11.

[30] 方瑞, 雷少武, 王建军. 七流中间包的结构优化与数值模拟 [J]. 炼钢, 2018, 34 (6): 15-22.

[31] 曾红波, 艾新港, 贺家伟, 等. 单流中间包挡墙对夹杂物去除速率的影响 [J]. 辽宁科技大学学报, 2018, 41 (3): 168-172.

[32] 杨康, 金焱, 成功, 等. 湍流控制器结构对中间包流场影响的数值模拟 [J]. 铸造技术, 2014, 35 (9): 2076-2078.

[33] Launder B, Spalding D B. The Numerical Computation of Turbulent Flows [M]. North-Holland Publishing Company, 1974: 269-289.

[34] 刘晶. 内燃机缸内湍流流动的数值模拟 [D]. 大连: 大连理工大学, 2007.

[35] 曲英, 王利亚. 连铸中间包内钢液流动的数学模型——对中间包流动过程的分析 [J]. 化工冶金, 1985 (4): 152-157.

[36] Schwarze R, Obermeier F, Hantusch J, et al. Mathematical modelling of flows and discrete phase behaviour in a V-shaped tundish [J]. Steel Research, 2001, 72 (5-6): 215-220.

[37] Dash S K, Jha P K. Effect of outlet positions and various turbulence models on mixing in a single and multi strand tundish [J]. International Journal of Numerical Methods for Heat & Fluid Flow, 2002, 12 (5): 560-584.

[38] 黄星武. 十流中间包堵流操作的数值模拟研究 [J]. 连铸, 2018, 43 (3): 35-40.

[39] 彭小辉, 李玉刚, 李俊桥, 等. 连铸中间包内流场与夹杂物运动的数值模拟 [J]. 连铸, 2011 (S1): 417-422.

[40] 曲英，王建军，包燕平. 中间包冶金学 ［M］. 北京：冶金工业出版社，2001.

[41] 盛东源，倪满森，邓开文，等. 中间包内钢液流动、温度控制和夹杂物行为的数学模拟 ［J］. 金属学报，1996 (7)：742-748.

[42] 张华书，萧泽强. 渣-钢混合状态对冶金速率的影响 ［J］. 钢铁，1987 (9)：21-25.

[43] 张驰. 抚钢连铸中间包流场优化及大颗粒夹杂物上浮去除机理研究 ［D］. 北京：北京科技大学，2018.

[44] 王耀. 基于分形理论模拟钢中夹杂物上浮及碰撞凝聚规律的研究 ［D］. 北京：北京科技大学，2016.

[45] 吴宁，张琪，曲占庆. 固体颗粒在液体中沉降速度的计算方法评述 ［J］. 石油钻采工艺，2000 (2)：51-53.

[46] 王飞鹏. 连铸中间包水口堵塞的数值模拟 ［D］. 赣州：江西理工大学，2016.

[47] 王耀，李宏，郭洛方. 钢液中球状夹杂物颗粒受力情况的数值模拟 ［J］. 北京科技大学学报，2013，35 (11)：1437-1442.

[48] Kim M, Zydney A L. Effect of electrostatic, hydrodynamic, and Brownian forces on particle trajectories and sieving in normal flow filtration ［J］. Journal of Colloid and Interface Science, 2004, 269 (2)：425-431.

[49] Zhang L, Taniguchi S, Cai K. Fluid flow and inclusion removal in continuous casting tundish ［J］. Metallurgical and Materials Transactions B, 2000, 31 (2)：253-266.

[50] 刘小兵，程良骏. Basset 力对颗粒运动的影响 ［J］. 四川工业学院学报，1996 (2)：55-63.

[51] 董长银，栾万里，周生田，等. 牛顿流体中的固体颗粒运动模型分析及应用 ［J］. 中国石油大学学报（自然科学版），2007 (5)：55-59.

[52] Scheichl S. The lift on a small sphere in a linear shear flow near the interface of two immiscible fluids ［J］. PAMM, 2017, 17 (1)：665-666.

[53] 白振霄. 湍流通道内柴油机排气微粒运动特性的研究 ［D］. 北京：北京交通大学，2011.

[54] 黄社华，李炜，程良骏. 任意流场中稀疏颗粒运动方程的数值解法及其应用 ［J］. 水动力学研究与进展（A 辑），1999 (1)：53-63.

8 中间包冶金学展望

随着钢铁冶金技术的不断发展，人们对中间包冶金的认识也在不断深入，中间包冶金已经是高品质钢生产中的重要一环。正如本书前几章所述，在现代化钢铁生产过程中，中间包冶金应该起到以下作用：

（1）钢液净化器的作用。在洁净钢生产过程中，中间包是控制钢洁净度的重要反应器，中间包不但不污染钢液，应该起到钢液净化器的作用。

（2）温度控制器的作用。在浇注过程中，中间包是连铸机的起点，良好的保温和适当的加热技术，可以保证稳定钢液的过热度和低过热度浇注。

（3）质量稳定器的作用。中间包是钢质量控制的稳定器，炼钢工序和连铸工序是钢铁生产从间歇式到准连续式的转变，所谓的非稳态浇注——从每包钢液的开浇、停浇、到多流连铸机各流间的不均匀性，均需要中间包起到稳定流动和温度的作用。

（4）智能化中间包作用。随着智能化钢铁生产技术的不断发展，中间包作为钢铁生产全流程中的最后一个耐火材料反应器，同时又是连铸机的起点，智能化无疑将是今后中间包冶金的发展方向。

本章结合本课题组的研发工作，参考国内外近年来在中间包冶金中的研究进展，对比较有发展前景的中间包冶金新技术进行展望。

8.1 中间包净化钢液作用的发展

中间包作为洁净钢生产中的重要一环，其去除夹杂物的作用已经得到相关研究者的一致认可。但是从中间包冶金的发展来看，今后作为钢液的净化器，在以下几方面的发展值得特别关注：

（1）利用气泡去除钢中夹杂物的技术。由于气泡不污染钢液、上浮和搅拌钢液的作用等在去除夹杂物方面的特殊优势，近年来人们对中间包冶金中采用气泡去除夹杂物的技术非常关注。相关技术包括：钢包长水口吹氩弥散气泡法[1-5]、中间包气幕挡墙法[6]、反应诱发微小气泡法[7]、超声空化法[8]、微小氢气泡法[9]等技术。在这些技术中，要特别关注一些目前处于实验室研究阶段的技术。其中，气幕挡墙技术已在生产中应用，其他技术处于实验室开发和工业生产试运行阶段。

（2）钢液过滤技术。过滤是一项有效去除钢液中夹杂物的非常有前景的技术，由于过滤技术的可控性和高效性，今后有可能成为一项洁净钢生产的必备技术。目前冶金中常用的泡沫型过滤器和直通孔型过滤器均不能很好地应用到中间包冶金中。其中，泡沫型过滤器去除夹杂物的能力强，但目前不适合连续生产，仅应用于对清洁度要求特别严而产量不大的钢和合金；直通孔型过滤器可应用于连铸中间包[10]，但其过滤效率还不够高。因此，需要进一步开发可以连续使用的泡沫型[11]过滤器和高效率的直通孔型过滤器。从目前的研究进展看，对洁净钢生产使用泡沫型过滤器，以及石灰质填充床过滤器，均有一定的发展前景。

（3）适应洁净钢生产的中间包防止二次氧化技术。在对夹杂物要求非常严格的钢中，防止中间包过程中污染钢液非常重要，有时是决定性的。以高品质轴承钢为例[12]，钢液中［O］的含量达到了 5ppm 的水平，如此低的氧含量必须从中间包的整体结构考虑如何防止二次氧化。以下一些技术值得关注：

1）新型中间包工作层耐侵蚀的耐火材料。由于高温钢液的侵蚀作用，需要结构更加致密的耐火材料，减少钢液的侵蚀。

2）新型中间包覆盖剂[13,14]。相对于目前使用的中间包覆盖剂，需要进一步开发既可以吸收夹杂物，又可以很好保护钢液面的新型中间包覆盖剂。

3）保护浇注技术。目前中间包的保护浇注问题还没有很好地解决，需要充分重视，并且结合智能制造装备的开发来解决，尤其要关注钢包到中间包间保护套管及其连结件的密封[15]。

（4）电磁净化钢液技术。电磁场技术因其独特的热效应和力效应，广泛应用于钢铁冶金领域，形成了一系列电磁冶金技术。目前中间包中电磁净化技术主要有：

1）中间包离心流动技术[15]。该技术是利用电磁场的非接触作用，在钢液中产生电磁力，驱动钢液在水平方向上旋转，使其中的夹杂物向中心聚集、碰撞长大并上浮。由于夹杂物上浮速度与夹杂物粒径的平方成正比，长大后的夹杂物上浮速度成倍提高，因此夹杂物去除效率大为增加。通过该技术能显著改善中间包内的流动状况并促进夹杂物的去除。目前该工艺还不成熟，也没有得到广泛应用和推广。

2）中间包流场的电磁控制技术[17]（电磁坝）。中间包流动控制的传统方法是通过在中间包内设置挡墙和坝等控流装置，但相关装置的存在导致中间包内有效体积减小，同时耐火材料挡墙也增加了污染钢液的危险源。有学者提出在中间包中使用电磁力作为控流技术抑制钢液流动，并且可以增加中间包内有效体积，从而提高钢液质量。

8.2 中间包温度控制和稳定作用的技术发展

在钢铁生产整个流程中，中间包是一个比较特殊的反应器。它是整个流程中，最后一个耐火材料容器，同时又是连铸机的起点。因此，对中间包中钢液温度的控制非常重要，中间包中钢液的温度就是浇注温度，是整个炼钢过程温度控制的核心。在中间包冶金的技术发展过程中，温度控制器的作用就显得越来越重要。从近年来的中间包冶金的发展来看，以下技术需要关注：

（1）中间包加热技术。由于连铸生产的特点，中间包在浇注初期、换包及浇注末期都会出现不同程度的热损失，导致钢水大幅度降温，这会严重影响铸坯质量，同时也会降低连铸生产率和收得率。低过热度的恒温浇注对改善铸坯质量和稳定操作起着非常重要的作用。控制中间包的钢水温度或过热度是提高生产率、改进凝固组织、提高产品质量的最有效的方法之一。

近几十年来已开发出多种形式的中间包加热技术，其中包括电弧加热技术、电渣加热[18]、氩气流加热技术[19]、等离子体加热技术[20]和通道式感应加热技术[21,22]等。目前比较有发展潜力的中间包加热技术是感应加热技术和等离子加热技术，而最成熟和应用最广的技术是感应加热技术。中间包感应加热不仅能补偿中间包钢水的温降从而精确控制中间包内的钢液温度，同时对于去除钢水中的夹杂物以提高铸坯质量具有重要作用。除此之外，还具有加热效率高、设备简单、运行安全可靠、操作维护方便等优点。鉴于中间包加热技术的不断成熟，以及对提高钢质量的贡献，预计不远的将来，中间包加热技术会成为特殊钢和优质钢连铸中间包的标准配置。

（2）中间包真空保温技术[23]。由于中间包中的钢液在整个浇注过程中连续向外面传热，因此中间包保温是非常重要的，中间包真空保温技术就是在中间包钢壳外加一个真空层，通过引入真空技术对中间包进行保温，由于真空内空气稀薄，对流导热和热传导弱，真空层的复合导热系数低，有效减少钢液热量的散失，维持了钢液温度的稳定。采用真空保温技术后，可以明显减少中间包热损失，保证钢液温度的稳定性，提高铸坯质量；同时，也可以大幅度减少中间烘烤次数和时间，有利于提高中间包包龄。因此，从温度控制的角度出发，该技术值得关注。

（3）多流中间包的流间温度均匀性控制技术[24-27]。对于多流水口中间包，各流间钢液温度的均匀性是非常重要，只有各流间温度均匀了，才能够有效地降低钢液的过热度，保证各流连铸坯的质量。因此，对于多流中间包，应该高度重视此方面的研究工作。目前本课题组主要通过设置必要的挡墙+坝结构，或者设置优化的带导流孔的挡墙，通过改进钢液流场的分布，保证各流的滞止时间接近，使钢液比较均匀地到达各水口。

8.3　中间包稳定连铸坯质量作用的发展

在钢铁生产流程中，炼钢工序和连铸工序是钢铁生产从间歇式到准连续式的转变，这个转变是在中间包中实现的，因此，在中间包冶金中，需要保证非稳态浇注时钢液的质量。目前中间包冶金中，作为钢质量控制稳定器的以下技术需要关注：

（1）中间包非稳态浇注控制技术[28]。非稳态浇注包括中间包开浇、停浇过程，换钢包过程，换水口过程，异钢种连浇的过渡期，拉速变化过程等。由于炼钢-连铸过程是从间歇式到准连续式的转变，所以非稳态浇注是不可避免的过程，同时非稳态浇注期间生产的连铸坯产量占有相当大的比例。因此，对于非稳态浇注技术要给予更多的关注，目前此方面发表的论文较多。一般来讲，对非稳态浇注问题，一方面要尽量减少非稳态浇注时间，这方面的技术措施有：增加中间包容积，加大熔池深度；稳定生产，采用恒拉速浇注技术；开展非稳态过程的研究工作，明确由于非稳态过程产生质量问题的临界尺寸和临界工艺参数。另一方面要开展非稳态条件下的提高质量的研究，包括提高中间包铸余铸坯质量的研究、优化尾坯的工艺等，均可以在提高质量的同时，增加合格连铸坯的产量。

（2）减少铸余的控制技术[29]。在连铸过程中，每一个浇次的中间包均产生一定量的铸余钢液，少则几吨，多则十几吨，造成合格钢液的损失。为了避免或者减少钢液损失，本课题组在国内几个钢厂开展了相应的科研工作，通过改进中间包内部结构，包括优化挡墙设置、改进包底结构、优化浇注结束期间的工艺参数、适当降低拉速等措施，使中间包铸余大幅度减少。

（3）钢液流动性控制技术[30,31]。钢液的流动性问题，是困扰炼钢研究者和生产者的难题，部分钢种的流动性问题，至今没有得到解决。钢液流动性问题在连铸过程中的表现就是水口部分或者完全堵塞。轻者形成结瘤，改变钢水流动通道面积，使结晶器内钢水流动紊乱，导致钢坯质量恶化；水口上附着物脱落会在钢坯中形成夹杂物，成为铸坯中大型夹杂物的主要来源，造成产品缺陷；严重时会使浇注中断，影响连铸的正常生产。

分析其原因主要是：

1）钢液中夹杂物问题，尤其是铝脱氧钢、含钛钢和不锈钢等钢种，其夹杂物和部分析出物在水口聚集造成了水口的堵塞；

2）钢液温度的影响；

3）水口结构的影响。

造成钢液水口堵塞的原因很多，从中间包冶金的角度来看，需要在以下方面做好工作：

1）尽可能地去除钢中夹杂物，保持高洁净度是解决水口堵塞的关键。

2）夹杂物的变性处理，包括钙处理、镁处理、稀土处理等夹杂物变性技术，防止夹杂物在水口处聚集长大。

3）优化水口设计和材质，包括采用低导热材料，加强隔热保温，对水口充分预热；采用低碳或无碳材质的水口，减少脱碳引起的水口内壁避免粗糙；以及采用 ZrO_2、氮化物、塞隆等难被钢水润湿的材料等。

4）做好保护浇注，包括浸入式水口氩气保护等，减少钢液的二次氧化。

8.4　智能化中间包的发展

随着智能化钢铁生产技术的不断发展，中间包作为钢铁生产全流程中的最后一个耐火材料反应器，同时又是连铸机的起点，一定会在智能化过程中起到越来越重要的作用。

从近年来中间包冶金的进展和连铸智能化发展来看，中间包中钢液的质量能够代表最终的钢液质量，同时中间包中钢液的信息是连铸坯质量评定系统非常重要的信息源，也是调整连铸工艺参数的依据。因此，以下方面的技术将在今后中间包智能化技术发展过程中起到重要作用：

（1）中间包中钢液温度测量和控制方面的技术；

（2）中间包中钢液成分实时检测和控制方面的技术；

（3）中间包中夹杂物检测和控制方面的技术；

（4）智能化的换钢包和保护浇注技术；

（5）全生命周期的中间包安全生产检测技术；

（6）中间包智能化预热和换包技术；

（7）连铸坯的质量评定系统。

参 考 文 献

[1] 唐复平，刘建华，包燕平，等．钢包保护套管中弥散微小气泡的生成机理 [J]．北京科技大学学报，2004（1）：22-25.

[2] 吴宗双，包燕平，刘建华，等．长水口氩封保护浇注对车轮钢 Φ450mm 圆坯质量的影响 [J]．特殊钢，2007（2）：54-55.

[3] Bao Y P, Liu J H, Xu B M. Behaviors of fine bubbles in the shroud nozzle of ladle and tundish [J]．Journal of University of Science and Technology Beijing（English Edition），2003, 10（4）：20-23.

[4] 包燕平，刘建华，徐保美．一种在中间包钢液中产生弥散微小气泡的方法 [P]．CN1456405, 2003.

[5] 唐复平，刘建华，包燕平，等．钢包保护套管中弥散微小气泡的生成机理 [J]．北京科技大学学报，2004（1）：22-25.

[6] 包燕平，李怡宏，王敏，等．一种用于去除中间包钢液夹杂物的吹气精炼装置及方法 [P]．CN102764868A, 2012.

[7] 王晓峰，唐复平，李镇，等．反应诱发微小异相净化钢水技术 [J]．钢铁，2014, 49

（10）：18-23.

[8] 申永刚，陈伟庆，马新建．超声处理对钢液中夹杂物去除和细化的实验室研究［J］．上海金属，2010，32（3）：24-27.

[9] 刘建华，张杰，何杨，等．一种在钢液中生成微小气泡的方法［P］. CN106086315A，2016.

[10] 蒋伟．中间包挡墙使用 CaO 过滤器钢中夹杂物行为研究［C］．全国第八届炼钢年会论文集，1994.

[11] Uomura K. Filtration of inclusion in steel［C］. Electric Furnace Conference Proceedings，1988.

[12] Gu C，Bao Y，Gan P，et al. Effect of main inclusions on crack initiation in bearing steel in the very high cycle fatigue regime［J］. International Journal of Minerals, Metallurgy, and Materials，2018，25（6）：623.

[13] 李国丰，王学义，张兵，等．提高 26t 中间包覆盖剂碱度改善管坯质量的生产实践［J］．特殊钢，2017，38（1）：42-45.

[14] 杨伶俐，包燕平，刘建华，等．连铸中间包覆盖剂冶金效果分析［J］．炼钢，2007（2）：34-37.

[15] 张江山．钢包长水口应用于中间包湍流控制的基础研究与实践［D］．北京：北京科技大学，2017.

[16] Miki Y，Kitaoka H，Sakuraya T，et al. Mechanism for separating inclusions from molten steel stirred with a rotating electro-magnetic field［J］. ISIJ International，1992，32（1）：142.

[17] Tripathi A. Numerical investigation of electro-magnetic flow control phenomenon in a tundish［J］. ISIJ International，2012，52（3）：447.

[18] 陆岩．中间包或钢包电渣加热法［J］．钢铁研究学报，1993（4）：4.

[19] Nakagawa T. 喷吹高温氮气——无氧化中包加热系统的研究［J］．项锦云，译．武钢技术，1998（10）：31-33.

[20] Moore C，Heanley C P，Cowx P M. Plasma tundish heating as an integral part of continuous casting［J］.1989，13（5）：44.

[21] 王强，石月明，李一明，等．感应加热中间包夹杂物的运动及去除［J］．东北大学学报（自然科学版），2014，35（10）：1442-1446.

[22] 谢文新，包燕平，王敏，等．特殊钢连铸生产中 30t 中间包感应加热的应用［J］．特殊钢，2014（6）：28-31.

[23] 魏康．真空中间包温度场数值模拟及实验研究［D］．武汉：武汉科技大学，2015.

[24] 谢文新，包燕平，张立强，等．七机七流中间包少流浇注的研究［J］．铸造技术，2014，35（09）：2070-2072.

[25] 李静敏，李怡宏，王平安，等．4 流中间包钢液流动行为研究［J］．连铸，2012（1）：9-12.

[26] 李怡宏，包燕平，赵立华，等．多流中间包导流孔对钢液流动轨迹的影响［J］．钢铁，2014，49（6）：37-42.

[27] 谢文新，包燕平，王敏，等．改善多流中间包均匀性研究［J］．北京科技大学学报，2014，36（S1）：213-217.

[28] 阮文康，包燕平，李怡宏，等．湍流抑制器对中间包钢液流动的影响［J］．武汉科技

大学学报，2015，38（3）：161-164.

[29] 苑品，包燕平，崔衡，等. 高品质 IF 钢连铸中间包降低残钢量的水模型研究［J］. 北京科技大学学报，2011（A1）：1-5.

[30] 苑品，包燕平，崔衡，等. 板坯连铸中间包挡坝结构优化的数学与物理模拟［J］. 特殊钢，2012，33（2）：14-17.

[31] Bao Y，Xu B，Liu G，et al. Design optimization of flow control device for multi-strand tundish ［J］. International Journal of Minerals Metallurgy & Materials，2003，10（2）：21-24.

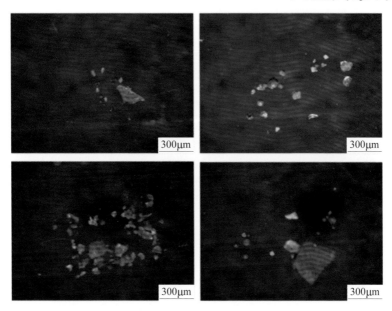

图 3-7 55C 钢铸坯中大型夹杂物形貌（光镜下）

夹杂物形貌主要为球状和块状。通过能谱仪确定球状夹杂物主要为硅酸盐，块状夹杂物包含硅酸盐夹杂物、SiO_2、Al_2O_3 和 $MgO \cdot CaO$ 复合夹杂物；夹杂物尺寸为 50~600μm。这些夹杂物主要来源于二次氧化产物、中间包和结晶器卷渣。

图 3-8 IF 钢铸坯中大型夹杂物形貌（大样电解法）

IF 钢中大型夹杂物主要以淡黄色透明块状为主，有少量灰色块状颗粒。90% 的大型夹杂物为高 SiO_2 类夹杂，其中含有 Na、K 等元素，与头坯中主要大型夹杂物来源相同，为结晶器卷渣。

夹杂物面扫描分析

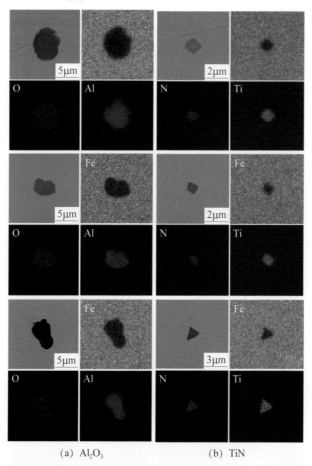

(a) Al$_2$O$_3$ (b) TiN

图 3-11 钢中 Al$_2$O$_3$ 和 TiN 夹杂物面扫描分析结果（扫描电镜）

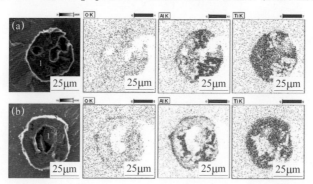

图 3-14 带有孔洞的 Ti-Al-O 夹杂物面扫描分析结果（原貌分析法）

    Ti-Al-O 复合夹杂物的形成机理为：Ti 合金化过程中将钢液中团簇状或块状 Al$_2$O$_3$ 逐渐转变成接近球形的 Ti-Al-O 复合夹杂物。图 3-14（b）中的夹杂物，内核几乎为纯的 TiO$_x$；中间层为均匀的 Ti-Al-O 夹杂；外层为厚度 1~2μm 的富 Al$_2$O$_3$ 层。夹杂物显然是由内核的 TiO$_x$ 与 [Al]$_s$ 反应形成，反应产物不断扩散，内核逐渐减小，反应区逐渐增大，最终形成均匀的 Al$_2$O$_3$-TiO$_x$ 夹杂。

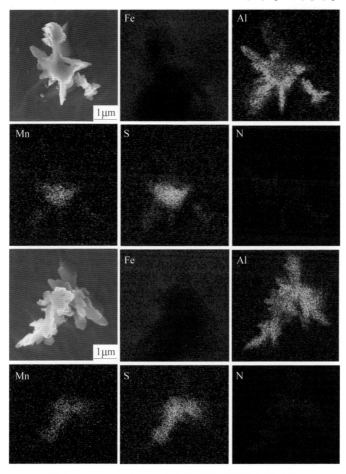

图 3-15　AlN 和 MnS 全貌观察（原貌分析法）

　　对取向硅钢铸坯中 AlN 和 MnS 的面扫描分析结果表明，MnS 在析出物的中心而 AlN 在 MnS 周围生长，Mn 和 S 元素的扫描强度明显弱于 Al 和 N 元素，因此 AlN 是在 MnS 表面析出生长。

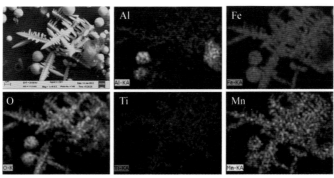

图 3-19　夹杂物成分的面扫描分析结果
（IF 钢树枝状的夹杂物为 Fe、Mn、Ti、Al、O 元素的复合夹杂物）

夹杂物分布

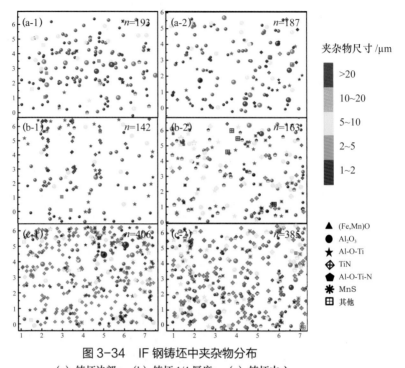

图 3-34　IF 钢铸坯中夹杂物分布

(a) 铸坯边部；　(b) 铸坯 1/4 厚度；　(c) 铸坯中心

夹杂物自动分析的检测面积为 $20mm^2$，夹杂物的数量可达数百个，具有明显的统计意义；钢中夹杂物的主要类型为（Fe,Mn）O、Al_2O_3、Al-Ti-O、TiN、Al-O-Ti-N 和 MnS，夹杂物的尺寸分布在 0~20μm。

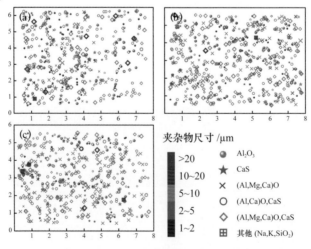

图 3-35　10ATi 钢铸坯中夹杂物分布

(a) 铸坯边部；　(b) 铸坯 1/4 厚度；　(c) 铸坯中心

经过钙处理后，钢中的夹杂物主要为 Al_2O_3、CaS、（Al,Mg,Ca）O、（Al,Ca）O 等复合夹杂物，夹杂物尺寸集中在 10μm 以下。

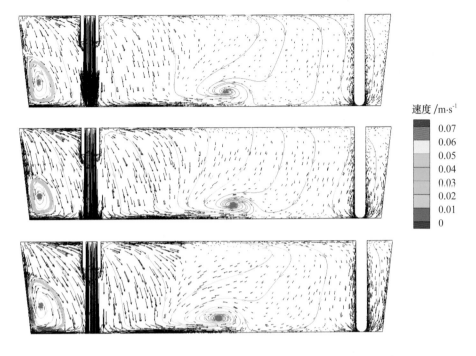

图 4-5 数值模拟计算的中间包内钢液的流场（H=1050mm）

（a）Q=190.2 L/min；（b）Q=285.3 L/min；（c）Q=380.4 L/min

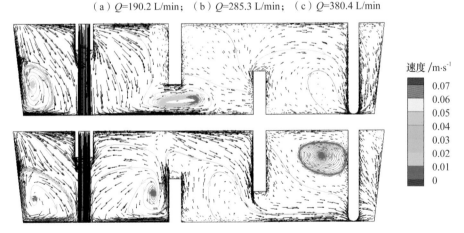

图 4-6 中间包内钢液流速分布

（Q=380.4 L/min，H=1050 mm）

图 4-5 和图 4-6 分别为通过数值模拟计算的无挡墙中间包（熔池深度 0.9m）内和带有挡墙中间包内钢液的流场。在无挡墙中间包中，钢液流动可以分为三个区域：出注入流区钢液流动速度较大；其次是水口附近抽引作用区；而在入流和出水口的中间区域，有部分地方钢液流速非常低。在中间包中加入挡墙和坝结构后，入流区的钢液湍动可以有效的控制在挡墙的入流区一侧；挡墙和坝之间的区域，钢液流动速度加快，并且流动方向和路线接近钢液面，非常有利于钢液中夹杂物的上浮分离；水口区的钢液流动也得到改善，水口上方低流速区域变小，死区比例明显下降。

中间包内钢液流动分布
——挡墙、坝和导流隔板的应用效果

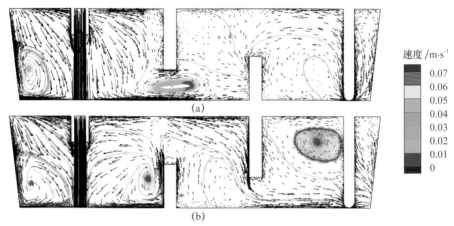

图 4-28　中间包内钢液流速分布（Q=380.4L/min，H=1050mm）

(a) 挡墙在上游；　(b) 坝在上游

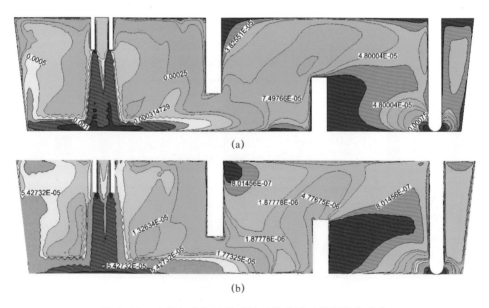

图 4-29　中间包内钢液流动湍动能和湍动能耗散率分布

(a) k 等值线（cm^2/s^2）；　(b) ε 等值线（cm^2/s^3）

　　计算结果表明，设置挡墙可以阻止表面回流，并使钢液湍动显著的部分集中在注入流区，下游形成流动平稳的熔池。坝的作用是阻挡沿包底的流动，使流动方向转向上方。因此，挡墙设于坝的上游才有改善中间包流动的结果；反之，坝在挡墙的上游，反而使包底铺展流动更严重。因此，设置挡墙时，下游处必须设置坝，以抑制沿包底的流动。

中间包内钢液温度分布与温度分布优化

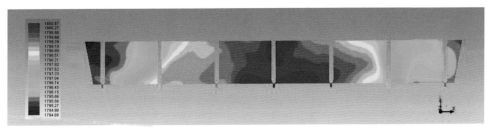

(a) 无控流装置

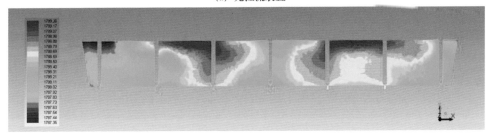

(b) 湍流抑制器 + U 形隔流挡墙

图 6-7 温度云图

对于多流水口中间包，各水口间钢流的温差可通过设置挡墙来调整。图 6-7 为数值模拟 7 流圆坯中间包内有无控流装置的温度分布。由图可以看出，无控流装置下中间包内温度分布极其不均匀；加入湍流抑制器和 U 形隔流挡墙后，各流水口的温度差异减小，但中间包两侧左上角依然出现了明显的低温区域。

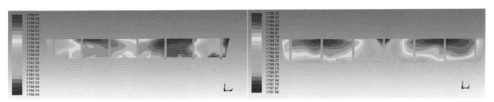

(a) 原型中间包温度场分布　　　　　　　　　(b) 优化后中间包温度场分布

(c) 原型中间包底部温度分布　　　　　　　　(d) 优化后中间包底部温度分布

图 6-9 优化前后中间包温度场的分布

图 6-9 对比了优化前后中间包温度场的分布。优化后的中间包内温度场有了极大的改善，尤其在第 1 流附近，明显的低温区消失。对比优化前后中间包底部温度分布可以看出，原型中间包第 1 流和第 7 流附近，钢液温度整体低于其他位置，与其他几流的温度差异性较大。采用斜挡墙的优化方案后，第 4 流附近区域的温度最低，说明挡墙对于钢液的导流作用明显，各流温度分布较优化前有很明显改善。

中间包内钢液温度分布与温度分布优化

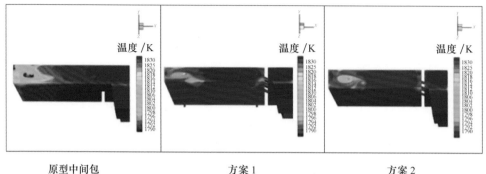

原型中间包   方案1   方案2

图 6-11 中间包内整体温度

  由图 6-11 可见，原型中间包内整体温度分布均匀性较差，在边部塞棒处存在明显的温度死区，包内最大温度差 40℃；优化方案 1 和方案 2 都有着良好的温度优化效果，明显减小了温度死区的体积，同时将包内最大温度差降低到 30℃。

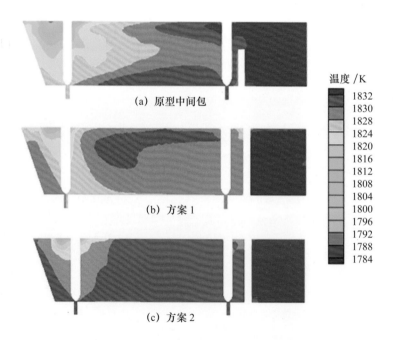

图 6-12 中间包内 $z = 0$ 的截面上温度场

  由图 6-12 可见，原型中间包两流的温差为 5K，在原型中间包内 1 号塞棒处存在明显的温度死区且温度死区的比例较大，中间包内整体温度分布不均匀；对比两个优化方案中间包内整体温度分布趋于均匀，同时两流之间的温度差异减小，方案 2 的优化效果更为明显，两流之间的温度差异小于 1K。工业试验结果表明，方案 2 对中间包内温度场的优化效果十分显著，两流之间最大温差为 2K，且各流钢液温度的均匀性明显好于前者。

感应加热对二次枝晶的影响

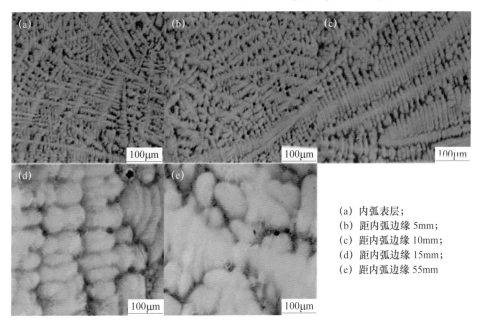

(a) 内弧表层；
(b) 距内弧边缘 5mm；
(c) 距内弧边缘 10mm；
(d) 距内弧边缘 15mm；
(e) 距内弧边缘 55mm

图 6-29　未感应加热炉次铸坯不同位置枝晶结构

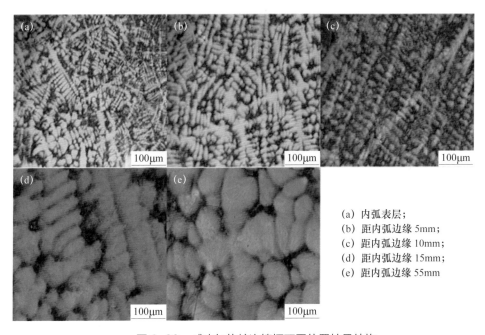

(a) 内弧表层；
(b) 距内弧边缘 5mm；
(c) 距内弧边缘 10mm；
(d) 距内弧边缘 15mm；
(e) 距内弧边缘 55mm

图 6-30　感应加热炉次铸坯不同位置枝晶结构

凝固组织的二次枝晶臂间距与冷却速率之间呈现负相关性，同时过度发达的树枝晶和粗大的枝晶间距同样是导致偏析的重要原因。因此，可以通过铸坯的二次枝晶臂间距间接判断感应加热对于凝固组织的影响，尤其是柱状晶和等轴晶比例以及二次枝晶间距的差异性。

中间包冶金的数值模拟
——优化实例：不同湍流抑制器和不同结构挡坝

　　某厂 60t 2 流板坯中间包内钢液停留时间较短，夹杂物上浮不充分，浇注区存在较大死区，温度分层，有效容积下降，其钢液洁净度、铸坯表面质量、铸坯收得率控制方面仍有很大提升空间。为了改善该中间包的冶金功能，应用数值模拟方法，对现场中间包钢液流动状态进行模拟及定量分析，考察不同的湍流抑制器和挡坝设置情况对中间包内流场的影响，并确定最佳配合方案。

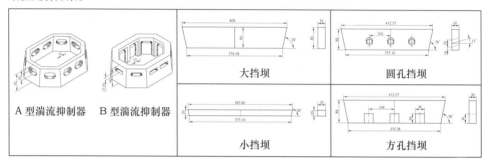

表 7-4　中间包实验挡坝组合　　　　　　　　　(mm)

方案	大挡坝位置	大挡坝高度	大挡坝开孔情况	小挡坝位置	小挡坝高度
A	918	80			
B	918	88	3 圆		
C	918	88	2 圆		
D	798	88	2 圆	918	20
E	798	88	2 圆		
F	798	88	3 圆	918	20
G	798	88	2 方	918	20
H	798	88	2 方		
I	918	88	2 方		
J	798	88	3 方	918	20
K	918	108	2 圆		
L	798	108	2 圆		
M	798	108	3 圆	918	20
N	918	108	2 方		
O	798	108	2 方		
P	798	108	3 方	918	20
Q	798	108	2 方	918	20

　　实验结果如图 7-9～图 7-16 所示，通过分析中间包使用不同湍流抑制器和不同结构挡坝时钢液温度场，得出：

　　(1)中间包设置 A 型湍流抑制器情况下，A 方案挡坝高度较低，对流经钢液阻挡提升作用不明显，贴底流钢液流速为 0.05~0.06m/s，钢液向钢液面运动趋势较小；同时挡坝无孔，浇注区角部和挡坝后形成较大死区，钢液出现 1830~1831K 温度分层现象。

　　(2)改用 K 方案挡坝，钢液受较高挡坝阻挡，流速变慢，达到 0.01m/s，钢液流经挡坝后向钢液面运动趋势明显，夹杂物有更大机会上浮去除；同时挡坝开向上角度通钢孔，挡坝后和浇注区角部死区明显减少，浇注区钢液温度分层现象基本消失，大部分达到 1831K；中间包使用 M 方案和 C 方案挡坝效果也较为理想。

　　(3)中间包使用 A 型湍流抑制器时，钢液在湍流抑制器周围形成较大范围的混合区，此区钢液运动激烈，有利于夹杂物的碰撞聚集长大，钢液动能得到消耗；不同结构挡坝下，钢液流向浇注区时速度较低，都在 0.06m/s 以下，钢流形态可控。

　　中间包使用 B 型湍流抑制器时，钢液流速较大，最低在 0.09m/s，温度整体偏低，流场恶化。

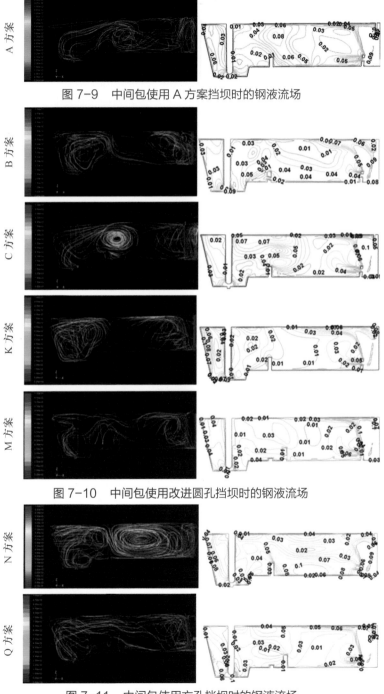

图 7-9　中间包使用 A 方案挡坝时的钢液流场

图 7-10　中间包使用改进圆孔挡坝时的钢液流场

图 7-11　中间包使用方孔挡坝时的钢液流场

中间包冶金的数值模拟
——优化实例：B 型湍流抑制器和不同结构挡坝

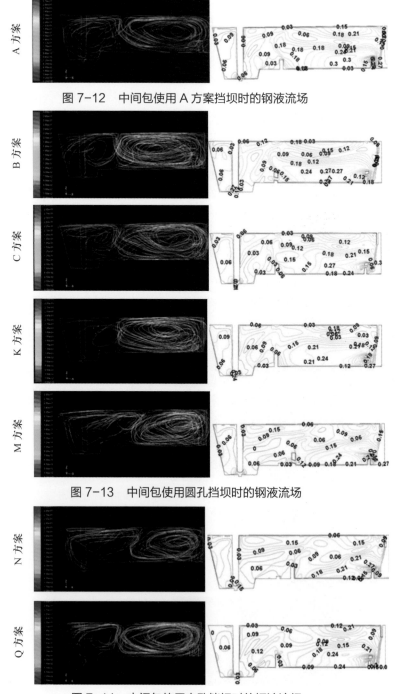

图 7-12　中间包使用 A 方案挡坝时的钢液流场

图 7-13　中间包使用圆孔挡坝时的钢液流场

图 7-14　中间包使用方孔挡坝时的钢液流场

中间包冶金的数值模拟
——优化实例：不同湍流抑制器和不同结构挡坝

中间包使用不同湍流抑制器和不同结构挡坝时温度场如图 7-15 和图 7-16 所示，温度上下限为 1827~1833K。

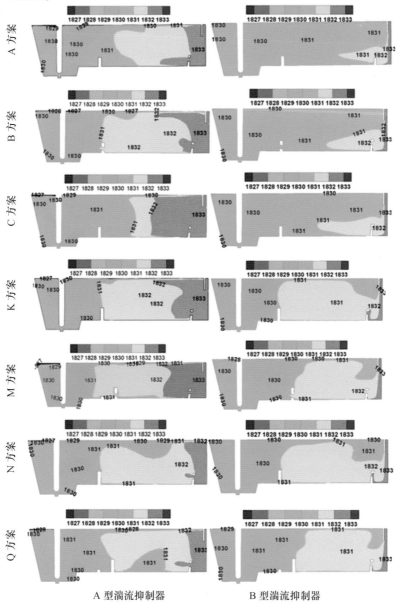

A 型湍流抑制器   B 型湍流抑制器

图 7-15/16 中间包使用不同控流装置时的钢液温度场

中间包使用 A 型湍流抑制器，挡坝开圆孔并加高后，钢液向液面运动趋势明显，浇注区新旧钢液混合充分。如 K 方案，温度为 1832K 的区域明显增大，浇注区钢液温度分层现象基本消失。

中间包使用方孔挡坝时，挡坝和湍流抑制器间钢液出现分层及局部低温现象，效果不理想。同时，中间包使用 B 型湍流抑制器时，中间包温度整体偏低。

中间包冶金的数值模拟
——优化实例：不同结构挡墙

　　某厂小方坯连铸机使用分体式 10 流不对称中间包，分为左右独立两个 5 流不对称中间包，中间包公称容量为 35t。该中间包的钢包水口偏于一侧，导致水口到各浸入式水口的距离差异大，中间包内的流场和温度场不均匀，各浸入式水口处流出的钢液的成分和温度不均匀。

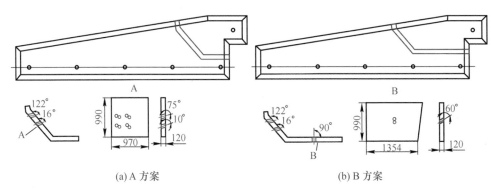

(a) A 方案　　　　　　　　　　　　　　　　　　(b) B 方案

图 7-20　中间包挡墙示意图及安装位置

　　采用图 7-20 中的 A 方案和 B 方案挡墙模拟中间包流场和温度场。A 方案挡墙为原中间包使用的挡墙；B 方案挡墙中，在第 5 流处开导流孔，以改善第 5 流的钢液流动状态。

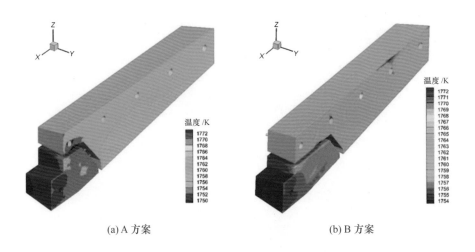

(a) A 方案　　　　　　　　　　　　　　　　　　(b) B 方案

图 7-21　中间包整体温度分布图

　　在使用 A 方案时，中间包的冲击区较小，钢液通过导流孔流出后沿着外壁向第 1 流流动，第 4 流、第 5 流不在钢液的冲击方向上，钢液受到出口的牵引作用才到达第 4 流和第 5 流。相对于钢液的动能，牵引作用相对较小，所以钢液到第 4 流和第 5 流所需的时间较长。可以看到，使用 A 方案时，中间包整体温差为 22K，其中第 5 流的温度最低，其余 4 流的温度差不大。

　　在使用 B 方案时，较 A 方案中间包的冲击区有所扩大，钢液可以从两个面上的导流孔流出，使得 A 面流出的钢液的流速减小，第 1 流和第 2 流的温度相对有所降低，而 B 面的导流孔使得第 5 流的温度增高。中间包整体温差为 18K，较 A 方案有所减小。

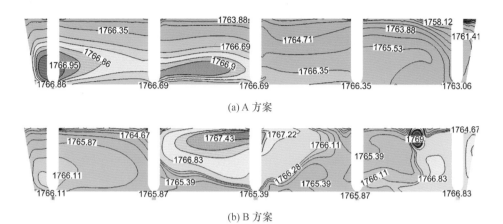

(a) A 方案

(b) B 方案

图 7-22　中间包内 $z=-0.19$ 截面上的温度场

提取经过塞棒中心的平面，可以看到图 7-22（a）中第 1 流处的温度最高（1767K），第 5 流处的温度最低（1758K），整体呈现出从第 1~5 流温度依次降低的趋势。而图 7-22（b）中温度第 3 流处和第 4、5 流中间处温度最高（1767.5K），第 5 流处的温度最低（1764K）。相对图 7-22（a）来说，中间包内温差更小，温度分布更加均匀。

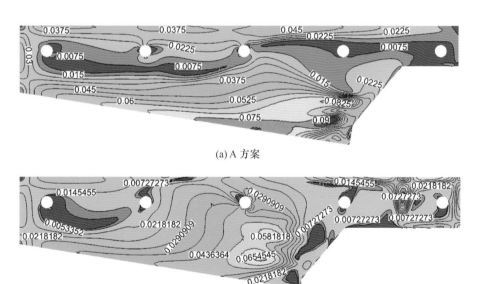

(a) A 方案

(b) B 方案

图 7-23　中间包内 $y=0.7$ 截面上的流场

提取中间包内 $y=0.7$ 的平面，挡墙对中间包流场的影响如图 7-23 所示。从图中可以看出，图 7-23（a）中速度相对较大（0.0075~0.09m/s），图 7-23（b）中速度相对较小（0.0053~0.073m/s），B 方案中夹杂物上浮时间更加充分。

中间包冶金的数值模拟
——大颗粒夹杂物上浮去除

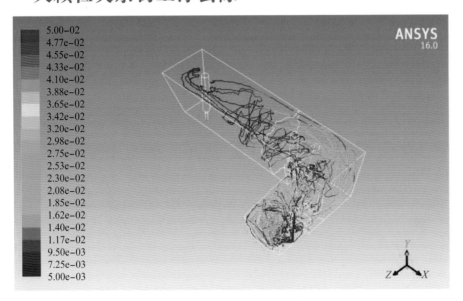

图 7-26　中间包内粒子运动轨迹

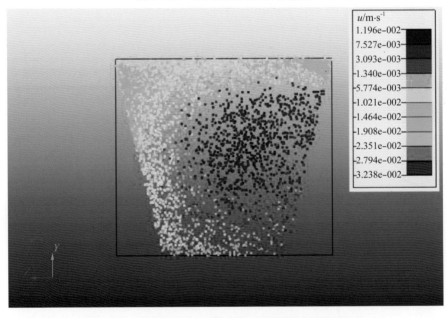

图 7-27　中间包 $x=-1.7\text{m}$ 的 $Y\text{-}Z$ 平面粒子速度分布

　　在钢包水口处加入粒径为 $150\mu\text{m}$ 的粒子，粒子加入量为 1000 颗，夹杂物在中间包内的运动轨迹如图 7-26 所示。取 $x=-1.7\text{m}$ 的 $Y\text{-}Z$ 平面为研究基准面，通过该面的粒子上浮速度如图 7-27 所示。粒子从冲击区进入浇注区后在中间包内沿着远离塞棒的壁面顺时针运动，部分粒子接触渣层后被吸附去除，部分粒子随着流股向前向上流动，最后被渣层捕获，没有粒子从出口处流出。